북한산 숲 해설

북한산 숲 해설

ⓒ 김병한, 2025

초판 1쇄 발행 2025년 9월 5일

지은이	김병한
사진	김병한
펴낸이	이기봉
편집	좋은땅 편집팀
펴낸곳	도서출판 좋은땅
주소	서울특별시 마포구 양화로12길 26 지월드빌딩 (서교동 395-7)
전화	02)374-8616~7
팩스	02)374-8614
이메일	gworldbook@naver.com
홈페이지	www.g-world.co.kr

ISBN 979-11-388-4654-7 (03480)

- 가격은 뒤표지에 있습니다.
- 이 책은 저작권법에 의하여 보호를 받는 저작물이므로 무단 전재와 복제를 금합니다.
- 파본은 구입하신 서점에서 교환해 드립니다.

Forest interpretation of Bukhansan National Park

북한산 둘레길과 창릉천 솔내음 누리길 현장 숲 해설

북한산 숲 해설

숲해설가 · 수의사 · 수의학박사

김병한 글 | 사진

좋은땅

서문

숲은 수풀의 준말로 나무(樹)와 풀을 의미하는 말로 나무와 풀, 덩굴이 한데 엉긴 것을 의미한다. 숲은 식물만 있는 곳이 아니라 짐승과 곤충, 미생물들도 함께 사는 하나의 생태계(ecosystem)이다. 따라서 우리는 숲을 이야기할 때 나무들만을 이야기하는 것이 아니라 나무를 포함하여 숲을 구성하는 토양, 바위, 물, 동식물계 등이 상호 연결되어 있다는 것을 염두에 두어야 한다.

우리나라는 국토의 64%가 산지로 구성되어 있어 산이 많은 국가에 속하며 어느 도시 지역을 가더라도 어디에서나 주변의 산을 항상 볼 수 있다. 일제강점기와 한국 전쟁을 겪으면서 1953년 우리나라 산림의 절반가량이 황폐화하였으나, 1970년대부터 1980년대까지 강력한 산림녹화 정책과 경제성장의 영향으로 가정용 땔감이 화석연료로 대체되고 도벌과 화전이 사라지게 되었다. 동시에 정부의 대규모 조림 사업과 강력한 산림 보호 정책이 효과를 발휘하면서 2020년에 대한민국은 개발도상국 수준에서 단기간에 산림녹화에 성공한 세계적 모범사례로 평가받고 있다.

우리가 주변 산을 오르내릴 때마다 항상 접하는 다양한 형태의 산과 숲, 그리고 숲에 서식하는 많은 종류의 나무를 접하게 된다. 이 산은 언제 어떤 물리력에 의하여 현재의 산 모양이 만들어졌을까? 또 이 나무는 무슨 나무이며 어떤 특징이 있기에 이 지역에서 살고 있을까? 하는 의문을 품게 되는 것은 산을 자주 찾는 사람들에게는 당연한 현상이라 할 수 있다.

따라서 필자는 평상시에 자주 산을 오르면서 수도 서울에서 가깝고 수많은 수도권 주민들이 자주 찾는 북한산 둘레길에 자생하는 나무와 숲에 관심을 가지게 되었고, 마침 산림청으로부터 숲해설가 자격을 취득하게 되면서 이 지역의 산과 나무 등을 포함하는 숲을 공부하면서 얻은 지식을 일반 시민들과 공유하고자 이 책을 내게 되었다.

산행을 좋아하고 최근 10여 년 이상에 걸쳐 여러 번 필자가 직접 찾아본 북한산 국립공원의 아름다움을 사진으로 실어 독자들이 북한산을 이해하는 데 도움을 주고자 하였다. 한국의 오악 중의 하나로 서울 인근의 명산 북한산 전체의 장엄한 풍경과 다양한 모양의 바위로 구성된 주요한 산봉우리 등의 사진들을 게재하여 일반인들이나 산을 좋아하는 등산가들이 북한산의 아름다움을 실감하도록 노력하였다.

북한산 둘레길은 북한산을 끼고 산록부에 난 산책로로 이 둘레길 주변에는 주택가들도 포함되어 있다. 따라서 둘레길 주변에는 산에서 자생적으로 자라는 나무들뿐만 아니라 주민들이 필요에 따라 인공적으로 심은 나무들도 있기에 우리 주변의 나무들의 생태나 문화를 이해하기에는 아주 좋은 교육 장소를 제공하고 있다. 또한 솔내음 누리길은 이 책에서 설명하는 북한산 둘레길과 거의 같은 구간에 위치하면서 창릉천이라는 하천을 따라 난 둘레 길이다. 이 산책로는 산과 조금 떨어져 있으며 물과 친근한 나무들을 많이 볼 수 있고 거의 모든 경로가 주택과 식당 등에 인접하여 있기에 민가에서 식재한 나무들을 많이 접할 수 있다.

이에 필자는 북한산 둘레길(제10구간 - 제11구간 일부, 북한산탐방지원센터 - 밤골공원 지킴터)과 동일 구간에 해당하면서 북한산에서 거리상 다소 떨어져 있는 창릉천 상류의 솔내음 누리길을 탐방하면서 이들 길 주변의 주요 나무들을 계절별로 따로 사진을 찍었다. 그 사진들을 둘레길 이동 순서에 따라 책에 싣고 주변 북한산의 풍광을 추가하여 길을 따라 순서대로 이동하면서 이들과 관련된 해설을 추가하였다. 따라서 독자들이 이 책 한 권을 휴대하고 북한산 둘레길을 걸으면서 계절과 무관하게 현장에서 아무 때나 숲 해설을 감상할 수 있게 하였다. 특히 우리나라 중부지방 인근에 흔하게 접하는 대부분 나무를 사진과 함께 설명하여 이들 나무와 관련된 문화, 역사, 특성 등을 소개하였다. 그리고 이미 발표된 유명 시인들의 시 중에서 해당 나무를 시적으로 묘사한 명시들을 같이 실어 나무 해설을 읽고 시 감상을 동시에 할 수 있게 하였다. 끝으로 우리나라 산에서 가장 흔하게 관찰되는 수종인 소나무와 참나무과의 나무들에 대해서는 다른 나무보다 많은 지면을 할애하여 자세하게 해설하였다.

차례

서문 　　　　　　　　　　　　　　　　　　　　　　　　　　　　　　4

I 북한산 둘레길과 숲의 중요성

1. 북한산의 지질학적 특성 　　　　　　　　　　　　　　　　　14
2. 북한산 둘레길 개요 및 숲 해설 구간 소개 　　　　　　　　　15
3. 지구 시대 구분과 식물 및 동물 출현 요약표 　　　　　　　　16
4. 숲과 문화의 깊은 연관성 　　　　　　　　　　　　　　　　　17
5. 숲과 문명의 발상 　　　　　　　　　　　　　　　　　　　　18
6. 나무 이름과 존재의 의미 　　　　　　　　　　　　　　　　　19
7. 지구의 탄생, 숲의 변천과 활용 방안 　　　　　　　　　　　　23
8. 우리나라 산림(숲)의 공익적 가치 분석 　　　　　　　　　　　24
9. 산림(숲) 치유론 　　　　　　　　　　　　　　　　　　　　　25
10. 1인 1숲(나무) 지정 캠페인을 제안하며 　　　　　　　　　　28

II 북한산의 빼어난 풍경 소개

1. 흥국사와 전망대에서 남쪽으로 바라본 북한산 풍경 　　　　32
2. 흥국사 뒷산(노고산)에서 남쪽으로 바라본 북한산 풍경 　　　36
3. 서울 도심지역(남쪽)에서 북쪽으로 바라본 북한산 풍경 　　　38
4. 북한산 내부에서 본 북한산 근접 풍경 　　　　　　　　　　　41
5. 북한산 국립공원 도봉지구 풍경 　　　　　　　　　　　　　　49

III 북한산 둘레길 숲 해설 준비

1. 북한산 둘레길 숲 해설 구간 개요 및 참고자료　　54
2. 대중교통으로 해당 지역 찾아가기　　55

IV 숲 해설 1 : 산성 입구 - 국사당(밤골농원) 구간

〈북한산성 입구 - 효자치안센터 구간〉

1. 밤나무(참나무과)　　58
2. 양버즘나무(버즘나무과)　　63
2-1. 계곡 무장애 탐방로 안내　　69
3. 양버들(버드나무과)　　73
4. 아까시나무(콩과)　　77
5. 소나무(소나무과)　　82
6. 층층나무(층층나무과)　　91
7. 복사나무(장미과)　　96
8. 등(콩과)　　100
9. 누리장나무(마편초과)　　103
10. 불두화(인동과)　　106
10-1. 백당나무(인동과, 참고: 불두화 개량 원종 소개)　　109
11. 목련(목련과)　　111
12. 졸참나무(참나무과)　　118
13. 참나무류 관련 자료 조사　　122
13-1. 도토리거위벌레　　129
14. 상수리나무(참나무과)　　130

15.	굴참나무(참나무과)	133
16.	갈참나무(참나무과)	135
16-1.	신갈나무(참나무과, 해당 구역에는 없음, 참고자료)	137
17.	주목(주목과)	139
18.	향나무(측백나무과)	144
19.	산딸나무(층층나무과)	148
20.	버드나무(버드나무과)	153
21.	수수꽃다리(물푸레나무과)	158
22.	단풍나무(단풍나무과)	161
23.	뽕나무(뽕나무과)	166
24.	대추나무(갈매나무과)	169
25.	낙상홍(감탕나무과)	173
26.	탱자나무(운향과)	176
27.	모과나무(장미과)	179
28.	음나무(두릅나무과)	182
29.	섬잣나무(오엽송, 소나무과)	185
30.	미선나무(물푸레나무과)	189
31.	백송(소나무과)	192
31-1.	갈참나무(참나무과)	196

〈효자치안센터 - 박태성 정려비 구간〉

32.	고추나무(고추나무과)	198
33.	헛개나무(갈매나무과)	201
34.	중국단풍(단풍나무과)	205
35.	느티나무(느릅나무과)	209
36.	벚나무(장미과)	214
37.	메타세쿼이아(측백나무과)	222

37-1.	섬잣나무(소나무과)	228
37-2.	반송(소나무과)	230
38.	구상나무(소나무과)	232
38-1.	관성사(關聖祠) 소개	236
39.	금송(금송과)	238
40.	전나무(소나무과)	240
41.	서양측백(측백나무과)	244
42.	자작나무(자작나무과)	249
43.	물오리나무(자작나무과)	253
43-1.	누리장나무(마편초과)	256
44.	작살나무(마편초과)	257
45.	병꽃나무(인동과)	260
46.	쪽동백나무(때죽나무과)	263
47.	일본잎갈나무(소나무과)	267
48.	국수나무(장미과)	271
49.	팥배나무(장미과)	274
50.	개암나무(자작나무과)	278
50-1.	아까시나무(콩과)	282
51.	생강나무(녹나무과)	283
52.	리기다소나무(소나무과)	288
52-1.	졸참나무(참나무과)	290
53.	청미래덩굴(백합과)	292
54.	철쭉(진달래과)	294
55.	개옻나무(옻나무과)	298
56.	산초나무(운향과)	300
56-1.	개옻나무(옻나무과)	303
57.	노린재나무(노린재나무과)	304

57-1. 큰광대노린재	307
58. 노간주나무(측백나무과)	308
59. 일본목련(목련과)	310
60. 진달래(진달래과)	314
61. 산철쭉(진달래과)	321
61-1. 벚나무(장미과)	325
62. 덜꿩나무(인동과)	326
63. 물푸레나무(물푸레나무과)	330
64. 오리나무(자작나무과)	336

〈박태성 정려비 - 밤골공원지킴터 구간〉

64-1. 박태성 정려비	343
65. 사위질빵(미나리아재비과)	346
65-1. 상수리나무, 갈참나무, 밤나무(이상 참나무과), 덜꿩나무(인동과)	350
65-2. 작살나무(마편초과)와 개암나무(자작나무과)	352
66. 화백(측백나무과)	354
66-1. 북한산 깃대종 오색딱따구리	358
67. 은행나무(은행나무과)	360
68. 두충(두충과)	366
69. 회양목(회양목과)	369
70. 가죽나무(멀구슬나무과)	372
71. 산수유(층층나무과)	377

V 숲 해설 2 : 솔내음 누리길(창릉천 변)

⟨효자치안센터 정류장 - 사기막골 정류장 구간⟩

72.	회화나무(콩과)	386
73.	칠엽수(칠엽수과)	398
74.	은사시나무(버드나무과)	407
75.	느릅나무(느릅나무과)	411
76.	붉나무(옻나무과)	417
77.	개오동(능소화과)	421
78.	두릅나무(두릅나무과)	425
79.	참느릅나무(느릅나무과)	429
80.	오갈피나무(두릅나무과)	434
80-1.	분꽃나무(인동과, 참고자료)	437
81.	자귀나무(콩과)	439
82.	백합나무(튤립나무, 목련과)	444
83.	자두나무(장미과)	451
84.	살구나무(장미과)	455
84-1.	직박구리	461

참고문헌 464

I

북한산 둘레길과 숲의 중요성

1. 북한산의 지질학적 특성

북한산은 최고봉인 해발 846m의 백운대를 중심으로 인수봉, 만경대 등 3개의 돔(dome)형 암봉(岩峰)이 우뚝 솟아 삼각산(三角山)으로 불리다가 조선 후기에 북한산으로 변경되었으며, 1983년 도봉산 구역을 포함하여 북한산 국립공원으로 지정되어 연간 천만 명 가까운 등산객이 찾는 명산이다.

북한산 국립공원은 수도권에 있는 유일한 산지형 국립공원으로 서울 북부의 산악지대, 경기도 의정부시와 양주시, 고양시 일부 그리고 서울 도봉구, 은평구, 서대문구를 포함하는 78.45㎢의 규모이다. 이 면적은 울릉도의 면적(72.56㎢)과 거의 유사하다.

북한산은 광주산맥의 지맥으로 구릉성(丘陵性) 산지와 잔구(殘丘)들이 남북으로 달리고 있으며, 중생대 쥐라기인 약 1억 6천만~1억 7천만 년 사이에 땅속 깊은 곳에 있던 액체성 마그마가 그 이전에 분포하고 있던 편마암이라는 암석을 뚫고 나와 지하 약 10㎞에서 형성된 화강암 덩어리가 그 위에 있던 토양이 침식되고 난 후 위로 융기하여 오랜 기간 풍화작용으로 현재의 산 모습이 만들어진 것이라고 한다.

지각을 뚫고 나온 관입암은 주변의 도봉산, 수락산, 불암산과 함께 하나로 연결된 대규모 흑운모화강암체(黑雲母花崗岩體)의 저반(底盤)을 이루었고 이러한 산의 형성은 중생대 때 대보조산운동(大寶造山運動)이라는 우리나라 최대의 거대한 지각변동으로 생겨났다(지질학적으로 본 북한산, 고의장, 공원문화, 1994).

북한산은 지금까지 오랜 기간 풍화와 침식 등 소각 작용이 진행되어 현재의 장엄하고 수려한 바위 산세를 갖추게 되어 많은 국민으로부터 사랑받고 있다. 북한산 국립공원에서 북한산의 생성과 관련하여 지질학적으로 설명한 현황판을 설치해 두었다. 불광역 쪽에서 비봉 능선을 따라 북한산을 오르면 마치 족두리 모양의 거대한 암봉 족두리봉을 만나게 된다. 이 봉우리의 정상에 북한산 생성 모식도 및 암봉 실물 사진과 함께 자세한 설명을 하고 있다.

2. 북한산 둘레길 개요 및 숲 해설 구간 소개

　북한산 둘레길은 국립공원공단에서 북한산 국립공원 주변 산자락 길을 연결하여 완만하게 걸을 수 있게 조성한 저지대 수평 산책로이다. 둘레길은 전체 71.5㎞로 각각의 주제별로 구분하여 총 21개의 구역으로 구분하여 운영하고 있다. 이 책에서 소개하는 구간의 대부분 지역이 행정구역상 경기도 고양시 소속으로 제10구간 내시묘역길 일부 구간(북한산탐방지원센터를 포함하는 3.5㎞로 은평구 진관동부터 고양시 효자동 공설묘지까지의 구간이지만 북한산탐방지원센터에서 효자동 공설묘지까지 해설)을 소개하고, 11구간 효자길 일부 구간(3.3㎞ 구간으로 효자동 공설묘지에서 사기막골 입구까지의 구간이나 밤골공원지킴터의 국사당까지만 해설)의 총 3.02㎞ 거리(북한산탐방지원센터 - 밤골공원 지킴터)의 나무들을 중심으로 숲과 자연경관, 문화 등을 소개하고자 한다. 이 길은 고양시에서 지정한 고양 누리길 1코스(북한산 누리길)에 포함되는 길이다.

세부적인 북한산 둘레길 20구간 요약도;
10, 11구간 중심 숲 해설. 국립공원공단

3. 지구 시대 구분과 식물 및 동물 출현 요약표

	고생대				
	캄브리아/오르도비스기	실루리아기	데본기	석탄기	페름기
	5.7 - 4.4	4.4 - 4.1	4.1 - 3.6	3.6 - 2.9	2.9 - 2.5(억 년)
	선태류(이끼류)	관속식물	소형양치	대형양치식물	소철, 종려
	오르도비스/식물상륙				(겉씨식물)
	(4.9억 년 - 4.4억 년)				
	수생 척추동물(어류)	상어	무 날개	날개 거대	조류 출현
			곤충(4억)	곤충(3.5)	
		암모나이트 →			양서파충류

(표 계속)

	중생대			신생대
삼첩기(트라이아스기)	쥐라기		백악기	3기
2.5 - 2.0	2.0 - 1.4		1.4 - 6,600	6,600 - 170만 년
은행	소나무류		목련, 수련(현화식물)	
포유류 조상 출현	파충류, 공룡번성		공룡멸종,	에오세(5.4 - 3.5천)
			포유류 번성	영장류 분화
암모나이트 번성		← 암모나이트		인류 출현(200만 년)
		벌, 나비(1억 년)		현생인류(20만 년)

(숲과 국가, 김기원, 북스힐, 2021)

4. 숲과 문화의 깊은 연관성

　산과 나무와 함께한 동서양의 문화 형성과 관련된 내용에서 공통으로 나타나는 신화에서 다양한 나무가 등장하는 것을 보게 된다. 먼저 우리나라 건국 신화인 단군 신화에서는 하늘나라의 환웅이 무리 3,000명을 거느리고 태백산 아래의 신단수 아래에 신시를 열고 인간 세상을 다스리게 되었다고 전하여지고 있다. 즉 신단수라 하여 박달나무를 언급하고 있다. 그리고 유럽의 초기 인류 탄생 신화와 종교와 신앙의 대상도 모두 나무나 숲에서 시작하였으며(세계수, 이그드라실, Yggdrasil) 북유럽의 신화에는 세상의 중심에 물푸레나무가 존재하며 다양한 생명체가 이 나무를 근거로 태어나고 살아갔으나 종국에는 거인 스루트가 던진 화염에 싸여 이 우주수(宇宙樹, cosmic tree)가 죽게 되어 지구 종말이 된다는 이야기가 전해 올 정도로 고대 인류와 나무는 절대 뗄 수 없는 불가결의 관계였던 것을 강조하고 있다.

　게르만 민족과 러시아에서 숭배한 신성한 나무는 참나무이며 유럽인들은 겨우살이를 숭배하였다고 한다. 중국의 고대 신화에 등장하는 거대한 신목(神木)은 뽕나무인 부상(扶桑), 수메리아 지방에서는 수양 버드나무를 영생하는 나무로, 북미 원주민은 붉은 삼나무인 세쿼이아, 이집트 사람들은 무화과, 로마인은 층층나무, 중국과 일본은 소나무를 세계수로 설명하고 있다(『숲해설 아카데미』, 국민대학교 출판부, 2018).

5. 숲과 문명의 발상

숲은 세계 4대 문명 발상에서 매우 중요한 역할을 하였으나 인류는 문명의 발달 대가로 숲을 파괴하기 시작하여 인류문명 초기에 전 세계적으로 분포하던 천연림 형태로 존재하던 숲의 1/3이 사라지면서 초기 문명의 발상지도 급격하게 퇴보하여 황무지화의 길을 걷게 되었다. 따라서 일찍이 프랑스의 정치가이면서 문인이던 샤토 브리앙은 "문명 앞에 숲이 있고, 문명 뒤에 사막이 남는다"고 설파하였다. 그리고 오스트리아 임업 아카데미 학장 조셉 웨슬리는 "숲 없이 문화 없고 문화 없이 숲 없다"고 단언하면서 인류문화와 숲의 관련성은 절대적이라고 강조하였다.

그래서 숲은 인류문화에서 신화, 문학, 음악, 종교, 철학 등 다양한 분야에서 절대적인 영향을 끼쳐 왔으며, 산업화와 도시화가 진행되면서 숲에서 점점 소외된 현대인들에게 휴양, 휴식, 치유의 장소로서 숲은 우리에게 매우 중요한 의미가 되었다. 휴양(休養) 또는 휴식(休息)에서 사용하는 한자 休(쉴 휴) 자는 사람 人에 나무 木이 합쳐진 글자로, 사람이 나무 아래에서 쉬는 모습을 표현한 글자이다. 이는 동양에서 휴양과 나무는 떼려야 뗄 수 없는 불가분의 관계임을 여실히 보여 주고 있다.

6. 나무 이름과 존재의 의미

　우리 주변에는 다양한 종류의 나무들이 있고 우리는 매일 같이 이 나무들을 접하지만 이러한 나무 이름을 제대로 알지 못하는 경우가 대부분이다. 우리가 우리 주변의 어떤 대상을 아끼고 사랑하기 위해서 가장 먼저 해야 할 일은 그 대상에 대한 이름을 아는 것이다. 그래야만 그 대상에 존재가치를 부여하고 그것을 깊이 이해할 수 있게 된다. 일찍이 시인 김춘수는 '꽃'이라는 시를 통하여 존재의 의미 부여는 바로 그의 이름을 부르는 것이라고 설파하였다. 아래에 김춘수 시인의 시 '꽃'을 소개해 본다.

꽃

　　　　　　　　　　김춘수

내가 그의 이름을 불러 주기 전에는
그는 다만
하나의 몸짓에
지나지 않았다

내가 그의 이름을 불러 주었을 때
그는 나에게로 와서
꽃이 되었다

내가 그의 이름을 불러 준 것처럼
나의 이 빛깔과 향기에 알맞은
누가 나의 이름을 불러 다오
그에게로 가서 나도
그의 꽃이 되고 싶다

> 우리들은 모두
> 무엇이 되고 싶다
> 나는 너에게 너는 나에게
> 잊혀지지 않는 하나의 의미가 되고 싶다

우리 주변에 널려 있는 무수한 나무도 누군가가 이름을 불러 주기 전에는 나무라는 존재로서 의미를 함유하지 못하다가 우리가 그 나무의 이름을 불러 주게 되면 그 나무는 비로소 나무라는 존재로서 새로 태어나 우리에게 의미를 부여하여 다가오게 된다는 시인의 주장에 전적으로 동의하게 된다.

따라서 우리가 나무를 이해하고 아끼고 사랑하고 보호하기 위해서는 가장 먼저 우리는 그 나무의 이름을 불러 주어 존재 가치를 부여해야 한다고 생각한다. 그것을 위한 첫걸음으로 나무의 이름을 알고 생태적 특성을 이해하는 것이야말로 나무를 사랑하는 시작이기에, 독자들에게 주변 나무를 소개하고 이와 관련된 역사 문화적 사실들을 실어서 주변의 나무와 숲에 대한 이해를 높이고자 하였다. 이렇게 하여 우리 주변의 숲을 포함한 자연 생태계를 사랑하고 보존하게 하는 것이 이 책의 집필 목적 중의 하나이다.

독일의 대문호이며 노벨 문학상을 수상한 헤르만 헤세는 나무에서 인생의 모든 지혜를 얻을 수 있다고 설파하고 나무를 모델로 삼아 인생을 살 것을 주장하였다. 그는 '나무들(Baeume)'이라는 수필에서 "나무는 언제나 내 마음을 파고드는 최고의 설교자다. 나무들이 크고 작은 숲에서 종족이나 가족을 이루어 사는 것을 보면 나는 경배심이 든다. 그들이 홀로 서 있으면 더 큰 경배심이 생긴다. 그들은 고독한 사람 같다. 어떤 약점 때문에 슬그머니 도망친 은둔자가 아니라 베토벤이나 니체처럼 스스로를 고립시킨 위대한 사람들처럼 느껴진다. (중략) 강하고 아름다운 나무보다 더 거룩하고 모범이 되는 것은 없다. (중략) 나무는 모두 성소(聖所)이다. 그들과 더불어 이야기하고 그들의 말에 귀를 기울일 줄 아는 사람은 진실을 알게 된다. 그들은 학설이나 특별한 비법을 설교하지 않고 개별적인 것에는 무심한 채 삶의 근원 법칙을 이야기한다."라고 썼다.

나무 인문학자로 널리 알려진 '나무 인간' 강판권 교수는 저서 『나무 예찬』과 『위대한 치유자, 나무의 일생』에서 나무에서 삶의 자세를 배울 수 있으며, 나무를 통하여 생태 의식을 배울 수 있기에 나무를 예찬하지 않을 수 없다고 강조하였다. 또한 그는 나무와의 인연, 즉 수연(樹緣)을 강조한다. 나무와의 인연을 통하여 우리들의 마음속 상처를 다스리는 법을 깨닫고, 그 상처를 살아가는 힘으로 활용할 수 있는 지혜를 얻을 수 있다고 힘주어 말하고 있다.

나무와 우리 인간이 가까이 살면서 서로 닮았다는 내용을 이야기한 시인 김현승의 시 '나무'의 전문을 옮겨 본다.

나무

김현승

하느님이 지으신 자연 가운데
우리 사람에게 가장 가까운 것은
나무이다

그 모양이 우리를 꼭 닮았다.
참나무는 튼튼한 어른들과 같고
앵두나무의 키와 그 빨간 뺨은
소년들과 같다

우리가 저물녘에 들에 나아가 종소리를
들으며 긴 그림자를 늘이면
나무들도 우리 옆에 서서 그 긴 그림자를
늘인다

우리가 때때로 멀고 팍팍한 길을
걸어가면
나무들도 그 먼 길을 말없이 따라오지만,
우리와 같이 위로 위로

머리를 두르는 것은
나무들도 언제부터인가 푸른 하늘을
사랑하기 때문일까?

가을이 되어 내가 팔을 벌려
나의 지난날을 기도로 뉘우치면,
나무들도 저들의 빈 손과 팔을 벌려
치운 바람만 찬 서리를 받는다, 받는다

7. 지구의 탄생, 숲의 변천과 활용 방안

    우주에서 지구가 탄생한 것은 약 46억 년 전으로 추정되고 있으며 초기지구는 생명체가 전혀 없는 상태로 유지되다가 약 38억 년 전에 이끼류와 해조류 등의 생물체가 나타났다고 알려져 있다. 최초의 생명체는 바다에서 출현하였으며 진화하여 고생대에 육상식물이 육지로 상륙하여 포자식물, 양치식물 등으로 진화한 후 고생대 석탄기와 페름기(3.6억 년 전~2.5억 년 전)에 겉씨식물(소철, 종려 등)이 출현하였다. 그리고 중생대 삼첩기(2.5억 년 전~2억 년 전)에 은행나무 등 겉씨식물이 증가하고 중생대 쥐라기(2억 년 전~1.4억 년 전)에 송백류가 번성하다가 백악기(1.4억 년 전~6600년 전)에 활엽수가 출현하고 꽃도 피고 새도 지저귀는 플라타너스, 목련, 수련 등의 속씨식물(꽃이 피는 식물)의 전성시대를 맞게 되었다. 그리고 약 5천만 년 전에 오늘날 우리가 알고 있는 수목들이 지구상에 존재하게 되었다.

    인간은 약 200만 년 전에 지구상에 출현하였으며 초기부터 오랜 기간 수렵으로 생계를 영위하여 주로 숲에서 살게 되었다. 그러다가 약 1만 년 전 중석기(마제석기) 시대부터 인간은 농경 생활을 시작하면서 공생하던 숲에서 나와 평지에 정착하는 과정에서 숲을 훼손하고 인간 생활에 다양하게 활용(목재로 건축물 제작, 선박 건조, 땔감, 제철 등 산업용 에너지원, 산업용 도구 제작 등)하기 시작하였다. 따라서 현대의 인간은 199만 년을 숲에서 살다가 최근 1만 년간 떠나서 살게 된 숲을 고향처럼 항상 그리워하게 되었다. 그리고 숲을 이루는 녹색은 인간의 눈에 가장 편안함을 느끼는 색으로 자리하게 되었다. 그래서 현대인은 숲에 들어가게 되면 마치 오래된 고향에 온 것처럼 편안한 마음을 갖게 되는 것은 숲과 관련된 정신 진화론, 인간의 생명 사랑 DNA가 각인되어 있다는 바이오필리아 이론, 사바나 이론 등으로 설명하고 있으며, 숲에서 소외되어 도시에서 거주하는 현대인의 자연 회귀 본능을 웅변적으로 설명해 주고 있다.

8. 우리나라 산림(숲)의 공익적 가치 분석

국립산림과학원에서는 산림의 공익적 기능을 장기간 화폐가치로 평가하였다. 그 항목으로는 총 12개이며 온실가스 흡수·저장 기능을 포함하여 산림 경관 제공, 토사 유출 방지, 산림 휴양, 수원 함양, 산림 정수, 산소 생산, 생물 다양성 보전, 토사 붕괴 방지, 대기질 개선, 산림 치유, 열성 완화 기능 등이다.

2018년 기준으로 추정한 산림의 공익적 가치는 약 221조 원으로 당시의 국내 총생산액은 약 1,889조 원으로 국내 총생산에서 약 11.7%를 차지하였다. 이것은 국민 1인당 받는 혜택으로 평가하면 연간 약 428만 원 정도로 평가되어 생활환경과 산업현장, 삶의 질에 엄청난 영향을 주고 있는 것으로 나타났다.

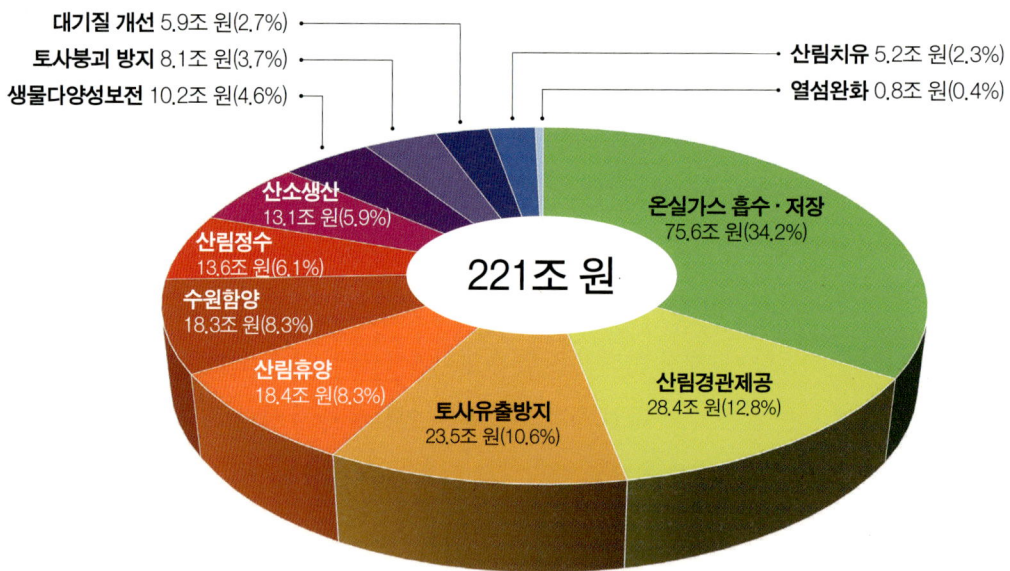

우리나라 산림의 공익적 가치 분석; 국립산림과학원, 2018년 기준

9. 산림(숲) 치유론

　현대사회에서 인간들은 고도의 산업화 사회에서 살면서 도시 생활과 복잡한 업무에서 오는 심리적 스트레스가 증가하고 자연 친화적인 환경 파괴 등으로 심신의 건강에 문제가 발생하고 있다. 이러한 문제점을 치유하는 한 방법으로 산림 치유법이 적극적으로 활용되고 있다. 치료 개념(병이나 상처의 증상을 제거하여 병을 낫게 하는 것)과 달리 치유는 발병 원인(정서적, 심리적)을 제거하여 병이 없던 상태로 되돌리는 것이다. 산림 치유는 숲의 향기, 소리, 경관 등 자연의 다양한 요소를 활용하여 인체의 면역력을 높이고 건강을 증진시키는 활동을 말한다.

　산림 치유의 시초는 1901년 뉴욕 맨허튼 주립병원에서 결핵 등 전염병 환자의 격리에서 야외병동에 수용된 환자에서 회복이 빠르게 나타난 것이었으며, 정신병 환자에 대해서도 유사한 조기 회복사례가 나타났다. 1910년 브링햄튼 주립병원 캠핑 치료에서도 소나무 병동의 환자들이 빠르게 회복되는 것을 확인하였다. 따라서 독일에서는 물 치료 요법과 맨발 걷기 등을 활용한 크나이프 요법, 일본의 산림욕을 활용한 산림 의학, 그리고 최근 우리나라에서 전국의 여러 지역에 조성되고 있는 치유의 숲 등이 산림 치유법으로 시행되고 있다.

　산림 치유의 생리적 효과로는 두통 개선, 혈당 감소, 면역세포 증가, 천식/아토피 개선, 주의력/인지 회복, 코티졸·혈압·맥박의 감소, 부교감 신경 활성화로 환자의 빠른 회복을 들 수 있다. 그리고 심리적 효과로는 스트레스, 우울, 부정적 감정, 불안감, 분노, 피로, 공격성, 범죄율, 폭력성 등이 감소하는 것으로 확인되었으며 행복감, 자아실현에 긍정적인 효과를 주는 것으로 알려져 있다.

　현대인들이 살아가고 있는 도시환경 자체가 현대인에게 스트레스의 원인이라는 주장이 있다. 그리고 숲은 이러한 긴장을 완화하는 효과가 있다고 알려져 있다. 숲의 초록색은 시각에 자극이 가장 적어서 긴장을 완화하는 것으로 보고되었다. 그리고 산림이 주는 치유 인자는 시각(87%) 인자가 가장 영향이 크며 그다음으로 청각(7%), 후각(3.5%), 촉각(1.5%), 미각(1%) 인자 등이 차례로 영향을 주고 있다.

　산림 경관 자체의 치유 효과도 보고되고 있다. 산림의 시각효과로 마음의 감동을 주어 정서적 순화와 기분전환이 되며, 산림 경관에 내재된 생명의 가치와 자아를 발견하고 대자연의 웅대함이 주는 자연에 대한 경외감과 겸손한 마음은 자신을 돌아보게 하는 역할을 하게 된다. 산림과 물이 공존하는 환경에서 긍정적인 감정과 뇌의 알파파가 높게 나타나며, 생물 다양성이 높을수록 치유에 대한 긍정적인 영향이 큰 것으로 알려져 있다.

산림의 녹색 시각효과는 뇌의 알파파를 증가시켜 뇌의 기능을 향상하여 정서적 안정감과 편안함을 유도한다. 녹색이 많이 분포할수록 집중력과 인지기능이 향상되고 스트레스 회복이 쉽게 되는 경향이 있다.

또한 숲의 후각 효과로 냄새를 통하여 기분을 전환하게 되어 스트레스를 해소하게 된다. 대표적인 후각 효과는 편백 나무와 소나무 등에서 방출되는 피톤치드를 흡입하여 분노, 억울함, 긴장, 피로 등이 감소된다. 흙냄새의 지오스민 성분은 토양의 세균이 생성하는 물질로 항암, 항생물질을 포함하고 있으며 아토피성 피부염에 치료 효과가 있다.

다양한 종류의 나무에서 분비되는 피톤치드(phytoncide)는 나무가 자신을 보호하기 위하여 발산하는 일종의 항생물질(휘발성 유기화합물)로 살균, 살충, 항균 작용이 있는 것으로 보고되고 있다. 이 물질은 피부, 코, 점막을 통하여 체내로 흡수되고 아토피에 치료 효과가 있다. 주요 치료 효과로 우울, 불안감 감소, 코티솔 분비 감소, 단기 기억력 증진 효과와 스트레스 해소 효과가 있다. 피톤치드 분비량은 편백이 가장 높고, 삼나무, 화백, 향나무, 전나무, 소나무 순으로 보고되고 있으며 여름에 최대로 분비된다. 최대의 효과는 오전 11-12시, 오후 6-7시로 알려져 있다.

산림의 청각적 효과는 새소리, 물소리, 바람 소리, 나뭇잎 흔들리는 소리 등 자연의 소리를 들음으로써 뇌의 알파파 발생을 촉진하여 마음의 안정을 찾고 뇌의 전두부를 진정시켜 분노나 피로감을 감소시키게 된다. 자연의 소리는 리듬이 불규칙적인 것 같지만 규칙을 가지고 있으며 음악의 3요소인 리듬, 선율, 화성을 가지고 있는 1/f 리듬으로 알려져 있고 우리 인체는 자연물에서 1/f 리듬을 들어야 건강에 도움이 되고 마음의 안정을 얻을 수 있다.

산림의 음이온 효과는 나무들이 산소를 만드는 광합성 과정에서 음이온이 많이 발생하고 숲의 음이온 양은 800-2,000개/㎤로 도심지역보다 14-70배 많이 발생한다. 숲속 폭포 주변에는 음이온이 다량 존재하며 계곡물, 파도치는 해변, 옹달샘, 물웅덩이 등에 풍부하게 존재한다. 그리고 음이온은 행복 호르몬으로 알려진 세로토닌 분비를 촉진하여 스트레스를 줄이고 수면의 질을 개선하며 우울증 치료 효과를 나타낸다. 또한 신경 안정, 피로 회복, 신진대사 촉진, 혈액 정화, 집중력 향상과 더불어 면역력을 높여 주고 기억력과 창의력이 개선되고 부교감 신경이 활성화되어 긴장이 이완된다.

산림에서의 햇빛은 모든 생명체의 에너지원으로 작용하며 세로토닌을 분비하고 비타민 D를 합성하며 백혈구 수를 증가시켜 면역력이 향상된다. 그리고 간접적인 햇빛은 평안함과 행복감을 증가시켜 우울증 개선에 효과가 있다. (『숲해설 아카데미』, 국민대학교출판부, 2018)

10. 1인 1숲(나무) 지정 캠페인을 제안하며

　숲해설가의 중요한 역할 중의 하나는 국민에게 숲(숲은 나무와 풀, 동물, 바위와 물 등 숲을 이루는 모든 요소를 의미함)의 의미와 가치, 중요성 등을 깨닫게 함으로써 모든 국민이 숲을 아끼고, 사랑하고 보호하도록 일깨워서 숲 생태계를 건강하게 보존하는 것이며 그것이 곧 지구 생태계 보전의 지름길이라고 생각한다.

　필자는 여기에서 독자들에게 한 가지 제안한다. 우리 주변 어디에서나 쉽게 나무와 숲을 만날 수 있다. 각자의 거주지, 도로변, 공원, 등산로, 강가, 들판 등 어디에서나 쉽게 만날 수 있는 나무나 숲 중에서 각자 자기의 나무나 숲을 지정하고 숲에 들어가거나 나무를 만나 대화하는 시간을 갖자는 것이다. **'1인 1숲(나무) 지정 캠페인'**이라 할 수 있다. 개인이 나무나 숲을 독점적으로 소유하는 것이 아니라 존재하는 나무와 숲을 그대로 두고 우리 각자가 수시로 자신이 정한 숲을 찾아가거나 나무를 자세히 관찰하고 나무와 대화하고 나무를 아끼는 시간을 갖는 것이다. 기쁠 때나 슬플 때 그리고 힘들 때 숲을 찾거나 자기 자신의 나무를 찾아 나무와 대화를 할 것을 제안한다. 우리는 나무로부터 많은 교훈과 위안을 얻을 것이다.

　나의 나무가 봄에 잎이 나고 여름에 꽃이 피고 녹음을 주고 가을에는 열매를 맺고 겨울에는 휴식을 취하는 모습을 보면서, 나무를 아끼고 변화하는 모습을 자세히 관찰함으로써 계절의 변화도 느끼고 말없이 묵묵히 자연의 생태계(ecosystem)에 순응하면서 살아가는 나무에서 삶의 교훈을 얻을 수 있다. 주변의 나무들과 충돌하지 않고 서로 상생하면서 자신의 모든 것을 아낌없이 주변에 나누어 주는 숲속의 나무들을 보면서 우리 삶의 방식을 한 번쯤 되돌아보는 기회를 가지는 것이다.

　나태주 시인의 시 '들꽃'을 감상하면서 작고 소박하여 쉽게 지나칠 수 있는 들꽃이지만 자세히 보고 오래 보면 예쁘다는 것을 알게 되고 사랑하게 된다는 교훈을 얻게 된다. 숲속의 어떤 나무도 자세히 보고 오래 보면 나무를 아끼고 사랑할 수밖에 없게 된다.

들꽃

나태주

자세히 보아야 예쁘다
오래 보아야 사랑스럽다
너도 그렇다

    나무의 인간에 대한 헌신을 이야기할 때 가장 많이 인용되는 이야기는 미국의 아동문학가 셸 실버스타인(Shel Silverstein)이 1964년에 쓴 『아낌없이 주는 나무(The giving tree)』라는 동화이다. 작가는 이 동화에서 소년과 나무와의 이야기를 시간대별로 이야기해 준다. 어린 소년은 나무에서 그네도 타고 사과도 따 먹고 놀았다. 그리고 시간이 흘러 성인이 되었을 때 돈이 필요하다고 하자 나무는 사과를 주어 돈 문제를 해결하게 해 주었다. 그리고 또 시간이 흘러 소년은 어른이 되어 결혼해서 살 집이 필요하다고 하자 나무는 가지를 베어 집을 지을 수 있게 내주었다. 그리고 더 나이가 든 소년이 배가 필요하다고 하자 나무는 자신의 몸통을 베어 배를 만들게 내어 주어 어른이 된 소년은 멀리 떠났다. 더 오랜 시간이 지나 노인이 된 후에는 돌아와 쉴 곳이 필요하다고 말하자 나무는 노인을 그루터기에 앉아 쉬게 해 주면서 행복하였다는 이야기이다. 이렇게 나무는 우리 인간들에게 아낌없이 준다는 것을 강조하고 있다.

    한편 프랑스 작가 장 지오노가 1953년 발표한 『나무를 심은 사람』은 프로방스 지방의 황무지가 한 사람의 양치기(55세, 엘제아르 부피에)가 40년에 걸쳐 나무를 심어 이 황무지를 서서히 옥토로 바꿀 수 있음을 자세하게 보여 준다. 또한 숲이 인간의 삶에 절대적으로 필요하고 인간은 숲을 보존해야 한다는 사실을 웅변적으로 설명하고 있다.

    따라서 필자는 독자들에게 유튜브(YouTube) 동영상 『아낌없이 주는 나무』The giving tree'(8분 동영상) 셸 실버스타인 원작과 『나무를 심은 사람』The man who planted trees'(30분 동영상) 장 지오노 원작 등 두 개의 동영상을 시청할 것을 권고한다. 이 동영상들은 보게 되면 독자들의 나무에 대한 인식을 크게 변화시키고, 나무의 인간에 대한 아낌없는 희생을 배우게 될 것이다. 그리고 한 사람이 불굴의 정신으로 평생 나무를 심어 숲을 조성하여 황무지를 옥토로 바꾸어 가는 과정을 보게 된다. 이들 동영상을 보고 나무와 숲을 아끼고 사랑하고 보호하지 않을 수 있겠는가.

II

북한산의 빼어난 풍경 소개

거대한 한 덩어리의 바위로 이루어진 북한산의 풍경은 한 마디로 장엄하다고 할 수 있다. 그리고 그 내부에는 이제 막 자연이 조각하기 시작한 무수한 바위 봉우리들이 서로의 모습을 자랑하고 있다. 이러한 풍경은 북한산 등산을 감행해 보지 않은 사람들이 절대로 볼 수 없는 절경이다.

필자가 오랜 기간 북한산 산행에서 찍은 사진들을 선별하여 게재하여 북한산 전체에 대한 독자들의 이해를 돕고 빼어난 풍경을 독자들과 공유하고자 한다.

1. 흥국사와 전망대에서 남쪽으로 바라본 북한산 풍경

흥국사는 구파발역에서 버스 승차하여 북한산탐방지원센터 도착 바로 전 정류장에서 하차하여 500m 정도 걸어가면 만날 수 있는 사찰이다. 이 사찰은 북한산 북쪽 노고산 언저리에 위치하여 있어 사찰 뒤의 전망대에 오르면 서울시에서 볼 수 없는 북한산의 북쪽 풍경을 한눈에 볼 수 있다.

(좌) 흥국사 일주문; 사찰 맨 앞에 자리 잡은 문으로 사찰에 들었다는 의미
(우) 흥국사 불이문; 일주문을 지나면 계단식 오르막길에 자리하고 있다

사찰 정원의 흥국사 소개 안내문

　흥국사의 창건은 지금으로부터 1,300여 년 전인 서기 661년(신라 문무왕 원년)에 당대 최고의 고승인 원효스님이 북한산 원효암에서 수행하던 중 북서쪽에서 상서로운 기운이 일어나는 것을 보시고 산을 내려와 이곳에 이르게 되었고 서기를 발하고 있는 석조 약사여래 부처님을 보고 원효스님이 인연 도량이라 생각하여 본전에 약사부처님을 모시고 '상서로운 빛이 일어난 곳이라 앞으로 많은 성인들이 배출될 것이다'라고 하며 절 이름을 '흥성암'이라 하고 오늘의 흥국사를 창건하였다.

　그 이후 사찰의 역사를 가늠해 볼 수 있는 자료가 없어 자세한 자취는 알 수 없으나 서기 1686년(조선 숙종 12년)에 중창한 사실과 영조 시대에 크게 발전하였다는 기록이 있다.

　특히 서기 1,758년(영조 34년) 미타전 아미타불 개금 중수(복장연기문)하였고, 서기 1,770년(영조 46년) 영조는 생모 숙빈최씨 묘원인 소녕원을 행차하다가 많은 눈을 만나 이곳에 들르게 된 영조 대왕이 하루를 머물고 아침에 일어나 지었던 시가 비문에 전해지는데(조래유심히: 아침이 돌아오니 마음이 기쁘구나, 척설험풍징: 눈이 한자나 쌓였으니 풍년이 들 징조로다), 이 5언 시구를 전각에 새겨 두고 또 약사전을 써서 편액으로 하사하고 약사전을 중창한 후 왕실 원찰되어 왕실 안녕과 국태민안을 기원하였다고 한다(경기도 고양시 관광 안내 자료).

흥국사 뒤 북한산 전망대의 북한산 조망 사진 및 산봉우리 설명 자료

북쪽에서 남쪽의 북한산을 본 풍경; 흥국사 뒷산 전망대에서 보면 우측부터 향로봉, 비봉, 승가봉, 문수봉, 나한봉, 나월봉, 용출봉, 용혈봉, 의상봉이 차례로 보인다

북한산 북쪽에서 남쪽의 북한산을 본 풍경(확대); 흥국사 뒷산 전망대에서 보면 우측부터 향로봉, 비봉, 승가봉, 문수봉, 나한봉, 보현봉(점처럼 보임), 나월봉, 용출봉, 용혈봉, 의상봉이 차례로 보인다

흥국사 뒤에서 남쪽으로 본 의상 능선(우측) 봉우리들과 좌측의 노적봉, 원효봉, 만경대, 염초봉, 백운대(정상), 인수봉이 확대되어 보인다

흥국사에서 남쪽으로 바라본 의상 능선 봉우리들의 확대 사진; 우측부터 문수봉, 나한봉, 보현봉(점처럼 보임), 나월봉, 용출봉, 용혈봉, 의상봉(가깝고 큰 봉우리)이 차례로 보인다

흥국사에서 남쪽으로 본 북한산 정상부 봉우리 확대 사진; 우측부터 노적봉, 원효봉, 만경대, 염초봉, 백운대(정상), 인수봉이 확대되어 보인다

Ⅱ. 북한산의 빼어난 풍경 소개

2. 흥국사 뒷산(노고산)에서 남쪽으로 바라본 북한산 풍경

노고산에서 남쪽으로 바라본 북한산 정상부; 우측부터 원효봉, 노적봉, 만경대, 염초봉, 백운대(정상), 인수봉이 보인다

노고산 정상 표지석에서 남쪽으로 바라본 북한산 정상부

노고산 정상부에서 남쪽으로 바라본 북한산 비봉 능선; 우측부터 족두리봉, 향로봉, 비봉, 승가봉, 의상 능선 봉우리, 노적봉, 만경대, 백운대, 숨은 벽 능선, 인수봉

노고산 정상에서 남쪽으로 바라본 북한산 정상부; 우측부터 만경대, 백운대, 숨은벽 능선, 인수봉

3. 서울 도심지역(남쪽)에서 북쪽으로 바라본 북한산 풍경

서초구 우면산에서 북쪽으로 바라본 북한산; 좌측부터 북악산(앞쪽), 향로봉, 비봉, 승가봉, 문수봉, 보현봉, 백운대, 만경대, 인수봉

남산 전망대에서 북쪽으로 바라본 북한산; 가까운 곳에 청와대 뒤 백악산, 그 뒤로 멀리 북한산 주 능선이 보인다. 가운데 흰 바위 보현봉, 우측 뒤 북한산 정상부, 우측 희미한 산이 도봉산

남산 전망대에서 북쪽으로 바라본 북한산(확대); 앞쪽 가까운 산이 백악산, 뒤쪽 가운데 문수봉, 보현봉, 우측 북한산 정상부, 맨 우측 문필봉

서울 서초구 우면산에서 강남지역을 포함하여 바라본 북한산; 강남구 법원, 대검찰청(서리풀공원; 녹지), 한강, 남산(앞), 북한산과 도봉산(뒤)

근접촬영 우면산에서 바라본 북한산; 남산(앞), 북한산과 도봉산(뒤)

(좌) 북한산 남쪽 수락산에서 바라본 북한산과 도봉산의 정상부; 북한산 정상부(상; 좌로부터 만경대, 백운대, 인수봉), 북한산과 도봉산 정상부(중), 도봉산 정상부(하)

(우) 관악산 정상에서 바라본 북한산; 상; 한강, 남산, 북한산, 도봉산, 수락산, 불암산, 중; 여의도(63빌딩 등, 북한산 서쪽), 하; 서달산(국립현충원), 남산, 북한산 등

관악산 정상에서 바라본 저녁노을 시점의 서울; 여의도, 동작구 현충원(서달산), 63빌딩(좌측), 한강, 멀리 북한산과 도봉산

4. 북한산 내부에서 본 북한산 근접 풍경

(좌) 인접한 의상봉에서 본 북한산의 속살; 백운대, 만경대, 노적봉, 백운대(확대), 도봉산 오봉
(우) 의상봉에서 본 북한산성과 용출봉

(좌) 의상봉 정상 표지석과 인접 용출봉
(우) 의상 능선 증취봉에서 바라본 북한산 정상부와 나한봉

(좌) 용혈봉에서 본 용출봉과 인접 암봉들
(우) 의상 능선의 나월봉과 증취봉 사이의 고갯마루에 있는 북한산성의 비상용 출입문인 부암동 암문(暗門)

(좌) 북한산성 대성문; 조선 숙종 때 도성을 방어하기 위하여 석성으로 쌓은 북한산성의 5개 홍예식 성문중의 하나이며 작은 규모의 암문 9개가 있다. 북한산 능선을 따라 축조된 성의 전체 둘레는 12.7㎞에 달한다
(우) 북한산성 동쪽의 지휘소 동장대; 장수의 지휘소로 이용되는 장대는 북한산성에 총 3개가 설치되었다

(좌) (해발 505m) 아래에 있는 대서문; 가장 낮은 고도에 자리한 북한산 성문
(우) 산성 탐방지원센터 인접 원효봉(해발 505m)에서 바라본 염초봉, 백운대, 만경대, 노적봉

(좌) 원효봉(해발 505m)에서 바라본 백운대, 만경대, 노적봉(하)
(우) 인수봉과 백운대 뒷면에 숨어 있는 거대한 바위 능선 숨은벽

(좌) 인수봉 북쪽 면과 백운대 사이에 숨어 있는 거대한 숨은벽 능선
(우) 북한산 정상 백운대 표지석과 태극기. 11월

(좌) 북한산 정상 백운대에서 내려다본 상장 능선과 인수봉
(우) 북한산 남쪽 영봉에서 바라본 인수봉 암벽과 고양시 주변 풍경

(좌) 북한산 정상 백운대에서 바라본 인수봉; 암벽 등반하는 사람들이 보임
(우상) 북한산 영봉에서 바라본 인수봉, 백운대, 만경대
(우하) 북한산 영봉에서 바라본 도봉산구역의 오봉

(좌) 우이동 인근 하루재 방향에서 바라본 인수봉; 200m 높이의 화강암 수직 봉우리 인수봉과 등반 루트 소개 사진
(우) 비봉 능선의 불광동 방향 출발점에 자리한 족두리봉

(좌상) 비봉 정상 바로 아래에서 바라본 사모바위, 승가봉, 문수봉, 보현봉
(좌하) 족두리봉에서 바라본 비봉; 정상에 신라 진흥왕 순수비가 서 있다
(우) 비봉 능선 시작점 족두리봉에서 바라본 비봉과 향로봉

(좌) 비봉 능선 마당바위에서 바라본 사모바위, 승가봉, 의상능선, 문수봉, 북한산 정상부; 장대한 비봉·의상 능선을 한눈에 볼 수 있는 조망 명소
(우) 비봉 능선 마당바위에서 바라본 북한산 정상부와 문수봉

(좌) 비봉 능선에서 바라본 비봉 정상, 북한산 정상부와 거대한 사모바위
(우) 북한산 국립공원 우이동 탐방지원센터 입구에서 바라본 북한산 정상부

(좌) 북한산 수유동에 자리한 국립 4.19 민주묘지
(우) 우이동 방면 진달래 능선의 진달래꽃이 핀 풍경; 수락산과 인수봉이 배경에 있다. 4월 초순

(좌) 진달래 능선 등산로의 만개한 진달래꽃. 4월 초순
(우) 북한산 진달래 능선의 봄꽃; 진달래, 양지꽃, 노랑제비꽃, 현호색, 미국제비꽃, 생강나무꽃. 4월 초순

5. 북한산 국립공원 도봉지구 풍경

(좌) 북한산 국립공원 도봉산지구 탐방로 지도
(우) 북한산 둘레길 종합안내도; 북한산 국립공원

(좌) 북한산 국립공원 도봉산지구 선인봉과 탐방로 안내 지도
(우) 도봉산역에서 바라본 도봉산 정상부 거대 암벽 풍경

(좌) 도봉산 정상부 선인봉 전경; 정상부에서 일반인 등반 가능 봉우리
(우) 도봉산 정상부 선인봉 근접 전경

(좌) 멀리 도봉산탐방지원센터 인근에서 바라본 선인봉
(우) 도봉산 정상부 선인봉

(좌) 도봉산지구의 다섯 개 암봉으로 구성된 오봉과 일부 확대 사진
(우) 도봉산 오봉과 인접한 도봉산 정상부(확대 사진)

(좌) 도봉산 망월사의 영산전과 도봉산 정상부
(우) 도봉산 망월사 뒤 포대 능선

도봉산의 화려한 가을 단풍

III

북한산 둘레길 숲 해설 준비

1. 북한산 둘레길 숲 해설 구간 개요 및 참고자료

    이 책의 Ⅳ장에서는 북한산 둘레길 구간(71.5㎞) 중 북한산탐방지원센터에서 밤골공원 지킴 센터(국사당)까지의 3.02㎞ 구간으로 한정하였다. 즉, 북한산 둘레길의 제10구간 일부(내시묘역 길 구간)와 제11구간 일부(효자 길 구간)를 포함하고 있다. 그리고 Ⅴ장에서는 위의 구간과 나란한 구간으로 창릉천을 따라 정비되어 있는 '솔내음 누리길'로 버스정류장 효자치안센터에서 사기막골 구간에 해당하는 지역으로 고양시에서 지정한 창릉천 주변의 나무와 주변 경관을 따로 해설하고자 한다. 대략적인 거리는 약 4㎞로 하천을 끼고 정비된 둘레길로 주로 물을 좋아하는 나무들이 많이 있고 주변에 식당 등 민가들이 많이 있어 인공적으로 식재한 나무들도 많이 볼 수 있다. 이 두 구간을 따라 도보로 이동하면서 순차적으로 만나게 되는 나무들을 중심으로 숲과 문화에 대한 해설을 진행하였다.

    독자들이 이 책을 들고 둘레길을 따라 걸으면서 현장에서 숨은그림찾기 하듯이 스스로 책에 기술된 나무들의 계절별 사진을 비교해 가면서 숲 해설을 읽을 수 있게 하였다. 이 책을 소지한 사람들이 북한산 둘레길 주변의 나무 이름과 특성, 나무와 관련된 역사와 문화 그리고 유명 시인들이 발표한 나무 관련 명시들을 음미하며 현장에서 생생하게 숲 해설을 즐길 수 있게 노력하였다.

    나무의 생태 및 특성에 대해서는 공주대학교 윤충원 교수가 집필한『나무생태도감』(지오북, 2021)과 박승천 작가의『우리나무 비교도감』(우즈워커, 2021)을 주로 참조하였으며, 나무와 관련된 문화와 역사에 대해서는 상당 부분 박상진 교수가 집필한『문화와 역사로 만나는 우리 나무의 세계 1, 2』(김영사, 2020)와 강판권 교수의『역사와 문화로 읽는 나무 사전』(글항아리, 2019) 등의 원문을 인용하였으며 주요 해설 자료로 참고하고 기타 나무와 관련된 다양한 내용들은 이미 출간된 서적들을 참고하였다. 관련 서적들은 저서의 마지막 부분에 참고문헌으로 표기하였다. 그리고 국립수목원을 포함하여 전국에 산재한 수목원(국립공원 포함) 등의 숲 해설 자료 등을 참조하였음을 밝혀 둔다.

2. 대중교통으로 해당 지역 찾아가기

　서울의 지하철과 버스를 이용하기 위해서는 먼저 지하철 3호선 구파발역 1번 출구로 나가서 시내버스 37번(과거 34번) 또는 704번 등을 이용하여 북한산성 입구 버스정류장으로 향하는 길에 버스에서 우측을 보면 진관사, 삼천사 등의 사찰 입구들이 보이고 그 뒤로 장대한 규모의 북한산 바위 봉우리들이 연이어 나타나는 것을 볼 수 있다.

　그리고 좌측에 흥국사 버스정류장을 볼 수 있으며 자동차 도로에서 500m 정도 들어가면 흥국사에 도착한다. 흥국사 뒤에 오르면 서울 도심 방향(남쪽)에서 북한산을 보는 것이 아니라 고양시 방향(북쪽)에서 남쪽으로 북한산 바위 봉우리들이 길게 연결된 것을 한눈에 조망할 수 있다. 이 사찰 뒤로 좀 더 올라가면 노고산으로 오르는 등산로에 들어서며 노고산 방향으로 이동하면서 장대한 북한산 봉우리들이 길게 늘어선 북한산의 속살을 한눈에 조망할 수 있게 된다.

　흥국사 다음 정류장인 북한산성 입구 정류장에서 하차하여 북한산탐방지원센터 방향으로 걸어서 들어가면 상가들이 줄지어 늘어선 진입도로 좌측에는 원효 능선의 원효봉이 장대하게 자리 잡고 있으며 우측으로는 의상 능선의 의상봉, 용출봉 등을 포함한 웅장한 바위 봉우리들이 보는 이들의 시야를 압도하고 있다.

　자가 운전 차량으로 찾아가려면 북한산성 제1 또는 제2 주차장(서울 은평구 서대문길 24, 은평구 진관동)을 지정하여 네비게이션의 도움을 받을 수 있다. 주차장에서 조금만 걸어 들어가면 북한산탐방지원센터 입구를 만나게 된다.

(좌) 북한산성 제1주차장에서 바라본 원효봉, 백운대, 노적봉
(우) 북한산성 제1주차장에서 바라본 의상봉과 용혈봉의 풍경

북한산 둘레길 전체구간 안내도; 고양시 소속 구간으로 제10구간 내시묘역길,
제11구간 효자길 구간을 포함

산성입구; 북한산 국립공원의 북한산성지구 주요 등산로 세부 안내도

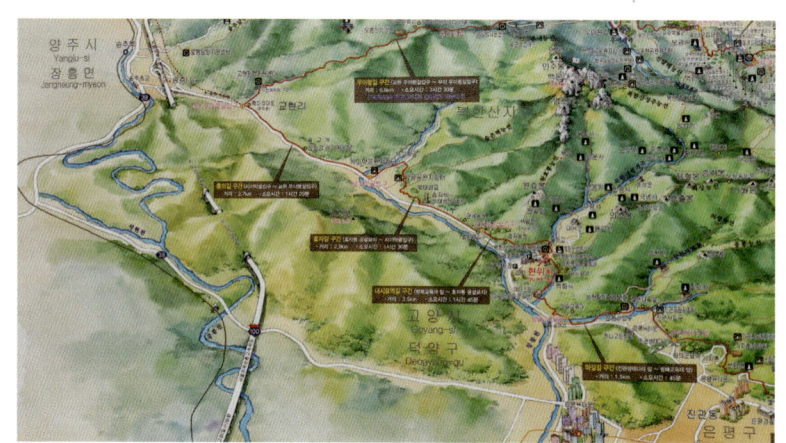

북한산 숲해설 구간 지도; 내시묘역 구간 산성입구에서
효자길 구간 밤골공원 지킴센터까지 3㎞ 구간

IV

숲 해설 1: 산성 입구 - 국사당 (밤골농원) 구간

북한산성 입구 - 효자치안센터 구간

1. 밤나무

 북한산성 탐방지원센터 입구로 들어가면 도로 우측에 북한산성 제1주차장이 보이고, 입구 바로 옆에 도로변 우측에 큰 밤나무를 마주치게 된다.
 밤나무는 밤이 열리는 과수로 우리나라 어느 지역에서나 재배되고 있으며 밤은 식량을 대체할 수 있을 정도로 다양한 영양분을 포함하고 있어서 예부터 도토리와 함께 아주 우수한 대용식량으로 활용되었다. 대부분의 과실은 과육 안에 씨앗이 들어 있지만 밤은 다른 과실과는 다르게 밤송이는 밤알을 싸고 있는 가시를 가지고 있어서 종자인 씨앗을 보호한다. 나무 가득 열리는 밤은 옛날부터 다산과 부귀를 상징하였다.
 과거의 기록을 보면 동양권에서 우리나라, 중국, 일본에서 주로 밤이 생산되었으며 우리나라의 밤은 다른 나라에 비하여 알이 굵기로 유명하였다고 한다. 그리고 밀양에서 나는 밤이 크고 맛이 가장 좋으며 지리산에서도 주먹만 한 큰 밤이 난다는 기록이 있다. 요즘은 부여군과 공주시 인근에서 국내에서 밤을 가장 많이 생산하며 전국 밤 생산의 약 15%를 차지하는 것으로 보고되고 있다. 공주시 정안면, 사곡면, 이인면, 우성면 인근 산과 들에는 밤나무가 지천이다.
 우리 조상들은 대추와 함께 밤은 반드시 제사상에 올리는 중요한 과실이었다. 그 이유는 일반적으로 밤송이 안에 3개의 밤알이 들어 있으며 이는 영의정, 좌의정, 우의정으로 대표되는 삼정승이 한 집안에서 배출되게 해 달라는 기원이 포함되었다고 한다. 또 다른 의미로는 대부분의 식물 종자는 싹이 틀 때 종자 껍질을 땅 밖으로 밀어내지만, 밤은 싹이 틀 때 껍질은 땅속에 남겨 두고 싹만 올라오고 껍질은 오랫동안 썩지 않고 그대로 남아 있다. 따라서 밤나무는 자신을 낳아 준 부모 또는 선조를 잊지 않는 나무로 보았다. 또한 대추와 밤은 자식과 부귀를 상징하기에 혼례(폐백)에도 밤은 항상 포함하였다.
 밤나무의 목재도 조상숭배 등 제사용으로 널리 사용되었다. 제사용 신주(神主)는 반드시 밤나무로 만들었고 위패와 제상 등 제사 기구는 밤나무로 제작하였다. 밤나무가 재질이 단단하고 잘 썩지 않고 쉽게 구할 수 있을 뿐만 아니라 밤나무의 조상숭배 상징성 때문이다. 밤은 한자 율(栗)로 나무 위에 밤송이가 달린 모습을 나타내고 있다. 조선시대에는 밤나무의 수요가 증가하여 국가에서 밤나무 벌목을 금지하는 율목봉산(栗木封山)을 지정하여 관리하였다.

밤나무는 6-7월에 특이한 향이 나는 밤꽃을 피우며 밤꽃은 밤꿀 생산에 중요한 밀원식물로 알려져 있다. 밤꽃 향기는 남자의 정액 냄새와 유사하다고 한다. 밤꽃은 암수가 따로 핀다. 수꽃은 꼬리 모양으로 긴 유백색 꽃이 피고, 암꽃은 밤송이 모양의 포로 싸여 있고 수꽃 위에 3개씩 모여서 핀다.

우리나라에는 옛날부터 약밤나무가 자생하고 있으며 밤알의 크기가 밤보다 훨씬 작고 겉껍질을 벗기면 속껍질도 동시에 벗겨지는 특징이 있다. 재래종 밤나무는 동고병, 밤나무혹벌 등의 병해로 인하여 거의 사라졌다고 한다. 현재 시중에 판매되는 밤은 대부분이 일본에서 생산된 개량 밤나무로 알려져 있다.

울릉도에서만 자라는 너도밤나무는 참나뭇과에 속하는 나무로 잎이나 줄기가 밤나무와 유사하지만 열매 크기가 작고 도토리와 비슷하며 먹을 수 있다. 이 나무는 염분이 많은 해안지역에서도 잘 자란다. 비슷한 이름의 나도밤나무는 참나뭇과가 아니라 나도밤나뭇과에 속하며 잎이나 수피가 밤나무와는 전혀 다르고 열매는 콩알만 하다. 이 나무는 남부지역과 제주도 지역에서만 자생한다.

김관호 시인의 짧은 시 '밤나무 I'를 옮겨 감상하고자 한다.

밤나무 I

김관호

해 넘는 먼 산엔
계절 잃은 목련꽃
하얗게 피었다

먼발치 앞산엔
백로 떼 무리지어

산자락 덮었다

양향(陽香)에 취해
한발 가까이 다가서니
밤꽃 바로 너였구나

벗기고 또 벗기고서야
수줍은 속살 내보이는
밤송이 바로 너로구나

밤나무: 참나무과. 학명(Castanea crenata), 다른 이름; 한약명으로 율자(栗子, 열매), 건률(乾栗, 열매), 율화(栗花, 꽃), 영어명; Japanese chestnut, Chestnut Japanese, castana는 그리스어 밤을 의미, crenata는 둥근 톱니의 의미. 현재 전국적으로 재배되는 밤나무는 재래종 밤나무 중에서 선발한 품종과 일본에서 도입된 품종, 그리고 재래종과 일본의 도입종을 교잡하여 개량한 품종으로 알려져 있다.

밤나무는 주로 중부 이남의 인가 주변에 식재하고 있으며 일본, 중국, 남미, 호주 등이 원산지로 알려져 있다. 낙엽활엽교목으로 수피는 암회색이며 세로로 불규칙하게 갈라진다. 잎은 어긋나며 타원상 피침형으로 녹색의 길게 돌출한 기울어진 톱날 모양의 거치가 있다. 상수리나무와 굴참나무는 잎의 모양은 밤나무 잎과 유사하나 거치에 녹색이 없는 것이 특징이다. 암수한그루이며 6-7월에 개화하고 수꽃은 유백색으로 꼬리 모양으로 길게 늘어지며 암꽃은 수꽃 위에 3개씩 모여 밤송이 모양으로 달린다. 밤꽃은 특유의 진한 향기가 있어서 양봉 산업에서는 밤꿀 생산에 중요한 역할을 한다. 열매는 9-10월에 익는 견과이며 밤송이 안에 싸여 있다.

햇빛을 좋아하는 양수로 일조량이 부족한 경우에는 정상적인 성장과 결실이 잘되지 않는다. 열매는 식용하며 꽃은 밀원식물, 그리고 다양한 약재로 이용된다.

밤나무는 참나무와 유사하여 서양에서는 밤나무로 포도주 통을 만드는 데 주로 사용하였으며 탄력성이 강하고 타닌을 함유하고 있어서 잘 썩지 않아 철도용 침목, 가구, 선박, 악기 제작 등 다양한 용도로 사용되고 있다.

밤나무; 북한산성탐방지원센터 주차장 진입로 우측 밤나무. 4월 하순

(좌) 밤나무; 미상꽃차례의 긴 수꽃과 수꽃 아래 구형의 작은 암꽃. 5월 하순
(우) 밤나무; 잎 가장자리에 피침형 파상 거치가 있고 거치가 녹색이다. 상수리나무와 굴참나무의 잎의 거치에는 녹색이 없다. 5월 하순

밤나무; 밤이 익기 시작하였다. 9월 초순

밤나무; 밤이 익어서 밤송이가 벌어져 알밤이 보인다. 9월 중순

2. 양버즘나무

　입구 주차장 바로 앞 우측 도로변에 큰 밤나무 한 그루가 자리 잡고 있다. 도로를 따라 조금 더 올라가면 북한산성 탐방지원센터 입구에는 북한산 등산로 안내 지도가 크게 걸려 있고 그 우측에는 서울 북한산초등학교 안내석이 보인다. 탐방센터를 지나는 직선 포장도로 양측에 오래된 양버즘나무들이 가로수로 잘 보존되어 있다. 양버즘나무는 약 1억 4천만 년 전에 목련과 함께 지구상에 등장한 최초의 속씨식물(갖춘 꽃이 피는 식물)로 분류되고 있다.

　수피가 버즘이라는 피부병과 유사한 무늬가 나타나서 버즘나무라고 붙여졌다. 북한에서는 둥근 열매 모양을 따서 '방울나무'라고 부른다. 나무껍질이 큰 조각으로 떨어지고 회백색으로 얼룩이 진다. 낙엽 큰키나무로 전국의 가로와 공원에 가로수 또는 풍치수로 심는다. 공해 흡수 능력이 아주 우수한 수종이기에 세계 3대 가로수(양버즘나무, 피나무, 칠엽수) 중 하나로 알려져 있으며, 우리나라에서는 과거에는 가로수로 많이 심었지만 인접한 건물과 행인들에게 피해가 커서 최근에는 거의 심지 않는 경향이 있다. 최근에는 국내 대부분 도시에서 양버즘나무 관련 민원으로 이 나무의 가지를 심하게 싹뚝 잘라서 닭발 모양의 아주 보기 싫은 가로수 풍경을 보여 주고 있다.

　그리스에서는 기원전 5세기경에 가로수로 심었다는 기록이 있으며 유럽에서 아주 인기 있는 가로수로 식재되고 있으며 특히, 프랑스 파리의 샹젤리제 거리(콩코드광장에서 개선문까지 2㎞ 거리로 도로변에는 각종 명품 브랜드 매장과 노천카페, 레스토랑이 즐비하다)에 식재된 대표적인 가로수로 각이 잘 지게 전지된 양버즘나무들을 볼 수 있다. 크리스마스 시즌이면 나무에 조명을 설치하여 화려한 조명등으로 빛나는 밤 풍경을 연출한다.

　버즘나무의 꿈과 덕성을 예찬하고 그러한 자세로 삶의 길을 함께하고자 한 시로는 김현승의 '플라타너스'가 널리 애송되고 있다.

플라타너스

김현승

꿈을 아느냐 네게 물으면
플라타너스
너의 머리는 어느덧 파아란 하늘에 젖어 있다

너는 사모할 줄을 모르나
플라타너스
너는 네게 있는 것으로 그늘을 늘인다

먼 길에 오를 제
홀로 되어 외로울 제
플라타너스
너는 그 길을 나와 같이 걸었다

이제, 너의 뿌리 깊이
나의 영혼을 불어넣고 가도 좋으련만
플라타너스
나는 너와 함께 신(神)이 아니다!

수고로운 우리의 길이 다하는 어느 날
플라타너스
너를 맞아 줄 검은 흙이 먼 곳에 따로이 있느냐?
나는 오직 너를 지켜 네 이웃이 되고 싶을 뿐
그곳은 아름다운 별과 나의 사랑하는 창이 열린 길이다

양버즘나무: 버즘나무과, 학명(*Platanus occidentalis*), 다른 이름; 플라타너스, 양방울나무, 쥐방울나무, 방울나무(북한명). 영어명; bottonwood, bottonball. 미국 원산, 그리스어 platys는 넓다는 의미, occidentalis는 서부, 서방의 의미. 우리나라에서 볼 수 있는 버즘나무는 대부분 미국 원산의 미국 오동이다. 버즘나무는 중국에서는 법국오동(法國梧桐)이라 부르며 법국은 프랑스를 의미하며 잎이 오동나무처럼 생겼음을 의미한다.

낙엽활엽교목으로 수피는 어두운 갈색으로 조각조각 떨어져서 황갈색 얼룩이 진다. 잎은 손바닥 모양으로 넓고 주변부에 3-5개로 갈라지며 주변부에 톱니 모양의 거치가 있다. 암수 한 그루이며 꽃은 둥근 형태이며 잎과 함께 핀다. 열매는 공 모양이며 긴 자루에 한 개씩 달리며 9-10월에 익는다. 버즘나무는 열매가 하나의 자루에 3-7개 달린다. 목재는 재질이 단단하고 무늬가 우수하여 고급 가구재, 펄프재로 사용된다. 양버즘나무 씨앗은 발아가 잘되지 않기 때문에 일반적으로 꺾꽂이로 번식시킨다.

포장도로를 따라가다 산성 계곡 무장애 탐방로 표지를 따라 좌측 소로로 들어가면 정면으로 북한산의 봉우리라는 안내표지판 사진이 있다. 이 지점에서 보이는 북한산의 봉우리로 원효봉(해발 505m), 노적봉(해발 716m), 만경대(해발 799.5m) 그리고 정상인 백운대(해발 836.5m) 사진을 보여 주고 있다.

양버즘나무; 양버즘나무가 가로수로 식재된 북한산성탐방센터 입구의 겨울

양버즘나무; 봄을 맞아 새잎이 나기 시작한다. 4월 하순

(좌) 양버즘나무; 열매가 자라고 있으며 지난해 열매도 공존하고 있다. 4월
(우) 양버즘나무; 공 모양의 양버즘나무의 열매가 커지고 있다. 4월 하순

(좌) 양버즘나무; 잎은 넓은 난형으로 3-5열로 나뉘고 턱잎이 있다. 6월 초
(우) 양버즘나무; 가을 북한산성 탐방센터의 양버즘나무 가로수길. 11월

(좌) 양버즘나무; 터키 데니즐리 지역 가로수 양버즘나무 고목과 열매. 1월
(우) 양버즘나무; 잎은 모두 지고 열매만 남은 양버즘나무. 1월

(좌) 산성계곡 무장애탐방로 안내문; 양버즘나무 가로수길 좌측에 북한산성 계곡으로 들어가는 무장애탐방로를 가리키는 안내문
(우) 탐방로 안내문; (밤골방향지킴터 2.3km) 방향으로 진행하면 삼거리에서 백운대 방향(계곡탐방로)으로 진입하면 무장애탐방로(150m)로 진입한다

(좌) 포토존 풍경; 좌측 나무다리는 북한산 둘레길 방향, 오른쪽으로 진입하면 무장애 탐방로로 진입한다
(우) 포토존 표지판이 있는 목조다리 우측에서 바라본 북한산 정상 주변 봉우리 소개 사진

(좌) 원효봉, 백운대 정상 일부, 만경대, 노적봉의 전경. 4월 하순
(우) 만경대와 노적봉의 봄 풍경. 4월 하순

2-1. 계곡 무장애 탐방로 안내

'무장애 탐방로'에 진입하면 북한산 계곡의 수량이 풍부한 맑은 물이 흐르는 바위 계곡을 만난다. 따라서 이 책에서 소개하는 북한산 둘레길 코스에서 경치가 가장 아름다운 곳이어서 반드시 탐방해 볼 것을 추천한다. 그리고 북한산에 서식하는 다양한 동식물을 소개하는 현황판과 북한산성을 소개하는 사진 자료들이 비치되어 있다.

먼저 북한산성 안내문에 따르면, 북한산성은 북한산의 여러 봉우리를 연결하여 돌로 쌓은 산성이다. 길이는 11.6km이며 내부 면적은 5.3km²에 달한다.

북한산성은 축성 이후에도 한 번도 전쟁을 겪지 않고 현재의 상태로 보존되고 있다. 임진왜란과 병자호란을 겪으면서 한양 도성의 배후에 산성을 쌓아 국난에 대비하자는 의견이 제기되었지만, 당시에는 이루어지지 않았고 실제 축성은 1711년(숙종 37년)에 이루어졌다. 논의 과정은 길었지만 성벽을 쌓는 데에는 단 6개월밖에 걸리지 않았다. 성벽은 평지, 산지, 봉우리 등 지형에 따라 높이를 달리하여 쌓았다. 축성 방법을 살펴보면 계곡부는 온전한 높이로 쌓았고, 지형이 가파른 곳은 그보다 낮게 쌓거나 여장을 올린 곳도 있다. 봉우리 정상부는 성벽을 쌓지 않았는데 그 길이는 3km이다. 특히, 성벽의 높이를 지형에 따라 달리한 점, 성문의 여장을 한 장의 돌로 만든 점, 옹성과 포루를 설치하지 않은 점, 성을 이중으로 쌓은 점 등은 다른 산성과 구별되는 북한산성의 특징이다.

주요 출입시설로 대문 6곳, 보조 출입시설로 암문 8곳, 수문 2곳을 두었다. 성곽 지대에는 병사들이 머무는 초소인 성랑 143곳이 있었다. 성 내부 시설로는 임금이 머무는 행궁, 북한산성의 수비를 맡았던 삼군문(훈련도감, 금위영, 어영청)의 주둔부대가 있던 유영 3곳, 이 유영의 군사 지휘소인 장대 3곳을 두었다. 또한 군량을 비축하였던 창고 7곳, 승병이 주둔하였던 승영 사찰 13곳이 있었다.

산성 계곡에는 버들치와 개구리가 살고 있고 봄에는 살구꽃, 산개나리, 미선나무, 매화, 벚꽃, 살구꽃이 핀다고 한다. 여름에 출현하는 매미로는 참매미, 애매미, 쓰름매미, 말매미 등이 서식하고 있다. 가을에는 멧돼지, 도토리거위벌레, 청설모, 다람쥐, 어치 등의 동물을 볼 수 있다. 그리고 겨울에 출현하는 동물들로 너구리, 멧돼지, 삵, 멧토끼, 청설모, 여우, 오색딱따구리 등이 있으며 이 동물들은 눈에 발자국을 남겨 방문객들이 이 동물들이 숲에 살고 있다는 것을 알 수 있다.

북한산성 전체의 해설지도 사진

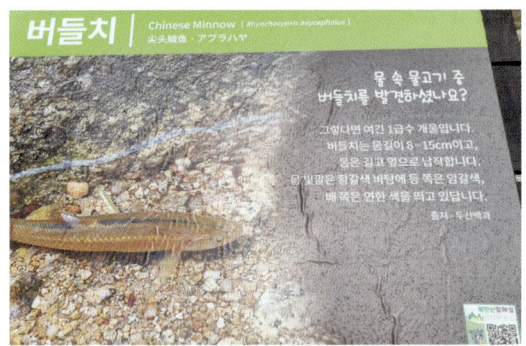

북한산 계곡 1급수에 사는 버들치에 대한 해설판 사진

(좌) 북한산에 서식하는 참매미, 애매미, 쓰름매미, 말매미 소개 해설판
(우) 눈에 찍힌 동물의 발자국으로 북한산 서식 동물을 알아보는 해설판

계곡의 매끄러운 바위와 맑은 물이 멋진 경치를 보여 주고 있다

전망대로 오르는 계단과 우측의 북한산성 성벽

빈틈없이 돌로 쌓은 북한산성 성벽의 일부

작은 바위로 이루어진 계곡에 맑은 물이 흐르고 있다

3. 양버들

　포토존 표지판이 있는 좌측의 목조다리를 건너가다가 보면 다리 우측에 인접하여 계곡에 빗자루 모양으로 우뚝 선 나무 한 그루를 보게 된다(2024년 4월 쓰러진 고목을 베어서 제거하여 뿌리 부근 둥치만 남아 있음). 이 나무가 늙은 양버들 나무이다. 유럽에서 들어온 버드나무라고 하여 양버들이라고 하며 일반적으로 포플러라고 부른다. 이태리포플러가 도입되기 이전에 전국의 국도변 가로수 또는 논밭 둑에 많이 심었다. 곧게 뻗은 줄기 주변에 잔가지가 많이 나와서 빗자루 모양으로 보인다.

　중년을 넘긴 분들은 한여름 비포장도로의 신작로에 뿌연 먼지를 맞으며 서 있던 가로수를 떠 올릴 수 있다. 어릴 적 봄에 버들피리 만들어 불던 나무이다. 이 나무의 속명이 민중이라는 뜻이며 프랑스 혁명기에는 자유를 상징하였다고 한다. 계몽사상가 루소의 묘지에 심어져 있어 자유를 상징한다고 한다. 나무 모양이 옆으로 약간 퍼져서 자라는 미국 원산의 미루나무(미류나무에서 미루나무로 바뀜, 북한의 1976년 판문점 도끼만행 사건의 나무) 또는 캐나다 원산의 이태리포플러(이탈리아를 통해 우리나라에 도입, 수형이 미루나무보다 가지가 더 넓게 퍼짐)와 구별된다.

　양버들과 유사한 사시나무속의 나무로 미루나무와 이태리포플러가 있다. 수형으로 보면 양버들이 위로 곧게 가지가 뻗어 빗자루 모양이고 이태리포플러는 가지가 넓게 평퍼짐하게 퍼져있으며 미루나무는 이 두 나무의 중간 형태로 약간 넓지만 위로 많이 뻗어 나간 형태이다. 현재 전국적으로 분포하는 나무는 대부분이 이태리포플러이고 미루나무는 거의 찾기 힘들다. 이 두 나무는 잎에서 큰 차이가 있으며 잎 앞면 기부에 선체라는 뚜렷한 돌출한 구조물이 3-6개 달려 있으면 미루나무이고 이태리포플러는 이런 구조물이 없거나 잎 저 측면으로 2개 정도 달려 있다. 잎 모양도 미루나무는 넓은 하트형이고 이태리포플러는 하트모양이지만 잎 끝부분으로 가늘고 길게 돌출된 것이 특징이다.

　일반인들은 양버들을 미루나무로 혼동하여 부르고 이외수 시인의 시 '구름 걸린 미루나무'도 양버들을 노래하는 것으로 추정된다.

구름 걸린 미루나무

이외수

온 세상 푸르던 젊은 날에는
가난에 사랑도 박탈당하고
역마살로 한 세상 떠돌았지요
걸음마다 그리운 이름들
떠올라서
하늘을 쳐다보면 눈시울이 젖었지요
생각하면 부질없이
나이만 먹었습니다
그래도 이제는 알 수 있지요
그리운 이름들은 모두
구름 걸린 언덕에서
키 큰 미루나무로 살아갑니다
바람이 불면 들리시나요
그대 이름 나지막히 부르는 소리

양버들: 버드나무과, 학명(*Populus nigra var. italica*), 다른 이름; 피라미드 포플러, 삼각 흑양, 대동강 뽀뿌라, 니그라포플라나무. 영어명; Italian black popular. 유럽 원산으로 과거에는 전국의 마을 및 하천 주변에 주로 심었다.

낙엽활엽교목으로 전체 나무 모양이 빗자루를 거꾸로 세워 놓은 모양이다. 수피는 흑갈색이며 오래된 나무는 세로로 갈라진다. 잎은 어긋나며 길이 5-10cm, 마름모 모양이며 끝이 뾰족하며 가장자리에 둔한 톱니가 있다. 너비가 길이보다 길고 잎자루의 길이가 길어서 잎의 길이와 유사하다. 4월에 잎보다 꽃이 먼저 피며 암수딴그루이고 우리나라의 양버들은 대부분 수나무이다. 열매는 5-6월에 익게 된다.

햇볕을 좋아하는 양수이며 생장 속도가 빠르고 목재의 재질이 부드러워 상자, 성냥개비, 나무젓가락, 펄프의 재료로 이용된다. 수지와 수피는 진통 해열제의 약재로 사용되고 가로수나 강변 둑에 많이 심는다. 2018년부터 한강 둔치에 많이 심고 있으며 대전의 갑천 변에도 심어져 있다. 과거 신작로의 가로수로 많이 심었다.

버드나무과 사시나무속의 나무로 사시나무, 당버들, 황철나무, 양버들, 이태리포플러, 미루나무, 은백양, 은사시나무 등이 있다.

(좌) 양버들; 목조다리 우측에 앙상한 가지의 양버들이 서 있다. 11월
(우) 양버들; 목조다리 우측에 고목 한 그루가 서 있다. 7월

(좌) 양버들; 고목이 내부가 썩어서 최근 계곡에 쓰러진 사진. 5월
(우) 양버들; 잎은 어긋나며 마름모 모양으로 잎자루가 길다. 7월

(좌) 양버들; 잎이 단풍이 들어 가는 가을 풍경. 10월
(우) 양버들; 빗자루 모양으로 곧게 서 있는 양버들. 북한산 대서문 계곡. 5월 초순

4. 아까시나무

　양버들을 지나면 목조 다리 양측에 늙은 아까시나무가 자리 잡고 있다. 지난해 열었던 콩 꼬투리 모양의 열매를 현재까지 달고 있고 어린 가지에는 가시가 있는 것을 볼 수 있다. 아까시나무는 콩과식물로 뿌리혹박테리아의 도움을 받아 공기 중의 질소를 고정하는 능력이 있어서 척박한 땅에 질소비료를 만드는 역할을 하여 황무지 등을 개척할 때 심을 수 있는 수종이다. 우리나라에서는 일반적으로 아카시아로 잘못 불리고 있다.

　경북 칠곡군에서는 매년 '아카시아 축제'를 열고 있으며 중국에서는 아까시나무를 가로수로 심고 있는 경우가 많다. 미국의 루스벨트 대통령 시절에 테네시강 유역 황무지에 아까시나무를 심었으며 프랑스 동부와 독일 서부 산악지역에 이 나무를 심어 푸른 숲을 만들었다고 한다.

　어린나무 줄기에 가시가 빽빽하게 나오나 오래되어 굵어진 줄기에는 가시가 거의 없다. 이것은 부드러운 가지를 골라 먹는 초식동물로부터 아까시나무가 자신을 보호하는 방법이다.

　꽃은 한방에서 약재로 사용하며 봄에 나오는 어린잎은 나물이나 샐러드를 만들어 먹고 꽃과 어린잎은 튀기거나 무쳐 먹기도 한다. 토끼에게는 영양가 높은 먹이가 된다.

　흰꽃이 아니라 붉은 꽃이 피는 꽃아까시나무 또는 붉은꽃아까시나무(꽃아까시나무)는 스페인에서 개량한 종으로 국내에는 1920년대에 관상수로 도입되어 심어지고 있지만 종자가 열매를 잘 맺지 않고 가시도 없다고 한다.

　아까시나무는 꿀을 많이 생산하는 밀원식물로 사랑받고 있다. 꿀 중에서 아까시나무꽃이 필 때 채밀한 꿀을 아카시아꿀로 불리며 인기리에 판매되고 있다.

　1972년 발표된 박화목 작사 김공선 작곡의 동요 '과수원 길' 가사에서도 아카시아꽃으로 나온다. 이 동요에서는 과수원길에 핀 아까시나무꽃을 아주 잘 묘사하고 있다.

과수원 길

박화목

동구밖 과수원길 아카시아꽃이 활짝 폈네
하아얀 꽃 이파리 눈송이처럼 날리네
향긋한 꽃냄새가 실바람 타고 솔 솔
둘이서 말이 없네 얼굴 마주보며 쌩긋
아카시아꽃 하얗게 핀 먼 옛날의 과수원길

아까시나무: 콩과, 학명(*Robinia pseudoacacia*), Robinia는 이 나무를 신대륙에서 유럽으로 도입한 스페인의 로빈 대령에서 유래, 슈도(pseudo)는 가짜라는 의미로 가짜아카시아(pseudoacacia)를 사용하고 있다. 즉 호주 및 열대지방에 주로 분포하며 노란 꽃이 피는 아카시아나무와는 전혀 다른 나무이다. 아카시아는 호주의 나라꽃(국화)으로 "골든 와틀(golden wattle)"이며 호주의 국가색인 노란색이 아카시아에서 유래하였으며 호주 국가대표 축구선수의 유니폼도 노란색을 사용한다. 아카시아(Acacia)속 식물은 500종 이상이 열대와 아열대 지방에서 자라며 그중 400종 이상이 호주에 분포한다. 다른 이름; 아카시아나무, 아카시아, 개아까시나무. 영어명; black locust, false acacia, Bristly locust, Mossy locust.

북미 원산으로 1891년 일본인이 중국 북경에서 묘목을 가져와 인천에 심은 것이 처음이며, 국내에 도입되어 전국의 산과 들에 심거나 자생하고 있다. 공기 중에 존재하는 질소를 고정할 수 있는 뿌리혹박테리아와 공생하는 콩과식물이어서 다른 나무가 잘 자라지 못하는 메마르고 헐벗은 민둥산에서도 살아갈 수 있다. 1960년대 민둥산인 우리나라 산을 조기에 녹화하는 데 큰 역할을 한 나무 종류의 하나이다.

낙엽활엽교목으로 수피는 흑갈색이고 세로로 갈라지면 오래된 가지에는 가시가 없지만 어린 가지에는 가시가 있다. 잎은 어긋나며 기수우상복엽(9-19개 홀수의 작은 잎(소엽)이 여러 개 달린 깃꼴 모양의 겹잎)이며 소엽은 타원형이고 가장자리는 톱니가 없고 소엽 자루 아래에는 턱잎이 있다. 꽃은 길이 1.5-2cm의 나비 모양이며 유백색으로 향기가 강하고 5-6월에 총상꽃차례(길게 자란 꽃대 옆으로 작은 꽃자루가 계속 나타나는 형태)로 늘어지며 새 가지의 잎겨드랑이에서 나온다. 열매는 9-10월에 갈색으로 익으며 납작한 선상의 장타원형이고 길이 5-12cm이다. 종자는 5-6mm로 콩팥 모양이다.

   목재는 가구재로 사용되고 꽃은 양봉을 위한 주요한 밀원이 된다. 척박한 땅에서 잘 자라지만 근본적으로 비옥한 토양을 좋아하는 수종이다.

아까시나무; 겨울 풍경으로 줄기와 가지만이 앙상하게 남아 있다. 1월

아까시나무; 나무에서 잎이 나기 시작한다. 4월 하순

아까시나무; 꽃이 활짝 피었다. 5월 초순

아까시나무; 콩 꼬투리 모양 열매가 익었다. 10월 하순

참고: 붉은꽃아까시나무; 꽃이 피었다. 과천교회 주차장 옆. 5월 초순

참고: 붉은꽃아까시나무; 붉은 꽃이 만개하였다. 과천교회 주차장 옆. 5월 초순

5. 소나무

　아까시나무를 지나면 다리 우측에 고목으로 주 줄기가 좌측으로 약간 기울어진 붉은 색 수피의 큰 소나무 한 그루를 볼 수 있다. 그리고 목조다리를 건너면 바로 2종류의 나무들이 밀집하여 분포하고 있으며 소나무와 참나무 종류이다. 소나무와 참나무는 우리나라 숲에서 가장 흔하게 볼 수 있는 수종이다. 소나무는 한국인이 가장 좋아하는 나무 중 1순위를 차지한 나무로 알려져 있다. 애국가 2절에도 소나무는 "남산 위에 저 소나무 철갑을 두른 듯 바람서리 불변함은 우리 기상일세"로 언급되고 있다.

　소나무의 어원을 살펴보면 순수 우리말인 '솔'에서 나온 이름으로 솔은 으뜸을 뜻하는 '수리'가 변해서 된 말이다. 한자어로는 '송(松)'이라고 하며 옛날 진시황이 소나무 밑에서 비를 피한 고마움으로 소나무에 '나무 공작' 즉 목공(木公)이라는 벼슬을 내렸는데 나중에 목(木)자와 공(公)자가 합쳐져서 송(松)이라는 글자가 만들어졌다고 한다.

　현재 유통되는 1만 원권 지폐 앞면에는 세종대왕 초상화가 있고 그 왼쪽에 그려진 그림이 병풍 형식으로 일월 오악도이다. 자세히 보면 해와 달이 다섯 개의 산봉우리 즉 오악(백두, 금강, 묘향, 북한, 지리산) 위에 양쪽으로 떠 있고 산 앞에는 좌우에 각각 가지가 붉은 두 그루씩의 소나무(좌우 대칭, 지폐에는 우측 두 그루만 나타남)가 서 있다. 이 나무가 우리 민족의 표상 소나무이다.

　과거 한국인들은 태어나면서부터 소나무와 인연을 맺어서 새 생명이 탄생하였음을 알리는 금줄에는 소나무 가지를 끼웠으며 소나무로 만든 기구 등을 생필품으로 사용하였다. 소나무로 만든 집에서 살다가 죽어서도 소나무로 만든 관에 묻혔다. 그리고 묘지 주변에는 소나무를 심어 도래솔을 만들었다. 무수한 미술 및 문학작품에 소나무가 등장하였으며 사시사철 푸른 소나무는 선비의 기개와 절개를 상징하였다.

　소나무 숲은 우리 민족에 좋은 주거 환경을 제공하여 풍치, 방풍, 방사 등을 목적으로 과거 우리나라에는 수많은 마을 주변 숲 즉, 임수(林藪)가 조성되어 현재까지 유지되고 있다. 묘소 주변에 심어 묘를 보호하는 데 이용되는 데 이것을 도래솔이라고 한다. 소나무는 장수의 상징으로 십장생의 하나로 십장생도에도 등장하고 문학이나 그림의 소재로도 많이 다루어졌다. 신라 진흥왕 때 솔거의 노송도(老松圖), 김홍도의 송하취생도(松下吹笙圖), 이인상의 설송도(雪松圖)와 송하관폭도

(松下觀瀑圖), 그리고 김정희의 세한도(歲寒圖) 등 무수한 그림 소재였다. 이상에서 언급한 바와 같이 우리 민족은 소나무문화권 속에 살아왔다.

소나무는 소나무과에 속하는 겉씨식물로 소나무류가 지구상에 출현한 것은 약 1억 7천만 년 전으로 추정하고 있다. 우리나라 화석 분석에서 보면 약 1만 년에서 7,000년 전 사이에는 참나무류가 성행하였고, 그 뒤 소나무속이 나타나서 참나무, 느릅나무속 등과 함께 오래 살아왔고 약 1,400년 전부터 소나무가 갑자기 불어난 것으로 알려져 있다.

소나무류는 우리나라 전국 어디에서나 흔히 볼 수 있고 산성 토양에 잘 자란다. 양수성(陽樹性)으로 햇빛을 많이 필요로 하며 기름진 땅뿐만 아니라 메마르고 척박한 땅에서도 잘 자라는 특성이 있다. 우리나라를 포함하여 중국, 일본, 러시아 동부지역에 주로 분포하며 100여 종 정도 있으며, 대부분 상록침엽수로 높이가 35m 정도까지 자란다. 수피는 적갈색으로 소나무는 바늘처럼 생긴 잎 2개가 한 묶음으로 되어 있어 2엽송(二葉松)이라고 한다. 해안지역과 섬에서는 수피가 검은 회색인 곰솔이 자라며 잎은 소나무에 비해 억세고 길다. 참고로 소나무과로 잣이 열리는 잣나무는 잎이 다섯 개씩 모여 나고 수피는 암갈색이고 열매인 잣은 식용 또는 약용으로 사용한다.

소나무는 햇볕을 매우 좋아하는 나무(양수)로 우리가 주변 숲에서 가장 흔하게 볼 수 있는 나무이다. 참나무가 비옥한 토양을 좋아하는 특성이 있지만 소나무는 척박하고 건조한 땅이지만 햇볕만 충분히 받을 수 있는 곳이면 어디든지 잘 자라는 특성이 있어서 다른 나무들이 자라지 않는 산속 바위 지대에 흔하게 관찰된다. 우리나라 내륙의 산에서 가장 흔하게 관찰되는 소나무가 줄기가 붉은색을 띤 금강소나무(金剛松, 赤松)라고 불리었으며 백두대간을 따라 주로 자생하고 있으며, 생산되는 지역에 따라 춘양목, 황장목, 안목송 등으로 불린다. 바닷가에서 주로 자라는 소나무는 해송(海松)으로 곰솔이라고 불린다. 주로 관상수로 많이 심는 소나무 종류로 원줄기에서 나온 가지가 여러 개로 갈라져 소반 모양으로 퍼진 소나무 종류는 반송(盤松)이라고 한다.

소나무의 품종으로 백두대간의 강원도 및 경북 북부지역에서 줄기가 곧게 뻗으며 크게 자라는 소나무를 금강소나무 또는 금강송(*Pinus densiflora f. erecta*)이라 한다. 수령이 오래된 금강송의 속살이 정결한 황금빛을 띠고 있어 황장목(黃腸木)으로도 불린다. 이 소나무를 다른 이름으로 춘양목(春陽木; 300년생, 목재는 약 2천만 원)이라 하는데 삼척, 울진, 봉화 등의 지역에서 자란 금강송을 봉화군 춘양면의 춘양역에서 모아 기차로 운반한 데서 유래된 이름이다. 궁궐이나 절 등 건축물을 짓는 데 유용하게 쓰였다. 그런데 이 지역에서 생산되지 않은 소나무를 춘양목이라고 우기는 경우가 있어서 억지 춘양이라는 이야기가 유래되었다고 한다. 그리고 가지가 가늘고 길게 아래로 축축 처진 품종을 처진소나무(P. d. f. pendula)라고 하며 굵은 줄기가 하나로 올라가지 않고 아래로부터 많은 가지가 쳐서 자라는 품종을 반송(P. d. f. multicaulis)이라 하며 정원이나 공원에 관상수로 많이 심는다.

　소나무의 주요 용도를 살펴보면 과거 건물의 건축재, 생활용품, 농기구, 관재(棺材) 및 조선용(造船用) 등으로 아주 폭넓게 사용되어 왔으며, 왕실 및 귀족들이 관재로 사용하기 위하여 소나무 숲을 보호하였다. 조선 시대에는 금산(禁山), 봉산(封山), 금송(禁松) 등의 정책을 시행하여 소나무를 보호하고 산 입구에 금표(禁標)를 세우기도 하였다. 당시 전국적으로 봉산이 200여 곳 지정되었다고 한다. 소나무의 주 용도로 흑탄은 숯 제조에도 사용하고 각종 도료나 용재용으로 송진을 채취(일제 강점기)하고 소나무 속껍질인 송기를 사용한 송기떡은 구황식품으로 사용하였다. 소나무 꽃가루는 송화(松花)로 불리는데 밀과(蜜果)의 재료로, 솔잎은 송모(松毛)라 하여 죽을 끓이거나 송편을 만드는 데 사용하였다. 또한 전통주를 만드는 데도 사용하여 송순주(松筍酒), 송엽주(松葉酒), 송실주(松實酒), 송하주(松下酒) 등을 제조하였다. 복령은 소나무 뿌리에 균이 기생하여 생긴 혹으로 신장병에 뛰어난 약재로 사용되었으며 소나무 태운 그을음으로 만든 송연묵(松烟墨, 먹)은 당나라에 수출하는 상품이었다. 소나무 뿌리에 기생하는 송이버섯 중에서 백두대간에서 생산되는 종류는 궁중 진상품이었으며 현재에도 고부가가치 임산물이다.

　소나무는 4-5월에 새로 난 줄기에서 수꽃은 아래에 많이 달리고 암꽃은 더 높은 위치의 가지 끝에 피어서 바람이 불면 노란 수꽃의 송홧가루가 날려서 다른 나무의 암꽃과 수정하게 된다(자가수정을 방해하고 타가 수정이 됨). 5월경에 소나무 숲에 가면 노랗게 먼지처럼 바람에 날리는 송홧가루를 볼 수 있으며 산골에 주차한 차량 지붕이 노란 송홧가루로 황사처럼 뒤덮인 풍경을 쉽게 볼 수 있다. 송홧가루는 채취하여 송화 떡을 만들어 먹던 식품의 원료로도 사용되었다. 열매는 다음 해 9-10월에 2년에 걸쳐 성숙하고 구형(솔방울)이다. 햇빛에 건조되면 솔방울의 인편이 열려 날개가 달린 종자가 나와 바람에 날려가서 봄에 발아하게 된다.

　1970년대 대규모 조림 사업으로 전국적으로 심은 리기다소나무는 북미에서 수입한 종으로 잎 3개(간혹 4개)가 모여 나며 약간 비틀리고 수피는 흑갈색이고 비옥한 적윤지 토양에서 잘 자라며, 환경이 나쁘면 줄기에서 맹아(새순)이 많이 나와 자란다. 이 소나무 품종은 우리나라의 여러 산에서 가끔 볼 수 있다. 한편 도입종으로 최근에 전국 공원에 식재하는 백송(白松)은 중국이 원산지로 잎이 3개씩 모여 나고 수피는 회백색으로 얼룩처럼 보이며 수피는 밋밋하고 큰 비늘처럼 보이며 어릴 때는 약간 푸른색을 띤다. 백송은 서울 종로 조계사와 재동의 헌법재판소에 식재된 나무 등이 천연기념물로 지정되어 있다.

소나무는 건조하거나 지력이 낮은 열악한 환경에서는 견디는 힘이 강하여 참나무 같은 낙엽 활엽수종과의 경쟁에서 생존할 수 있지만, 지력이 좋고 토양습도가 높은 상황에서는 낙엽 활엽수종과의 경쟁에서는 도태되는 특성이 있다. 그리고 최근 지구 온난화의 영향으로 참나무와의 경쟁에서 소나무는 밀려날 가능성이 있다. 또한 소나무 생존에 치명적인 소나무재선충의 전국적 확산으로 우리나라 소나무는 큰 멸종위기를 맞고 있다. 어떤 임학 전문가는 2,100년경에는 기후 온난화와 산림토양이 비옥해짐에 따라 참나무 등의 활엽수가 많이 늘어나게 되어 우리나라 임야에서 소나무 비중이 10% 이하로 줄어들 것으로 예측한다.

소나무는 전국적으로 약 23그루가 천연기념물로 지정되어 있으며 대표적으로 충북 보은 법주사 입구의 정이품송(천연기념물 제103호)은 세조가 행차할 때 가마(輦)가 걸릴 것을 우려하여 스스로 가지를 들어 올려 정2품 벼슬을 받은 것으로 전해진다. 그리고 경북 예천 감천면(이수목씨의 부친 소유)의 석송령(제294호)이라는 이름의 소나무는 논밭과 건물을 소유하고 있어서 세금을 내는 소나무로 유명하다. 기타 이천 백사면 도립리 반룡송(수령 850세, 가지 용트림, 만년송, 381호), 청도 운문사 처진소나무(400세, 제180호), 합천군 묘산면 화양리 구룡송(500년, 해발 500m, 289호) 등이 있다.

봄날 어느 날 송홧가루가 날리는 산골 풍경을 그림처럼 묘사한 박목월의 7·5조 시 '윤사월'을 소개한다.

윤사월

박목월

송홧가루 날리는
외딴 봉우리

윤사월 해 길다
꾀꼬리 울면

산지기 외딴집
눈먼 처녀사

문설주에 귀 대이고
엿듣고 있다

마지막으로 단종 복위 운동의 사육신 중의 한 명으로 지조와 절개를 위하여 스스로 목숨을 버렸던 성삼문이 자신을 소나무에 빗대어 표현한 시조를 소개한다.

이몸이 죽어가서 무엇이 될꼬하니
봉래산 제일봉에 낙락장송 되어 있어
백설이 만건곤할 제 독야청청 하리라

소나무: 소나무과, 학명(*Pinus densiflora*), pin은 산을 의미하며 densiflora는 꽃이 빽빽하게 핀다는 의미. 우리나라, 일본, 중국, 러시아 동부 등에 자생하며 해발 1,300m 이하에서 서식한다. 다른 이름; 적송, 육송(陸松), 솔나무, 여송(女松). 영어명; oriental red pine, red pine, Japanese red pine, Korean red pine. 한약명; 솔잎, 송절(마디), 송화(꽃가루), 송향(松香, 송진 증발 잔류물).

상록침엽교목으로 전국적으로 해발 1,300m 이하 지역(제주도는 해발 1,800m 이하)에서 자생하며 일본, 중국, 러시아(동부) 등에도 분포한다. 수피는 적갈색을 띠며 노송들은 거북 등딱지처럼 갈라지며 인편 모양으로 벗겨진다. 겨울눈은 적갈색 타원형(곰솔은 백색 원주형)이며 잎은 2개씩 모여 난다. 구화수(꽃)은 4-5월에 핀다. 열매는 구형이며 다음 해 9-10월에 성숙한다.

양수성이며 뿌리는 수직의 심근성이다. 개울가의 적습지부터 건조한 바위틈까지 자란다. 목재는 용재수, 풍치수, 정원수, 농기구재, 관재 등으로 사용되고 솔잎은 송모라고 하여 송죽을 만들어 먹는다. 소나무의 내피는 송기라고 하여 과거 흉년 때 구황식품으로 사용되었다. 소나무 벌채 후 3-10년에 뿌리에 기생하여 성장하는 균핵을 복령이라 하여 약으로 사용한다. 송이(버섯)는 소나무 뿌리에 기생하는 버섯으로 과거 궁중 진상품에 들었으며 현재 고가에 판매되고 있다.

소나무; 나무다리가 끝나는 곳에 경사로 옆 소나무 군락이 있다. 11월

소나무; 나무다리 끝부분의 소나무 고목. 4월

(좌) 소나무; 나무다리 끝부분의 소나무 고목. 7월
(우) 소나무; 지난해 열린 푸른 솔방울과 새순 끝의 어린 솔방울. 5월

(좌) 소나무; 주변 나무들이 단풍이 드는 소나무 길. 10월
(우) 소나무; 수령 500년 이상의 소나무로 줄기 아래쪽 수피는 매우 거칠고 두껍다

소나무; 남산 둘레길의 소나무(애국가의 "남산 위의 저 소나무" 상징), 1월

소나무; 남산 타워가 보이는 남산 둘레길 소나무. 1월

소나무; 청와대 본관 앞에 잘 다듬어진 소나무. 1월

소나무; 청와대 침류각 아래 도로 좌우로 서 있는 소나무. 1월

소나무; 청와대 관저 인수문 앞. 노태우/노무현 대통령 기념식수. 1월

6. 층층나무

　목조다리 거의 끝부분 좌측을 보면 올곧게 서 있는 두 그루의 어린나무를 볼 수 있다. 원줄기에서 나온 가지가 마치 우산살처럼 원형으로 둘러쳐서 층층이 자라는 특징이 있다. 이 나무는 숲의 계곡 및 골짜기의 비옥한 토양에 나무가 자랄 수 있는 공간이 생기면 먼저 자리를 차지하고 층층이 가지를 뻗어 햇빛을 차단하여 주변에 다른 나무들이 자랄 수 없게 하기에 숲의 무법자, 폭군이라 불리고 있다. 한자로는 폭목(暴木)으로 부른다. 줄기 하나에 잎이 6개 달려있어 육각수(六角樹)라 부른다. 그러나 5-6월에 흰 꽃이 산방꽃차례로 넓게 퍼져 마치 눈이 쌓인 것처럼 보이고, 밀원식물로 양봉 산업에 중요한 역할을 하고 가을이면 많은 열매가 검게 익어 겨울 새들에게 먹잇감으로 인기가 있다. 봄이면 수액을 채취할 수 있는 수종으로 알려져 있다.

　팔만대장경판의 일부가 층층나무이며 목재의 재질이 뿔처럼 단단하다. 층층나무과에 속하는 말채나무는 층층나무와는 달리 잎이 마주나고 나무껍질이 감나무 모양으로 그물처럼 갈라지고 두껍다.

　층층나무: 층층나무과, 학명(*Cornus controversa*), *Cornus*는 뿔을 의미하며 목재의 재질이 단단하다는 의미이다. 층층나무과에 속하는 나무로 말채나무, 산수유, 산딸나무 등이 있으며 우리나라, 중국, 일본 등에서 서식하고 있다. 다른 이름; 물깨금나무, 말채나무, 꺼그렁나무. 영어명; giant dogwood, wedding cake tree. 한약명; 등대수(燈臺樹).

　낙엽활엽교목으로 오래된 나무의 수피는 회갈색으로 세로로 얕게 갈라지며 어린나무는 마치 영화 아바타의 토착 부족의 피부와 유사하게 세로로 가늘게 줄무늬가 생기는 특징이 있다. 새로 나온 여름 줄기는 푸른색을 띠고 있지만 겨울이 되면 붉은색으로 바뀌어 봄까지 유지된다. 잎은 어긋나며(층층나무과에 속하는 대부분의 나무 종류, 예를 들면 말채나무, 흰말채나무(겨울 적색 가지), 노랑말채나무, 산수유, 산딸나무 등은 모두 잎은 마주난다) 광타원형으로 톱니 모양의 거치가 없고 7-10쌍의 측맥이 활처럼 굽어져 잎의 끝에 모인다. 꽃은 5-6월에 산방꽃차례로 넓게 흩어져 핀다. 열매는 둥근 핵과로 9-10월에 검은색으로 익는다.

　산록, 계곡부, 숲속의 토심이 깊고 습기가 많은 비옥한 사질토양에서 잘 자란다. 풍치수, 가로수, 정원수로 많이 심으며 목재는 옅은 노란색이고 나이테가 잘 보이지 않아 건축재, 가구재, 조각품, 여러 기구를 만드는 목재 등으로 쓰이며 가지와 뿌리, 수피는 타닌과 유황이 함유되어 있어 다양한 한약재로 사용된다. 팔만대장경 목판 일부는 이 나무로 만들었으며 옛날에는 나무껍질을 염료로 사용하였다.

층층나무; 목조다리 끝 좌측에 한 그루 우산살 모양 나목. 3월 하순

(좌) 층층나무; 잎은 어긋나며 장난형으로 측맥이 활처럼 굽어 있다. 7월
(우) 층층나무; 다리 끝 좌측에 한 그루. 가지가 층층의 우산살 모양. 7월

층층나무; 꽃은 산방꽃차례로 흰 꽃이 모여서 핀다. 6월

층층나무; 열매가 익어 간다. 고양시 창릉천 솔내음누리길. 9월

층층나무; 열매가 성숙되었다. 창릉천 솔내음누리길. 9월

층층나무; 층층나무 단풍이 드는 초기 모습. 안양 자유공원. 11월

(좌) 층층나무; 당 해의 새 가지는 봄/여름철 녹색이다. 홍릉수목원. 8월
(우) 층층나무; 매끈한 수피가 특징이다. 상주 성주봉자연휴양림. 10월

층층나무; 층층나무 어린줄기는 겨울에는 적색이다. 12월

참고: (좌) 흰말채나무; 층층나무과의 관목으로 백색으로 익어 가는 열매. 안양 등기소. 8월

참고: (우) 흰말채나무(관목); 가을에 황색 수피가 붉은색으로 변한다. 서울숲. 10월

참고: (좌) 노랑말채나무; 층층나무과에 속하는 관목으로 가지가 노란색을 띤다. 서울숲. 10월

참고: (우) 흰말채나무; 원예종 케셀링기. 줄기가 붉은색. 한택식물원. 5월 하순

7. 복사나무

　목조다리에서 층층나무 맞은 편 즉, 우측에 어린 복사나무 한 그루가 서 있다. 일반적으로 복숭아나무로 알려져 있다. 4월에 잎이 나기 전에 담홍색의 꽃이 피어 들판에 춘색(春色)이 완연해진다. 중국 서북부 황하강 상류 고산지대가 원산지로 아주 오랜 옛날부터 중국 사람들이 재배한 과일나무이다. 복숭아는 신선이 먹는 불로장생의 과일, 병마 또는 귀신을 쫓아내는 나무로 인식되었으며 중국뿐만 아니라 우리나라에도 복사나무 또는 복숭아 관련된 무수한 전설이 전해져 오고 있다. 복사나무는 귀신을 쫓아내는 나무라고 하여 집 안에는 심지 않고 제사상에도 복숭아는 올리지 않는다.

　복숭아꽃이 핀 꽃밭을 묘사한 도연명의 『도화원기(桃花源記)』에서는 사람들이 추구하는 이상향을 표현하고 있으며 소설 삼국지에서는 유비, 장비, 관우가 장비의 집 뒤뜰에서 의형제를 맺은 일을 복숭아밭에서 맺은 결의로 도원결의(桃園結義)라고 한다. 서유기에서는 곤륜산의 신선 서왕모의 천도복숭아(먹으면 3,000년을 산다는 전설)를 훔쳐먹어서 그 죄로 삼장법사가 구해 줄 때까지 500년간 바위에 갇힌다는 이야기도 있다. 조선의 화가 안견이 안평대군 꿈 이야기를 듣고 그린 그림 몽유도원도(夢遊桃源圖)에도 복사꽃이 만발한 풍경이 나온다. 중국 진나라 때 무릉의 어부가 길을 잃고 헤매다가 발견한 별천지가 '무릉도원' 즉, 복숭아 동산이다.

　복사꽃을 복숭아꽃이라 부르며 고향을 상징하여 일제 강점기 때 10대의 이원수 시인이 쓴 동시 '고향의 봄'(홍난파 작곡) 가사에도 등장한다. 경남 창원의 산골 마을에 핀 복숭아꽃, 살구꽃, 진달래꽃 그리고 냇가의 수양버들을 노래하며 그림 같은 어린 시절의 고향 풍경을 회상하고 있다. 이 노래를 기념하여 경남 양산시에는 '고향의봄로'가 있으며 창원시 산호 공원에는 고향의 봄 노래비가 건립되어 있다.

고향의 봄

이원수 작시, 홍난파 작곡

(1절)

나의 살던 고향은 꽃피는 산골

복숭아꽃 살구꽃 아기 진달래

울긋불긋 꽃 대궐 차리인 동네

그 속에서 놀던 때가 그립습니다

(2절)

꽃동네 새동네 나의 옛고향

파란 들 남쪽에서 바람이 불면

냇가에 수양버들 춤추는 동네

그 속에서 놀던 때가 그립습니다

현재 우리가 먹는 복숭아는 개량종으로 미국, 일본, 중국 등 외국에서 들여온 품종이며 개량 복숭아의 씨앗이 떨어져 야생에 자란 복숭아는 개복숭아라고 부르며 우리나라 산야에서 많이 볼 수 있다.

복사나무: 장미과, 학명(*Prunus persica*), prunus는 자두(plum)를 의미하며 persica는 페르시아를 의미한다. 중국이 원산지이며 우리나라에서는 전국적으로 재배된다. 다른 이름; 복숭아나무, 복성아나무, 복사. 한약명; 도인(桃仁, 씨), 백도화(白桃花, 꽃), 도엽(桃葉, 잎). 영어명; peach.

낙엽활엽아교목으로 수피는 어두운 홍갈색을 띤다. 잎은 어긋나며 피침형이다. 꽃은 4월에 담홍색으로 잎보다 먼저 핀다. 열매는 9월에 익으며 원형이고 씨앗과 과육은 잘 분리되지 않는다. 양수로 그늘진 곳에서는 생장이 불량하고 냉해 저항성이 있다. 과수, 정원수로 심으며 산야에 야생의 개복숭아나무는 5월에 꽃이 피고 6월에 열매가 맺히며 열매는 민간요법으로 약재로 사용된다.

복사나무는 부분별로 다양하게 한약재로 사용되고 있다. 씨(도핵; 桃核, 또는 도인; 桃仁), 꽃(도화; 桃花), 잎(도엽; 桃葉), 진액(도교; 桃膠), 뿌리(도근; 桃根), 나무껍질(도백피; 桃白皮), 나뭇가지(도지; 桃枝) 등 다양한 이름의 약재로 사용된다.

현재 우리가 먹는 복숭아는 열매가 작은 산복숭아나무 열매와는 다른 품종이 개량된 복사나무 열매이다. 복사나무의 재배 품종은 열매의 맛이나 색깔에 따라 백도, 황도, 천도 등의 품종으로 나눈다.

복사나무; 꽃이 지고 열매가 열리기 시작한다. 4월

복사나무; 잎보다 분홍색 꽃이 먼저 핀다. 관악산. 4월

(좌) 복사나무; 복사나무꽃(일명 복숭아꽃)의 개화. 관악산. 4월
(우) 복사나무; 복숭아 열매가 커지기 시작하였다. 6월

복사나무; 청와대 관저 아래 정원에 전지된 겨울 복사나무(천도). 1월

8. 등

목재 다리 우측 끝부분 복사나무 바로 옆에 흔히 등나무라고 부르는 등 덩굴 식물을 볼 수 있다. 등의 한자 등(藤)은 용솟음치듯 위로 감고 오른다는 뜻이다. 갈등(葛藤)이라는 용어는 칡(葛)과 등(藤)을 함께 말하는 것이며 칡과 등나무가 서로 얽히는 것같이, 개인이나 집단 사이에 목표나 이해 관계가 달라 서로 적대시하거나 충돌하여 문제를 풀기 어렵다는 것이다.

칡과 등은 모두 콩과에 속하는 식물로 나무 등의 물체에 감고 올라가 햇빛을 차단하여 나무가 죽을 수 있으며, 이때 칡은 대부분 왼쪽으로 감아 오르고 등은 오른쪽으로 감아 오른다. 따라서 두 개의 덩굴이 평화롭게 공존할 수가 없어서 한 나무가 고사한 후에 경쟁은 끝난다. 중국의 자등(紫藤)은 칡처럼 왼쪽으로 감는 덩굴 식물이다.

원산지는 중국과 일본으로 알려져 있으며 봄에 아까시나무처럼 풍성한 꽃이 피어 진한 향기를 배출하여 벌들을 유인한다. 우리나라 어디서든 등을 볼 수 있으며 마을마다 콩꼬투리처럼 생긴 등 열매가 주렁주렁 달린 나무 그늘을 볼 수 있고, 서울 삼청동 국무총리 공관 안에도 천연기념물로 지정한 수령 900년의 등이 있다. 서울특별시 동작동 국립현충원의 박정희 대통령 묘지 아래 연못 주변에 넓은 등나무 그늘을 볼 수 있다. 부산광역시 범어사 등군락과 경주 현곡동 용등(龍藤) 등이 문화재청 천연기념물로 지정되어 있다.

등의 줄기는 바구니나 가구 등 생활용품을 만드는 재료로 사용하고 질긴 껍질을 벗겨 새끼를 꼬아 끈 대용으로 사용하기도 하였다. 나무껍질에서 뽑은 섬유로 종이를 만들기도 하였다. 꼬불꼬불한 굵은 줄기를 잘라서 지팡이를 만들었다. 봄에는 어린잎이나 꽃봉오리는 나물로 먹고 가을에 익은 콩 같은 열매는 볶아서 먹기도 하는데 맛은 고소하다고 한다.

연한 자주색 꽃이 피는 등, 흰색 꽃이 피는 품종은 흰등, 남쪽 섬에서 자라며 연노란색 꽃이 피는 애기등, 일본 원산의 연한 자주색 꽃이 피는 산등 등의 품종이 있다.

등: 콩과, 학명(*Wisteria floribunda*). 중국 및 일본이 원산지이며 우리나라에서는 전국에 식재되어 있다. 다른 이름; 참등, 등나무, 참등나무, 왕등나무, 조선등나무. 영어명; floribunda wisteria, loose clustered, Japanese wisteria.

낙엽활엽성 덩굴 식물이며 다른 나무들을 오른쪽으로 감아 오른다. 잎은 어긋나며 기수우상복엽이고 소엽은 13-19개이며 난상 타원형이다. 꽃은 4-5월에 연한 자주색 또는 흰색(흰등)으로 피며 총상꽃차례로 길게 아래로 늘어지며 나비 모양이다. 열매는 10-11월에 익으며 길이 10-12cm의 선상으로 콩꼬투리 모양이다. 전국의 산지 공원, 도로 절개지에 피복용으로 심으며 정원수로도 심는다.

천연기념물 지정 등; 부산 금정구 범어사 등군락(수령 100-130년, 약 450여 그루, 176호), 경주 현곡면 오류리 등나무(4그루, 팽나무와 공존, 89호). 서울 삼청동 등나무(국무총리 공관 내, 국내 최고령 수령 900년, 254호).

(좌) 등; 덩굴을 따라 잎보다 보라색 꽃이 먼저 핀다. 4월 하순
(우) 등; 잎은 어긋나며 기수우상복엽으로 소엽은 13-19개이다. 4월 하순

(좌) 흰등; 둘레길 진관동에는 흰색 꽃이 피는 나무도 있다. 4월 하순
(우) 등; 꽃은 지고 덩굴을 따라 잎이 무성하다. 6월

(좌) 등; 등 꽃이 지고 콩 꼬투리 모양의 등 열매가 커지고 있다. 6월 초순
(우) 등; 등 덩굴이 자라서 만들어진 그늘. 동작동 국립현충원. 5월 하순

중종의 손자 전주이씨 서흥군과 서흥군의 아들 위성군의 묘.
중전의 아들은 대군이라 하고 후궁의 아들을 군이라고 하였다

9. 누리장나무

　참나무 숲길 중간에 중종의 둘째 아들 해안군의 차남 서홍군과 서홍군의 아들 위성군의 묘소가 있다. 묘소 바로 지나 길 좌측에 어린 누리장나무 여러 그루가 자라고 있다.

　누리장나무는 왕성하게 자라는 봄과 여름 사이에 나무 전체에서 짐승에서 나는 누린내와 비슷한 냄새가 나기에 누리장나무라고 한다. 어떤 사람들은 냄새가 역하지 않고 종합비타민 냄새가 난다고 주장한다. 북한에서는 이 나무를 누린내 나무라고 하며 중국에서는 냄새 오동, 일본에서는 냄새 나무라고 한다.

　그러나 사람들은 어린잎은 나물로 먹는다. 살짝 익혀 나물로 무치면 휘발성 냄새는 쉽게 날아가게 된다. 그리고 벌레나 초식동물들도 아주 좋아하는 식물이다. 다섯 개로 갈라진 흰 꽃이 필 때는 향기로운 백합 향을 낸다. 그리고 가을이 되면 5개로 갈라진 붉은 꽃받침에 청색의 열매가 달려 화려한 보석 같은 모양을 보인다. 줄기를 달여서 먹으면 간에 좋다고 하며 풀독이 올랐을 때 그 부위에 누리장나무 잎을 오늘날 파스와 같이 붙였다. 청색 열매를 이용하여 청색 염료로 사용하였다.

　숲의 가장자리나 산비탈에서 양지바른 곳에서 주로 자생하며 최근에는 북한산 지역에서도 많이 발견된다. 특히 이 나무는 공해에 저항성이 강하기에 공해로 오염된 도심 주변 숲에 최근 누리장나무가 많이 발견되고 있다. 최근에는 누리장나무의 꽃과 열매를 보기 위하여 정원수로 많이 심고 있다.

　누리장나무는 잎이 오동나무 잎을 닮았으나 냄새가 난다고 하여 취오동(臭梧桐)이라고도 부른다. 한방에서는 누리장나무를 혈압강하제, 중풍과 마비 증상을 치료하는 데 사용한다.

　누리장나무: 마편초과. 학명(*Clerodendrum trichotomum*), 그리스어 cleros(운명), dendron(수목), trichotomum(가지가 세 개로 갈라지는), 다른 이름; 개똥나무, 노나무, 개나무, 구릿대나무, 누기개나무, 이라리나무, 누룬나무, 깨타리, 구린내나무, 누르나무, 영어명; Harlequin glorybower, Glory tree. 중부 이남 산지의 산록부와 계곡부 또는 바닷가에서 자라며 대만, 중국, 필리핀, 일본 등지에서도 자생한다.

　낙엽활엽관목으로 잎은 마주나고 길이 8-20cm, 너비 5-10cm로 상당히 큰 광난형으로 뒷면 맥 위에 털이 있다. 잎자루는 길이 3-10cm로 털이 있다. 꽃은 8-9월에 새 가지 끝에 흰색으로 취산꽃차례로 핀다. 열매는 짙은 남색의 핵과로 둥글고 지름 6-8mm이다.

햇빛을 많이 요구하지 않는 중성수로 산록이나 계곡 또는 바닷가에서 자라며 햇빛이 잘 드는 바위 사이에서 자란다. 사질토양을 좋아하고 추위와 공해에 저항성이 강하다. 정원수로 많이 식재되고 있다.

누리장나무; 잎자루가 길고 털이 있으며 큰 잎은 광난형이다. 6월

누리장나무; 취산꽃차례의 누리장나무꽃이 피었다. 8월

누리장나무; 누리장나무꽃이 개화하고 있다. 꽃받침은 홍색이다. 9월

누리장나무; 열매 받침은 홍색이고 성숙한 열매는 남색이다. 10월

누리장나무; 누리장나무 성숙 열매가 남색 보석 같이 보인다. 10월

10. 불두화

소나무 군락을 들어서면 중간지점에 전주이씨 위성군 묘소가 우측에 보인다. 묘소를 지나 소나무 군락이 끝나면 길가 우측에 심어진 불두화 2그루를 볼 수 있다.

불두화는 백당나무의 개량종으로 무성화이며 꽃이 석가모니의 곱슬머리 모양을 닮아 불두화(佛頭花)라고 불리게 되었다는 주장이 있다. 꽃이 향기가 없어 수행하는 스님들에게 자극을 주지 않고 꽃이 음력 4월 초파일 경에 개화하기에 사찰에 많이 심는다. 열매를 맺지 못하기에 꺾꽂이 등 인위적인 번식 없이는 증식할 수 없기에 자손의 번창을 원하던 과거에는 가정집 화단에는 거의 심지 않은 것으로 추정하는 사람들도 있다.

불두화의 다른 이름은 수구화(繡球花)이다. 개화한 꽃이 마치 수놓은 공처럼 생겼기에 붙인 이름이다. 영어권에서는 꽃이 눈으로 만든 공처럼 생겼다고 하여 snow ball이라 불리운다. 일부 사람들이 불도화로 부르는데 잘못된 표현이다.

불두화: 인동과, 학명(*Viburnum opulus for. hydrangeoides*). 일본, 중국, 러시아, 몽골 등에서 유래하여 전국의 산지, 공원의 정원수로 식재하고 있다. 다른 이름; 수국백당나무, 큰접시꽃나무. 영어명; European cranberrybush.

낙엽활엽관목으로 수피는 회갈색을 띤다. 잎은 마주나며 끝부분이 3개로 갈라진다. 꽃은 설구화와 매우 유사하지만 설구화는 잎 모양이 타원형이고, 불두화는 잎 뒷면에 털이 있고 잎자루에 샘점이 있으며 길이 2-3.5 cm이다. 꽃은 5-6월에 피며 취산꽃차례로 달리며 모두 열매를 맺지 못하는 무성화이다. 처음에는 연두색 꽃이 피지만 시간이 지나면 연두색이나 흰색으로 변하며 황색을 띠며 시든다.

백당나무는 열매로 번식이 가능하지만 불두화는 꺾꽂이로만 번식하며 꽃이 둥글고 커서 공원수, 정원수, 조경수 등으로 많이 심는다.

백당나무꽃과 유사한 꽃이 피는 별당나무는 일본 원산의 나무로 관상수로 심고 있으며 별당나무꽃과 비슷한 꽃이 피는 설구화 나무는 일본 원산의 관상수로 꽃은 모두 불두화와 같은 장식꽃이다.

불두화; 잎은 나와 있고 꽃 피기 전 꽃 몽우리가 맺혀 있다. 4월 하순

(좌) 불두화; 개화 직전의 불두화꽃 몽우리가 많이 있다. 4월 하순
(우) 불두화; 잎은 마주나며 난형이고 3개로 갈라지며 끝이 뾰족하다. 4월

(좌) 불두화; 흰 꽃이 가지 끝에 활짝 피었다. 모두 무성화이다. 5월 중순
(우) 불두화; 복스러운 꽃이 사찰에서 만개하였다. 관악산 연주암. 5월 중순

불두화; 꽃은 무성화로 꽃이 진 후 열매를 맺지 못하고 꽃자루만 앙상하게 남아 있다. 6월 초

10-1. 백당나무(참고: 불두화 개량 원종 소개)

우리나라 산 어디에서나 만날 수 있는 3-5m 키의 낙엽활엽관목으로 5-6월에 흰 접시에 음식을 담아 둔 모양의 흰 꽃이 피기에 북한에서는 접시꽃나무라고 부른다. 꽃 가장자리에 큰 흰색 중성화가 달리고 안쪽에 크기가 작은 연두색 양성화가 많이 달리기에 하얀 작은 단을 두른 꽃이라 하여 백단(白壇)나무로 불리다가 백당나무로 변경되었다는 설이 있다. 또한 하얀 꽃(白)이 계단(段)을 이룬 것 같아서 백단나무로 부르다가 백당나무로 변했다는 설도 있다. 꽃이 공 모양으로 달리는 불두화(佛頭花)는 백당나무의 개량종으로 무성화이기에 열매를 맺을 수 없다. 그러나 백당나무는 꽃이 평평하게 원형으로 피는 취산꽃차례로 산수국과 꽃 모양이 유사하며 가을에 붉은 열매가 열려서 겨울에도 열매가 달려 있다. 따라서 꽃이 없는 상태에서 잎이나 줄기만으로는 백당나무와 불두화를 구분하기 어렵다.

사회복지공동모금회 '사랑의 열매'의 로고와 유사한 야생 열매로 산림청에서 2003년 백당나무 열매와 닮았다고 발표한 바 있다. "겨울 눈꽃 사이로 달린 백당나무의 빨간 열매는 추운 계절에 우리 주위를 돌아보는 '사랑의 열매'처럼 따뜻한 마음과 이웃사랑에 대한 실천의 상징을 담고 있다"고 설명했다.

백당나무: 인동과, 학명(*Viburnum opulus var. sargentii*), 한국, 중국, 일본, 몽골, 러시아 원산지이며 우리나라 전국 산지에 분포한다. 다른 이름; 개불두화, 까마귀밥나무, 민백당나무, 접시꽃나무, 청백당나무, 불두화. 영어명; smooth-cranberrybush viburnum, sargent viburnum.

낙엽활엽관목으로 수고 약 3m이며 수피는 회갈색을 띤다. 잎은 마주나며 끝부분이 3개로 갈라지고 상반부에 톱니 모양 거치가 있으며 잎자루는 2-3.5cm이다. 꽃은 백색이고 5-6월에 취산꽃차례로 피며 가운데에는 다수의 양성화인 유성화(有性花)가 있고 주변부에 크고 흰 중성화(中性花)들이 분포한다. 열매는 9월에 붉은색으로 익으며 둥근 모양의 핵과이고 즙이 많아서 먹을 수 있지만 사람은 거의 먹지 않으며 새들도 별로 좋아하지 않는다. 산지의 계곡과 산록부에 무리를 이루고 자라며 적당한 그늘이 있는 곳을 좋아한다. 공원 등에 정원수로 많이 심으며 순이나 잎, 줄기 등을 약재로 쓰며 간 기능회복, 이뇨, 진통 작용 등이 있는 것으로 알려져 있다.

(좌) 백당나무; 불두화 원종으로 접시 모양 꽃이 개화. 인제군 방태산. 6월

(우) 백당나무; 불두화와 달리 유성화로 열매가 달린다. 한택식물원. 5월

백당나무; 지난해 익은 붉은 열매가 건조된 상태. 한택식물원. 5월

백당나무; 열매가 익어 가고 있다. 광화문 정원. 8월

11. 목련

백당나무 바로 다음에 산길 우측에 식재된 2그루의 목련이 서 있다.

목련은 약 1억 4천만 년 전 백악기에 양버즘나무와 함께 지구상에 등장한 최초의 속씨식물(씨방 속에 씨가 있으며 '현화식물'이라고도 함, 대표적으로 갖춘 꽃이 피는 식물; 꽃잎, 꽃받침, 암술, 수술을 모두 가진 꽃, 대부분 활엽수)로 분류되고 있으며 원시적인 꽃으로 꽃잎과 꽃받침의 구분이 없으며 꿀샘도 없어 나비와 벌 대신에 딱정벌레와 파리 등이 꽃가루받이 역할을 한다.

그 이전에는 지구에서는 오랜 기간(고생대 석탄기에서 중생대 쥐라기까지) 양치식물, 은행, 소철, 소나무 같은 암꽃과 수꽃이 분리되어 구별되고 우리가 알고 있는 모양의 꽃이 피지 않는 침엽수종의 겉씨식물(밑씨가 씨방에 싸여 있지 않고 드러나 있는 식물)이 번창하였다. 이러한 겉씨식물은 오늘날 세계적으로 목재 자원 생산에 중요한 역할을 하고 있다.

목련은 겉씨식물에서 분화된 최초의 속씨식물이다. 중생대 백악기(1.4억 년-6,600만 년 전) 중에서 약 1억 4천만 년 전에 출현하였다. 딱정벌레는 고생대 페름기 후기(약 2억 9,000만 년 전)에 출현하였고 벌과 나비는 약 1억 년 전에 출현하였다. 참고로 겉씨식물은 고생대 페름기(2.9-2.5억 년, 소철, 종려)에 나타나기 시작하였으며, 중생대 삼첩기(2.5-2.0억 년, 은행), 쥐라기(2.0-1.4억 년, 소나무)에 차례로 출현하였다.

목련은 제주도에 자생하며 높이 10m 정도 자라는 교목이며 가루받이는 벌이나 나비가 아닌 딱정벌레의 일종인 풍뎅이가 매개하는 것으로 알려져 있다. 그리고 꽃받침과 꽃잎이 잘 구별되지 않는 원시적인 꽃의 특징이 있다. 한편, 봄이 되면 목련의 꽃봉우리가 부풀면서 하나같이 북쪽으로 구부러지는데, 이것은 남쪽의 겨울눈 껍질이 북쪽 것보다 햇볕을 많이 받아 생기는 현상이다. 그 모습이 임금이 있는 북쪽을 바라보는 충성스러운 신하를 닮았다 하여 옛날 사람들은 목련을 '충성과 예절을 갖춘 나무'라고 하여 '북향화'라고 부르기도 했다. 그리고 털로 덮인 겨울눈의 모양이 글씨를 쓰는 붓과 비슷하여 나무 붓이란 뜻으로 목필(木筆)이라고 했다.

목련(木蓮)은 나무에 달린 연꽃이라는 의미이다. 봄기운이 퍼지는 3-4월에 잎이 나기 전에 새하얗고 눈부신 큰 꽃을 가지 꼭대기에 하나씩 피워내어 고고한 품격이 돋보이는 꽃을 자랑한다. 목련꽃이 가장 일찍 피기 때문에 영춘(중국 남부 지방)이라 불렀다. 우리가 흔히 보는 대부분의 목련은 제주산의 재래종 목련(꽃잎이 6개이고 좁아 개화하여도 약간 허전해 보이며 꽃잎이 완전히 젖혀져서 핀다)이 아니라 중국산 백목련(꽃잎이 9개여서 다소 복스럽게 보이고 완전하게 개화하여도 반쯤 열린 상태)이다.

목련이라고 하면 떠오르는 '사월의 노래'는 박목월의 시에 김순애가 곡을 붙인 노래로 봄에 즐겨 부르는 대표적 가곡이다.

사월의 노래

박목월

목련꽃 그늘 아래서 베르테르의 편질 읽노라
구름꽃 피는 언덕에서 피리를 부노라
아~ 멀리 떠나와 이름 없는 항구에서 배를 타노라
돌아온 사월은 생명의 등불을 밝혀 든다
빛나는 꿈의 계절아 눈물 어린 무지개 계절아

목련꽃 그늘 아래서 긴 사연의 편질 쓰노라
클로버 피는 언덕에서 휘파람 부노라
아~ 멀리 떠나와 깊은 산골 나무 아래서 별을 보노라
돌아와 사월은 생명의 등불을 밝혀 든다
빛나는 꿈의 계절아 눈물 어린 무지개 계절아

이른 봄에 꽃을 피우기 위하여 목련은 겨울철에 마치 붓 모양의 털로 덮여 있는 겨울눈이 붓과 비슷하여 중국 북부지역의 선비들은 이 꽃을 목필화(木筆花)라고도 불렀고, 꽃눈의 껍질눈이 햇빛을 받는 남쪽이 빨리 자라 북쪽을 향하는 모습을 보고 왕이 있는 북쪽을 바라보는 충성스러운 신하를 닮았다 하여 북향화라고 부르기도 하였다. 참고로 목련은 흰색 꽃이 대부분이지만 보라색 꽃이 피는 자목련(중국 원산)과 백목련과 자목련을 교배하여 만든 원예품종 자주목련(꽃잎의 안쪽은 희고 바깥쪽은 보라색)도 있다. 꽃잎이 12-18개가 달리는 중국 원산의 별목련(별목련 스텔라타)도 보급되고 있다. 같은 목련과에 속하며 5월 말경 산속에서 잎이 난 다음 꽃이 피는 함박꽃나무(산목련)는 흔히 우리나라 산에서 볼 수 있으며 북한에서는 목란(木蘭)이라고 부르며 북한의 국화로 알려져 있다.

목련이 핀 봄날의 풍경을 하늘궁전으로 묘사하고 그 궁전에서 살고 싶다고 노래한 문태준 시인의 시 '하늘궁전'의 전문을 옮겨 본다.

하늘궁전

문태준

목련화가 하늘궁전을 지어놓았다
궁전에는 낮밤 음악이 냇물처럼 흘러나오고
사람들은 생사 없이 돌옷을 입고 평화롭다

목련화가 사흘째 피어 있다
봄은 다시 돌아왔지만 꽃은 더 나이도 들지 않고 피어 있다
눈썹만한 높이로 궁전이 떠 있다
이 궁전에는 수문장이 없고 누구나 오가는 데 자유롭다

어릴 적 돌나물을 무쳐 먹던 늦은 저녁밥 때에는
앞마당 가득 한 사발 하얀 고봉밥으로 환한 목련나무에게 가고 싶었다
목련화 하늘궁전에 가 이레쯤 살고 싶은 꿈이 있었다

서울 관악구의 서울대 후문 쪽(낙성대역)에 귀주대첩의 영웅인 강감찬 장군을 기리는 낙성대공원이 있으며, 공원 내에 강감찬 장군의 영정을 모신 안국사(1974년 건립) 정원에는 우람하게 자란 여러 그루의 목련을 볼 수 있다.

목련: 목련과. 학명(*Magnolia kobus*), Magnolia는 프랑스 식물학 교수 피에르 마뇰(Pierre

Magnol)에서 유래하였으며 kobus는 목련의 일본명 "고부시(주먹을 의미, 열매가 주먹 모양으로 생겼다)"에서 유래하였다. 일본(중국)이 원산지이며 우리나라 제주도에도 자생지가 있다. 산림청 지정 희귀등급 멸종위기종이다. 다른 이름; 신이(辛夷), 후도(侯桃), 목필(木筆), 영춘(迎春). 영어명; Kobus magnolia.

낙엽활엽교목이며 수피는 회색으로 밋밋하고 겨울눈과 꽃눈에는 털이 있다. 잎은 도란형으로 가장자리에는 거치가 없고 꽃은 3-4월에 잎보다 먼저 피고 양성화이다. 꽃잎 안에 꽃턱이 길게 발달하며 맨 아래에 꽃받침, 그리고 위로 꽃잎, 암술, 수술 등 모든 기관이 붙는 볼록한 부분으로 곤봉처럼 크게 자란다. 6개의 꽃잎(백목련은 9개; 꽃받침 3개, 꽃잎 6개)으로 구성되어 있다. 열매는 9-10월에 성숙하며 원통형으로 여러 개가 모여있다. 한라산 중턱에 자생지가 있으며 음지에서는 개화와 결실이 되지 않는다. 봄에 피는 꽃과 가을에 익는 열매가 예뻐서 정원수나 가로수로 많이 심는다.

자목련의 꽃봉오리는 신이(辛夷) 또는 신이화(辛夷花)라 하여 한약재로 사용된다. 두통, 얼굴 부종, 치통 등에도 효과가 좋으며 특히 환절기가 되면서 찬 공기에 의한 비염이나 축농증 등으로 인한 만성적인 코막힘으로 고생하는 콧병에 좋다고 한다.

(좌) 목련; 목련 나무의 낙엽 진 겨울 풍경. 12월
(우) 목련; 목련꽃 개화 전 꽃 몽우리가 생겼다. 3월 하순

(좌) 목련; 목련꽃 개화 직전의 꽃 몽우리. 3월 하순
(우) 목련(꽃잎 6장); 목련과 벚꽃이 동시 개화하고 잎보다 꽃이 먼저 핀다. 목련은 백목련보다 15일 정도 일찍 핀다. 안양시. 4월

(좌) 목련; 꽃잎이 6장이고 개화한 꽃은 풍성하지 못하다. 안양 자유공원. 4월 초순
참고: (우) 백목련; 꽃이 개화한 모습으로 꽃잎 6개, 꽃받침 3개로 꽃잎이 9개처럼 보인다. 4월 초

참고: (좌) 백목련; 잎은 둔두이지만 뾰족하다. 홍릉수목원. 6월 중순
(우) 목련; 목련꽃이 개화하였으나 은행나무는 잎이 나오지 않았다. 4월

(좌) 목련; 꽃이 지고 잎이 나기 시작하였다. 4월 하순
(우) 목련; 잎이 넓은 난형으로 무성하고 열매가 커지기 시작하였다. 7월

(좌) 목련; 열매가 커지고 꽃눈이 만들어져 있다. 7월
(우) 목련; 주먹같이 생긴 열매껍질이 붉게 변하였다. 9월 초순

(좌) 목련; 열매가 익어 씨앗이 떨어지고 꽃눈이 크게 되었다. 10월 하순
(우) 목련; 꽃눈이 겨울철 동안 여러 차례 탈락한다. 탈락한 꽃눈. 11월

참고: (좌) 자목련; 보라색 꽃이 피는 목련으로 잎이 장타원형. 홍릉수목원
참고: (우) 자주목련; 꽃잎의 내부는 흰색이고 외부는 자주색의 자주목련꽃. 백목련과 자목련의 교잡종. 안양시청 정원. 3월 하순

참고: (좌) 자주목련; 꽃잎의 외부는 자주색이고 내부는 흰색. 3월 하순
참고: (우) 함박꽃나무(목란); 전국 산지 자생. 목련보다 늦은 5-6월 개화. 꽃잎 6개, 꽃받침 3개로 가지 끝에 1송이씩 밑을 향해 핀다. 향기가 있다. 북한의 국화

12. 졸참나무

폐타이어로 만든 아주 작은 다리를 지나 바로 좌측에 좌측으로 약간 기울어진 수피가 세로로 갈라진 회백색의 참나무(졸참나무) 한 그루를 볼 수 있다.

참나무 숯 또는 농기구나 건축재로 매우 단단하고 우수한 참나무는 우리나라 산에 가장 흔한 나무 중의 하나이며 일반인들도 모두 알고 있지만 식물도감이나 나무 도감 책에서 참나무를 찾아보면 이런 나무는 나오지 않는다. 왜 나오지 않을까? 사실 참나무라는 나무가 없기 때문이다. 참나무는 한 종류의 나무가 아니라 도토리가 열리는 나무 즉 참나무 종을 종합적으로 부르는 나무이다. 넓은 범위의 참나무는 남부지방에서 자라며 겨울에도 잎이 지지 않는 상록수(상록성 참나무)이며 수피가 매끈한 가시나무 종류(가시나무, 종가시나무, 붉가시나무, 개가시나무(제주도), 참가시나무, 졸가시나무; 일본 수입종)도 포함하지만, 일반적으로는 낙엽 지는 도토리나무만을 말하는 경우가 대부분이다.

참나무는 한반도의 대표 활엽수이다. 습기 많고 그늘 지역 잘 자라는 음수 종이지만 커서 양수로 전환된다. 참나무의 구분은 주로 잎의 크기와 모양에 따라 장타원형의 상수리나무와 굴참나무, 넓은 타원형(도란형; 거꾸로 선 계란형)의 졸참나무, 갈참나무, 신갈나무, 떡갈나무 등을 포함하여 6종의 나무를 총칭한다.

상수리나무는 잎이 좁고 긴 타원형이고 잎 가장자리 톱니 끝에 갈색의 침이 있으며 뒷면도 앞면과 같은 녹색이다. 굴참나무는 상수리나무와 잎의 모양이 거의 유사하나 잎 뒷면이 회백색이고 나무껍질(수피)에 코르크가 두껍게 발달해 있다. 졸참나무는 참나무 종류 중 잎이 가장 작으며 도란형 타원형이고 가장자리의 갈고리 모양의 거치가 약간 안쪽으로 굽어 있다. 갈참나무는 잎이 크고 잎자루가 있으며 도란형 타원형이고 가장자리가 다소 뾰족한 물결모양이고 뒷면이 회백색이다. 신갈나무와 떡갈나무는 잎이 크고 잎자루가 없으며 잎의 가장자리는 파도 모양 톱니가 있다. 떡갈나무는 잎이 가장 크고 두꺼우며 뒷면에 갈색 털이 있으나 신갈나무는 잎이 얇고 잎 뒷면에 갈색 털이 없다. 그리고 도토리를 둘러싼 포린(일명 털모자 모양)과 각두(일명 빵모자 모양)에 따라 구분할 수 있으며 포린으로 싸인 참나무 종류는 굴참나무, 상수리나무, 떡갈나무이며 각두로 싸인 종류는 졸참나무, 갈참나무, 신갈나무이다.

활엽수인 참나무와 침엽수인 소나무가 우리나라 숲에 가장 많이 분포하는 대표 수종이다. 참나무의 목재 재질이 매우 단단하며 잘 썩지 않아 원시시대 때부터 주거시설 건축재에 널리 사용하였으며 농기구, 선박재, 고대 고분의 관재(棺材) 등으로 주로 사용하였다. 따라서 참나무는 진목(眞木)이라고 부르며 나무 가운데 가장 재질이 좋은 나무라는 뜻의 '참'나무이다.

도토리는 구황식물로 많이 사용하였으며 조선시대에는 일부 지방에서 왕실에 공물로 바쳐지기도 하였다. 흉년이 들어 벼농사가 잘되지 않는 시기에는 도토리가 더 많이 열려서 서민들의 배고픔을 해결해 주었다.

졸참나무는 잎과 도토리가 작은 참나무라는 의미의 조랑참나무 또는 조롱참나무가 졸참나무로 변화되었다는 주장이 있다. 일본 이름인 '코나라'도 작은 잎을 가진 참나무라는 뜻이다. 도토리묵 맛이 제일 좋고 참나무 종류 가운데 갈색 단풍이 가장 아름답다고 한다.

생명력이 강하여 나무를 베어낸 자리에 다른 참나무보다 뿌리에서 새싹이 더 잘 돋아난다. 화재 등의 피해로 새로 생성되는 참나무 숲을 주로 졸참나무가 담당한다. 그리고 뿌리도 크게 발달하여 산사태를 막아 주는 기능도 한다.

참나무와 관련하여 천연기념물로 지정된 나무는 여러 그루가 있다. 울진 수산리 굴참나무는 경북 울진군 군남면 수산리에 소재하는 천연기념물로 수령 300년으로 추정되며 전해 오는 이야기에 의하면 옛날 싸움터에서 다급해진 왕이 이 나무 밑에 숨었다고 하여 이 나무 옆으로 흐르는 강을 왕피천(王避川)이라고 부르게 되었다고 한다. 안동 대곡리 굴참나무는 안동시 임동면 대곡리에 소재하는 굴참나무로 수령 500년 되는 나무로 마을에서는 농사일을 마친 7월에 나무 아래 모여 제사를 지내고 음식을 나누어 먹었다고 한다. 봄에 이 나무에 소쩍새가 와서 울면 풍년이 온다고 믿고 있다. 기타 영양 송하리의 졸참나무와 당숲은 졸참나무로는 희귀하게 지정된 천연기념물이다. 경북 영주시 단산면 소재의 영풍 병산리 갈참나무는 수령 600년으로 추정되는 갈참나무로 매년 정월대보름에 제사를 올린다고 한다. 서울 관악구 신림동에는 굴참나무가 천연기념물(271호, 높이 16m, 둘레 2.86m)로 지정되어 있으며 마을주민들은 당산제를 지내고 있다. 이 나무는 강감찬 장군 짚고 다니던 지팡이를 꽂아 놓아 현재의 나무로 자랐다는 이야기가 전해 오고 있다. 기타 다수의 참나무가 천연기념물로 지정되어 있다.

졸참나무: 참나무과. 학명(*Quercus serrata*), Quercus는 quer(질이 우수한)와 cuez(재목)의 합성어. serrata는 잎 가장자리에 톱니가 있다는 의미. 우리나라, 중국, 일본에 분포하며 해발고도가 낮은

산지 계곡에 자생한다. 다른 이름; 가둑나무, 굴밤나무, 갈졸참나무, 재잘나무. 영어명; Konara oak.

낙엽활엽교목으로 주로 중부 이남의 해발고도가 낮은 산지 계곡에 자생한다. 수피는 회색으로 얕게 세로로 갈라진다. 잎은 참나무 잎 중에서 가장 작고 도란상 타원형이며 뒷면은 약간 흰빛을 띠고 다소 예리하게 안으로 굽은 거치가 있다. 꽃은 잎과 함께 4-5월에 피며 암수한그루이다. 수꽃차례는 길이 2-8cm로 새로 나오는 가지의 잎겨드랑이에서 나와 아래로 처진다. 암꽃차례는 길이 1.5-3cm로 새 가지 위쪽 잎겨드랑이에서 여러 개 나온다. 열매는 10월에 성숙하며 길쭉하고 각두(깍지)는 참나무 중 가장 작으며 견과는 약 1/3 부분만 각두로 싸여 있다.

목재는 나이테가 뚜렷하고 비틀림 현상이 없고 비중 0.8 정도로 강도가 매우 강하여 건축재, 가구재, 농기구 등의 목재로 쓰인다. 열매인 도토리는 야생 동물의 주요한 먹이가 되며 사람들은 묵을 만들어 식용한다.

(좌) 졸참나무; 이정표 앞에 첫 번째로 만나는 나무가 Y자형 졸참나무이다
(우) 졸참나무; 잎이 무성하다, Y자형 줄기, 수피는 회색이다. 4월 하순

졸참나무; 잎은 어긋나며 난상 피침형이다. 4월 하순

(좌) 졸참나무; 도토리가 열려서 커지기 시작하였다. 7월 하순
(우) 졸참나무; 총알 모양으로 뾰족한 도토리가 각두에 싸여 있다. 9월

졸참나무; 잎에 타닌 성분이 많아 갈색으로 단풍이 들었다. 10월 하순

13. 참나무류 관련 자료 조사

　참나무 목재의 주요 용도는 가구, 마루판, 건축, 토목, 선박, 장식 등에 이용되며, 나무결이 곧고 무거우며 단단하여 종이 재료인 펄프 생산에 적당하다. 껍질이 얇고 목질이 단단하여 표고버섯 재배 원목으로 사용된다. 그리고 숯을 생산하는 데에도 많이 이용된다. 신라시대 경주에서 음식 조리에서 필수 땔감으로 참나무 숯이 제공되었고, 청동기 및 철기 제작(산업혁명기에 석탄으로 대체)에 제련을 위해 숯은 필수 요소였다.
　서양에서는 포도주와 달리 위스키 등 술을 생산할 때 참나무로 만든 오크통에 숙성해야만 위스키의 고유 향을 낼 수 있기에 술 생산에 매우 중요한 나무이다. 독일에서는 참나무를 매우 중시하여 유로화 동전 1, 2, 5센트 앞면에 참나무잎을 새겼으며 참나무 정령을 믿고 제사 의식에는 참나무가 필수적으로 사용되었다. 스페인에서는 참나무 도토리만을 먹여 키운 흑돼지 뒷다리를 실온에서 1년 이상 숙성한 하몽 이베리코 햄은 세계적인 고급 햄이다. 또한 유럽에서 도토리는 양들에게도 중요한 사료 작물이다.
　올림픽과 관련하여 일제 강점기인 1936년 베를린 올림픽에서 마라톤 우승자 손기정 선수는 참나무 잎으로 만든 월계관과 히틀러 참나무라 불리는 묘목 화분을 부상으로 받은 사진이 신문에 게재되었다. 당시 손기정 선수는 시상식에서 일본국가 '기미가요'가 나오자 고개를 푹 숙이고 이 화분으로 가슴의 일장기를 가렸다고 한다. 이 묘목은 양정고에 심어졌으며 양정고는 이전하여 현재 이름이 바뀌어 손기정 체육공원에서 아주 크게 자라고 있고 이 나무는 북미산 대왕참나무이다. 당시 올림픽 마라톤 우승자에게 월계관과 월계수를 주는 것으로 알려져 있었기 때문에 지금도 이 나무 옆에는 월계수라는 표지석이 남아 있다.
　재미있는 특징 중의 하나가 참나무는 떨켜가 잘 발달하지 않아 다른 활엽 낙엽수와 다르게 겨울에도 단풍 진 잎이 떨어지지 않고 있다가 봄에 새잎이 나올 때 단풍잎은 떨어지게 된다.
　참나무 번식에서 그루터기에 맹아성이 있어서 맹아 번식이 잘되는 나무(특히 떡갈나무, 신갈나무, 졸참나무, 굴참나무)로 알려져 산불이 자주 나는 곳에서 잘 자라는 나무이다.
　빙하기는 100만 년 전부터 약 10만 년 주기로 빙하기와 간빙기가 반복되었으며 마지막 빙하기는 약 11만 년 전에 시작되어 1만 2천 년 전에 끝났다. 즉, 현재는 간빙기(홀로세 = 충적세 초기 농경 시작)가 약 1만 2천 년 정도 지속되고 있다. 이후 기후가 온난 습윤해지고 습한 기후에 잘 자라는 참나무의 시대가 시작되었다. 구석기 시대부터 참나무를 많이 활용하였다. 그 용도를 보면 땔감, 도토리 수확, 백제 풍납토성 우물터, 집 건축의 목재, 해인사 수다리장 건물 기둥, 가야 고분 목관(상수리나무), 차전놀이 목재(안동) 등 매우 다양하였다.

삼국시대 이전 대부분 건축물은 참나무를 사용하였다. 당시 나무별 사용 빈도를 보면 참나무가 50% 이상을 차지하였고 굴피나무, 밤나무, 소나무 순이었다. 그러다가 조선시대 전, 중기에는 소나무가 70%를 차지하였으며 참나무, 밤나무 순이었다. 현재 강원도 삼척군 신기면에는 굴피나무 집이 보존되어 있다. 굴참나무 껍질 이용하여 지붕을 얹은 굴피집으로 고려시대 이전부터 화전민들이 사용하였다. 지붕 재료로 사용하기 위하여 음력 7월 처서 시기에 20년 이상 자란 굴피나무 나무껍질을 벗겨 사용하였다. 전하는 이야기에 의하면 기와집은 천년, 굴피집 만년 간 유지된다고 한다. 또한, 참나무를 살려둔 상태에서 껍질을 채취할 수 있기에 환경친화적이라고 한다.

영월군 북면 오만동 마을에는 80여 그루의 떡갈나무와 갈참나무가 마을을 둘러싸고 있어 아마도 마을 형성 이전부터 참나무들이 존재하였으며 참나무를 신으로 모신 성황당이 존치하고 있다.

조선왕조실록 강원도는 다른 지역과 달리 도토리(녹말) 수십 석을 저장한 자를 부잣집이라 한다는 기록도 있다. 서울 종묘 내에는 수령 수백 년의 참나무들이 많이 있고 이 중 갈참나무가 2/3를 차지한다. 서울 남산에는 소나무가 17%, 참나무 24%를 차지한다는 보고가 있다(2021.8). 한편 제주도 한라산 중턱 어리목 등산로 해발 1,300m 지점 사제비 동산에는 수령 5백 년 된 송덕수(頌德樹)로 물참나무(신갈나무와 졸참나무의 이원 잡종으로 신갈나무와 유사하고 제주도에 주로 분포)가 있다. 이 나무는 흉년이 들 때마다 도토리를 많이 생산하여 백성을 구하는 공을 세웠다. 특히 정조 18년(1794년) 큰 흉년이 들었을 때 토리를 많이 생산하여 기근을 해결하였다고 하여 송덕수라 부르게 되었다고 한다.

기타 참나무의 주요 용도를 살펴보면, 20년생 이상의 참나무는 표고버섯 재배 목으로 사용하며 이 목재에는 탄수화물이 다량 함유되어 있어 5년간 버섯재배가 가능하고 표고버섯용 톱밥, 가축의 깔짚 등 다양하게 사용된다. 그리고 고령의 참나무에는 운지 버섯이 잘 자란다. 참나무 숯은 고대에 철 생산을 위한 재련작업용 숯으로 주로 이용하였다. 참나무 숯가마에서 나오는 목초액은 유기농약으로, 참나무 숯은 목탄으로도 사용하고 숯의 흡착력과 정화작용을 이용하여 장담그기(악취, 유해 미생물 제거)에 반드시 사용하고 아기의 출생을 알리는 금줄에도 사용하였다.

참나무에 기생하는 병해충으로,

1) 참나무시들음병: 일명 참나무 에이즈라 불리며(광릉긴나무좀벌레가 터널을 형성하고 참나무 시들음 병균이 침범하여 수분 이동통로 도관 폐쇄되어 7월 하순경부터 참나무 잎이 붉게 말라 죽는다. 광릉긴나무좀 배설물(frass), 침입 공 수액 유출. 방제법; 감염목 벌채 소각, 5-10월 끈끈이 트랩 줄기 감기로 날아오는 성충을 잡는다. 방제 방법으로 벌목을 훈증 처리하고 살충제를 살포하는 등의 방법이 있다. 이 병은 2004년 성남시에서 처음 발견되었다.

2) 도토리거위벌레; 딱정벌레목의 곤충인 도토리거위벌레는 1cm 정도의 크기이고 몸길이의 반 정도 되는 긴 주둥이를 가지고 있다. 산란을 위해 설익은 도토리 각두에 구멍을 뚫어 알을 낳고 4시간 동안 참나무 가지를 절단한다. 주둥이가 거위를 닮았다. 잎사귀 달린 도토리를 잘라 낙하 시 충격을 완화하고 잎의 광합성으로 도토리 신선도 유지한다. 알에서 태어난 애벌레는 신선한 도토리를 먹고 땅속으로 들어가 겨울을 나고 5월 번데기를 거쳐 7월 말 다시 도토리를 찾는다. 7월 말부터 8월까지 가지치기가 절정에 달한다. 도토리거위벌레와 참나무는 공생관계를 유지한다. 즉 과실 솎아내기(적과; fruit thinning)로 참나무의 도토리 크기에 도움을 주어 공생관계를 이룬다.

3) 참나무가지둥근혹벌(가칭); 참나무 가지에 벌레혹을 만든다. 겨울 눈 부근에서 알로 월동하고 4-5월에 벌레혹이 형성되기 시작한다. 이것은 참나무가 만들어준 방이다. 이 벌레의 피해목은 주로 굴참나무와 상수리나무이다. 1cm 정도 크기의 벌레혹(충영)이 1-3개씩 무리 지어 생긴다. 처음 녹색이고 성충이 탈출하면 갈색으로 변한다. 이 벌레는 벌목 혹벌과에 속한다.

참나무 관련 시로 김소월의 '엄마야 누나야'에서 "엄마야 누나야 강변 살자 뒷문밖에는 갈잎의 노래"라고 노래하였다. 갈잎은 떡갈나무 잎을 말하며 참나무 중 떨켜가 가장 발달하지 못해 겨울에도 서걱거리는 잎을 달고 살고 있다. 1922년 김소월은 두 살 때 아버지가 일본군의 폭행으로 정신병을 앓게 되어 어머니와 누이를 의지해 성장하게 된 배경을 생각나게 한다.

엄마야 누나야

김소월

엄마야 누나야 강변 살자
뜰에는 반짝이는 금모래 빛

뒷문 밖에는 갈잎의 노래
엄마야 누나야 강변 살자

떡갈나무는 수분이 많은 지역에서 잘 자라는 참나무 수종으로 참나무 중에서 잎이 가장 크고 잎자루가 매우 짧고 잎은 가지 끝에 어긋나게 모여서 난다. 떡을 찔 때 바닥에 깔아서 '떡갈이나무'에서 이름이 유래하였다는 설도 있다. 이렇게 찐 떡은 잘 상하지 않았다고 한다. 바닷가에서도 잘 자라며 그물에 떡갈나무 수피(적룡피)로 물을 들이면 그물이 잘 썩지 않았다. 이 나무의 목질이 단단하여 절구공이, 달구지, 수레를 만들 때도 쓴다.

참나무류 잎의 종류; 어린이가 정말 알아야 할 우리나무백과사전, 80쪽, 서민환, 이유미(현암사, 2010)

우; 도토리 각두(일명 빵모자), 좌; 도토리 포린(일명 털모자)
각두; 졸참, 신갈, 갈참나무. 포린; 굴참, 상수리, 떡갈나무

참고: 도토리거위벌레가 절단하여 떨어뜨린 도토리와 잎, 8월

참나무속의 잎과 도토리 모양;
북한산 국립공원 해설 안내판

참나무; 잎과 동시에 나오는 참나무의 길게 늘어진 수꽃. 5월

참고: 대왕참나무; 북미 원산으로 잎은 5-7개 결각. 열매 납작함, 식용 불가.
가로수로 식재. 한택식물원. 5월 하순

참고: (좌) 대왕참나무; 잎은 5-7개의 결각이 있고 핀 같은 5-7개의 날카로운 치아상 거치가 있다. 서울숲. 10월 중순
참고: (우) 대왕참나무; 대왕참나무 수피와 반구형 도토리. 서울숲. 3월 초순

참고: (좌) 루브라참나무; 북미 원산으로 잎은 7-11개 결각. 열매 타원형, 동물 식용. 목재 우수. 한택식물원. 5월 하순
참고: (우) 루브라참나무; 매끈한 수피와 결각이 많은 잎. 생거진천자연휴양림. 10월 중순

    옛말에 참나무는 가을 들판을 보고 열매를 맺는다는 말이 있다. 즉 벼농사가 잘되지 않으면 도토리가 많이 달렸다는 이야기다. 일반적으로 참나무의 꽃가루받이는 5월경으로 이때 비가 오지 않으면 수정이 잘 되어 도토리가 많이 열리나 벼농사는 잘되지 않았다. 한편 이때 비가 많이 오면 벼농사는 풍년이 드나 도토리 수확은 흉년이 될 수밖에 없다.

13-1. 도토리거위벌레

    도토리거위벌레(*Cyllorhynchites ursulus quercuphillus*)는 주둥이거위벌레과에 속하는 곤충으로 국내에는 북부, 중부, 남부, 제주도 등지에 분포기록이 있으며 국외로는 일본, 중국, 극동러시아 등지에 분포한다. 몸길이는 8.5~10.5mm이다. 몸은 검은색 혹은 흑갈색이다. 몸 전체에는 황색 또는 겨자색의 긴 털이 반문을 형성하며 몸을 완전히 덮고 있다. 또한 검은색의 긴 털이 수직으로 서 있다.

    성충은 6~9월에 주로 발견된다. FRI(1995)에 따르면 참나무류의 구과인 도토리에 주둥이로 구멍을 뚫고 산란한 후, 도토리가 달린 가지를 주둥이로 잘라 땅으로 떨어뜨린다. 알에서 부화란 유충이 과육을 먹는다. 노숙 유충은 땅속에서 흙집(토와)을 짓고 월동한다. 5월 말에 번데기가 되어 6월 중순에서 9월 말 사이에 우화한다. (국립생물자원관)

도토리거위벌레; 국립생물자원관 사진

14. 상수리나무

조금 더 앞으로 이동하여 우측의 어린 단풍나무 뒤에 곧게 서 있는 키가 큰(좌·우측에 각각 소나무 한 그루씩 서 있다) 상수리나무가 있다. 원줄기에서 나온 잔가지 없이 높게 수직으로 우뚝 솟은 참나무이다. 수피가 세로로 갈라져 있으며 안쪽 함몰부는 약간 붉게 보이고 바깥쪽 표면은 어두운 갈색으로 딴딴하게 보인다.

참나무 종류 가운데 사람들의 주거지와 가장 가까이에서 흔하게 볼 수 있는 나무가 상수리나무이다. 본래 이름이 '토리나무'였던 상수리나무 이름의 연원으로 임진왜란 때 의주로 피난을 나갔던 선조의 수라상에 먹을 것이 없어 도토리묵을 자주 올렸다. 그래서 전쟁 후에 한양으로 돌아온 선조는 도토리묵을 좋아하게 되어 늘 수라상에 올리게 되어 수라상에 올린다는 의미로 '상수라'라고 했다가 '상수리'가 되었다는 것이다. 또 다른 설로는 상수리 도토리의 한자 이름인 상실(橡實)에 '이'가 결합하여 '상실이'로 부르다가 '상수리'가 되었다는 것이다.

상수리나무의 열매 도토리는 가뭄이 들었을 때 식량으로 대체할 수 있는 대표적인 구황 열매였다. 이 도토리는 굴참나무 열매와 마찬가지로 2년에 걸쳐 성숙하게 되고 모두 빵모자 모양의 각두가 아닌 털모자 모양의 포린으로 감싸져 있다. 중국의 문헌에는 뽕잎 대신 상수리나무 잎으로 누에를 쳤다는 기록도 있다.

상수리나무는 마을 근처 산지의 낮은 곳(해발 800m 이하, 높은 산지에는 신갈나무가 주로 자람)에서 많이 자라고 참나무 중에서 열매인 도토리가 제일 커서 예로부터 많이 심었다. 과거 우리 선조들은 가뭄으로 곡식을 수확할 수 없을 때 구황 열매로 도토리를 주로 이용하였다. 따라서 흉년에는 도토리가 많이 달린다는 속담이 있다. 경상도 지역에서는 이 나무를 '꿀밤나무'라고 부르고 있다. 북한에서는 상수리나무를 '참나무'라고 부른다.

이 나무의 열매는 굴참나무와 마찬가지로 2년 만(10월)에 익는 특성이 있어 2년 주기로 열매 수확량에 크게 차이가 난다. 그리고 열매 모양에서 상수리나무 도토리는 포린이라는 실 모양의 일명 털모자(굴참나무, 떡갈나무도 해당)를 일부 쓰고 있다. 이 털모자는 겨울을 지내는 도토리 열매가 얼지 않도록 보호하는 역할을 하지 않을까 개인적으로 생각해 보았다.

과거 우리의 기록을 보면 상수리 잎(떡갈나무)은 누에의 먹이로도 사용되었다. 그리고 참나무를 이용하는 곤충류가 300여 종이 넘어 기주범위가 넓은 나무로 분류하고 있다. 따라서 이 나무는 사람과 곤충 모두에게 많은 것을 주는 고마운 나무이다.

상수리나무는 낙엽활엽교목으로 가지와 잎이 넓어지며 둥글게 자라서 원개(둥근 뚜껑)형 수형으로, 키가 25m 내외까지 크게 자란다. 재미있는 사실은 낙엽수로 분류되나 잎자루에 떨켜가 잘 형성되지 않아 겨우 내 갈색 단풍잎을 달고 있다가 봄이 와서 새잎이 나오면 그때야 떨어지게 된다. 건조나 추위에 강하고 소금기 있는 해안지방에서도 잘 자라고 생장이 빨라 다양한 용도의 목재로 사용된다.

상수리나무: 참나무과. 학명(*Quercus acutissima*), quer(질이 좋은), cuez(재목), acutissima(가장 뾰족한). 다른 이름; 도토리나무, 보춤나무, 참나무, 한약명; 상실(橡實, 열매), 영어명; sawtooth oak, oriental chestnut oak.

국내 해발 800m 이하의 낮은 산지와 인가 주변에 주로 분포하고 일본, 중국, 태만, 라오스, 네팔 등에도 서식한다.

낙엽활엽교목으로 둥근 뚜껑 모양(원개형)의 수형을 가진다. 수피는 회갈색으로 세로로 약간 깊게 갈라지며 홈 내부는 붉은색을 보인다. 잎은 어긋나며 장 타원상 피침형으로 가장자리에 침 모양의 거치(톱날)가 있다. 잎은 밤나무와 비슷하나 잎의 주변 거치 끝에 엽록체가 없어서 희게 보인다. 꽃은 4-5월에 피며 잎겨드랑이에 암꽃차례는 위로 달리고 수꽃차례는 길게 아래로 늘어진다. 열매는 굴참나무와 마찬가지로 열매가 열린 다음 해 10월에 성숙하며 견과로 길이 약 2cm이고 포린(털모자)으로 싸여 있다. 염분에 대한 저항성이 있어서 해안지방에서도 잘 자란다. 뿌리가 깊이 내리는 심근성 수종이다. 목재는 나무의 결이 곧고 비중이 크며 단단하다.

가구, 마루판, 건축, 토목, 선박, 차량, 기구, 포장, 장식 등 다양한 용도로 이용된다. 표고버섯 재배를 위한 재배 원목으로 이용된다. 열매(도토리)는 식용, 약용, 공업원료로 이용된다.

(좌) 상수리나무; 줄기가 곧게 자란 상수리나무의 회갈색 수피. 4월 하순
(우) 상수리나무; 소나무 뒤 연녹색 장타원상 피침형 잎이 나왔다. 4월 하순

(좌) 상수리나무; 장타원상 피침형 잎의 가장자리는 침상 거치가 있다. 7월
(우) 참나무 숲이 끝나는 지점 둘레길 좌측에 있는 두 그루의 상수리나무

상수리나무; 자라고 있는 상수리나무 도토리와 침상 거치의 잎. 7월 하순

15. 굴참나무

　상수리나무 바로 옆에 두 그루의 굴참나무가 V자 모양으로 서 있다. 수피를 보면 코르크 모양으로 두텁게 층을 이룬 나무를 볼 수 있다. 껍질에 코르크가 발달하여 세로로 깊게 골이 패 있다. 경기 지방에서는 '골'을 '굴'이라 하는데, 이 나무에는 껍질에 굴이 지는 참나무라고 부르다가 '굴참나무'가 된 것으로 추정한다. 오래된 나무의 수피는 포도주 등의 코르크 마개를 만들고 비가 새지 않고 보온성이 좋아 강원도 지역 등의 굴피집의 지붕 재료로도 많이 이용되었던 나무이다. 산에서 신갈나무가 자라는 지대보다 낮고 상수리나무가 자라는 지대보다 높은 산 중턱에서 주로 자라며 신갈나무만큼 흔하지 않다.

　도토리는 상수리나무 열매와 마찬가지로 포린(일명 털모자)으로 싸여 있으며 다음 해 10월에 성숙하게 된다. 전국적으로 천연기념물로 지정된 나무는 네 그루가 있다. 경북 안동시 임동면 대곡리 굴참나무(제288호)는 수령 500년으로 추정되며 주민들은 봄철에 이 나무에 소쩍새가 와서 울면 풍년이 든다고 믿었다. 경북 울진군 수산리 굴참나무(제96호)는 성류굴 입구 우측 언덕에 있으며 이 나무 옆으로 흐르는 강이 왕피천(王避川)으로 옛날 싸움터에서 다급한 왕이 이 나무 밑으로 숨었기에 붙여진 이름이다. 서울 관악구 신림동 굴참나무(제271호)는 수령 250년으로 추정되며 강감찬 장군이 이곳을 지나가다가 지팡이를 꽂아 놓은 것이 이렇게 자랐다고 전해진다. 강릉시 옥계면 산계리 굴참나무 군(제461호)은 12그루의 굴참나무가 모여 있으며 마을의 당숲으로 보존되고 있다.

　굴참나무: 참나무과. 학명(*Quercus variabilis*), Quercus는 켈트어 quer(질이 좋은)와 cuez(재목)의 합성어, variabilis는 다양한, 변하기 쉬운의 의미. 다른 이름; 구도토리나무, 물갈참나무, 부업나무. 한자 이름; 전피역(栓皮櫟; 껍질을 병마개로 사용하는 나무를 의미), 조피청풍(組皮青風). 영어명; Cork oak, Oriental oak. 한반도 전역의 남사면 급경사지에 서식하며 일본, 중국, 베트남, 티베트, 대만 등에도 분포한다.

　낙엽활엽교목으로 수피는 회색으로 코르크가 발달하여 두껍게 세로로 갈라진다. 두꺼운 코르크 층으로 인하여 산불에 저항성이 강하다. 잎은 어긋나며 장타원상 피침형으로 상수리나무와 거의 유사한 모양이나 상수리나무 잎 뒷면은 푸른색이지만 굴참나무 잎 뒷면은 회백색을 띤다. 잎자루가 있고 가장자리에 바늘 모양의 예리한 거치가 있다. 꽃은 잎과 함께 4-5월에 피며 암수한그루이다. 도토리는 다음 해 10월에 성숙하며 구형이고 포린(일명 털모자)에 싸여 있다.

양수이고 성장이 빠른 편이며 햇볕을 받는 척박하고 건조한 곳에서도 잘 자란다. 목재 재질이 무겁고 마찰에 견디는 힘이 강하여 기구제, 차량재로 사용된다. 나무껍질은 코르크 재료, 염료로 이용되며 열매(도토리)는 식용된다.

(좌) 굴참나무; 두 그루의 굴참나무가 V자 모양으로 서 있다. 6월 초순
(우) 굴참나무; 상수리나무 잎과 유사한 장타원상 피침형 잎. 6월 초순

굴참나무; 상수리나무에 비하여 코르크가
발달한 굴참나무 수피. 6월

16. 갈참나무

　참나무 숲이 거의 끝나 가는 둘레길 산책로 우측 경사면에 잎이 크고 넓은 참나무 여러 그루를 볼 수 있다. 잎자루가 거의 없는 신갈나무와 달리 갈참나무는 잎자루가 길고 넓은 타원형 잎으로 뒷면이 회백색인 것이 특징이다. 가을 참나무가 갈참나무로 바뀌었다고 한다. 또 다른 설로는 조각조각 이어진 수피가 보기에 안쓰러워 '빨리 껍질을 갈라'는 뜻에서 갈참나무로 지었다고 한다. 구릉지나 인가 주변에 많이 서식하는 가을을 대표하는 참나무로 여겨진다.

　서울 시내의 종묘에는 300-400년 수령의 신갈나무가 2/3를 차지하여 주종을 이루고 있으며 대전의 갑사계곡과 김포의 장릉 또한 갈참나무가 군락을 이루고 있다. 경상북도 영풍 병산리 갈참나무는 갈참나무 노거수가 드문 편이어서 1982년 천연기념물로 등록하여 관리하고 있다. 경상북도 영주시 단산면 병산리 산338번지에 소재하고 있다.

　갈참나무: 참나무과. 학명(*Quercus aliena*), Quercus는 캘트어 quer(질리 좋은)와 cuez(재목)의 합성어. aliena는 연고가 없는, 다른, 변한의 의미. 다른 이름; 재잘나무, 큰갈참나무, 톱날갈참나무, 홍갈참나무. 영어명; Oriental white oak.

　전국의 해발고도가 낮은 산지 계곡부에 자생하며 동아시아 남부, 중국, 일본 등의 국가에서도 분포한다. 낙엽활엽교목으로 수피는 회갈색-흑갈색이며 거칠게 그물처럼 얕게 세로로 갈라진다. 잎은 어긋나며 타원상 도란형으로 가장자리에 파상의 큰 거치가 있다. 뒷면은 회백색으로 성모가 있으며 1-3cm의 잎자루가 있다. 꽃은 5월에 피고 암수한그루이며 수꽃차례는 신년지의 잎겨드랑이에서 밑으로 처진다. 암꽃차례는 신년지의 윗부분의 잎겨드랑이에 달린다. 열매는 당해 10월에 성숙하며 견과로 장타원형이다. 경과는 1/3 부분만 각두에 싸여 있다.

　토심이 깊고 비옥한 곳에서 자라고 어려서는 그늘에서도 잘 자라며 커서는 양수로 변한다. 목재는 농기구재, 탁자 등을 만드는 데 사용되며 열매는 식용한다.

갈참나무; 둘레길 우측에 수피가 흑갈색으로 갈라지는 갈참나무. 6월

(좌) 갈참나무; 잎은 타원상 도란형이며 둔두이고 잎자루가 있다. 6월 초순
(우) 갈참나무; 잎은 타원상 도란형이며 둔두이고 잎자루가 있다. 11월

16-1. 신갈나무(해당 구역에는 없음, 참고자료)

신갈나무는 산의 해발고도 높은 곳이나 능선부에 주로 자리를 잡고 산다. 높은 산에 있는 참나무 종류는 대부분 신갈나무라고 할 수 있다. 잎은 손바닥만큼 크고 잎 가장자리는 물결모양의 거치가 있다. 떡갈나무만큼 잎이 크지는 않고 잎의 앞면과 뒷면이 모두 녹색이며, 떡갈나무(잎이 가장 넓고 잎 뒷면과 잎맥에 누런 털이 있다)는 매우 짧은 잎자루가 있지만 신갈나무는 잎자루가 전혀 없다. 한자로는 청강목(靑剛木)이다. 신갈나무는 떡갈나무와 함께 다른 네 종류의 참나무보다 잎이 훨씬 푸른 것이 특징이다.

이 나무의 이름에 대한 유래는 옛날 짚신의 밑바닥에 깔창 대신 신갈나무 잎사귀로 갈아 넣었다 하여 '신갈이나무'라고 불리다가 지금의 신갈나무가 되었다는 설이 있다.

신갈나무: 참나무과. 학명(*Cuercus mongolica*), Cuercus는 켈트어 quer(질이 좋은)와 cuez(재목)의 합성어. mongolica는 몽골이 원산지 임을 의미함. 다른 이름; 돌참나무, 만주신갈나무, 물가리나무, 물갈나무, 물신갈나무, 재라리나무, 참나무, 털깃옷신갈, 털물갈나무. 한약명; 작수피(作樹皮). 영어명; Mongolica oak. 전국의 해발고도가 높은 산지에 서식하고 중국, 러시아(시베리아), 일본 등에도 분포한다.

낙엽활엽교목으로 수피는 회색 또는 회갈색으로 세로로 불규칙하게 갈라진다. 잎은 어긋나며 가지 끝에 모여서 나는 것처럼 보인다. 도란형으로 가장자리에 파상의 큰 거치가 있으며 잎자루는 거의 없다. 꽃은 잎과 함께 5월에 피며 암수한그루이다. 열매는 다른 종의 참나무보다 1개월 정도 빠르게 9월에 성숙하며 타원형이고 각두(일명 빵모자)가 컵 모양으로 열매의 1/2 정도 싸고 있다.

높은 산지에 순림을 형성하며 참나무 속 중에서 가장 높은 해발고도에 분포한다. 산 정상부의 척박한 토양에서도 잘 자란다. 맹아성이 뛰어나 산불이 난 후에도 잘 자란다. 목재는 농기구, 땔감, 표고버섯 재배 원목 등으로 사용되며 열매는 식용한다. 수피와 잎은 설사, 뇌출혈, 황달, 궤양이 있을 때 사용하며, 구내염과 인후염에 입가심 약으로 이용한다.

(좌) 신갈나무; 지리산 고산지대(해발 1,000m)의 신갈나무 고목. 10월
(우) 신갈나무; 속리산 막장봉(해발 700m)의 신갈나무 고목. 6월

신갈나무; 속리산 막장봉(해발 700m)의 신갈나무 잎. 6월

17. 주목

참나무가 주요 수종인 참나무 숲길이 끝나는 지점의 좌측 고목 상수리나무 두 그루가 있고 그 반대편 길가에 여러 그루의 식재된 어린 주목들이 자리 잡고 있다.

주목(朱木)이라는 이름은 상록수인 이 나무의 껍질이 붉어서 붙여진 이름이다. 그리고 이 나무를 베면 안쪽의 심재(心材)가 다른 나무보다 아주 붉다. 또한 잘 익은 열매도 솔방울 모양이 아니라 분홍빛 앵두 같은 과육 안에 딱딱한 열매가 일부 노출되게 만들어져 있어 새들을 유혹하고 있다. 과육은 독성이 없지만 딱딱한 씨앗은 강한 독성이 있어서 가축이나 사람이 씹어 먹으면 중독되어 죽을 수 있고 주목 잎에도 씨앗과 마찬가지로 탁신(taxine)이라는 독성물질이 들어 있다.

셰익스피어의 희곡 '햄릿'에는 햄릿의 삼촌인 클로디어스가 왕위를 빼앗기 위해 잠든 형의 귀에 독약을 부어 죽인다. 이때 사용한 독약의 원료가 주목 나무 씨앗에서 짜낸 기름이다. 영국의 대문호 셰익스피어의 출생지 스트래퍼드 어폰 에이번(Stratford-Upon-Avon)에 있는 셰익스피어가 묻힌 교회(Holy Trinity Church) 입구에는 수령 수백 년 된 거대한 주목 나무 한 그루와 최근에 심은 여러 그루의 주목이 식재되어 있고 빨간 주목 열매가 있어서 희곡 '햄릿'의 이야기를 상기시켜 주고 있다. 한편 주목 껍질에 들어 있는 택솔(taxol)은 유방암을 포함한 다양한 암에 대한 대표적인 항암물질로 알려져 있다.

우리 국토의 백두대간 태백산, 소백산, 덕유산 등 능선부에 오랜 세월 풍파를 견디며 우리를 맞아 주는 나무가 바로 주목이다. 자라는 속도가 느려서 아름드리 주목은 수령 천 년이 넘는다. 리그닌 성분이 많아 나뭇결이 아주 단단하여 죽은 후에도 바로 썩지 않고 오랜 세월 수형을 유지하기에 흔히 주목을 이야기할 때 "살아 천년 죽어 천년"이라고 한다.

침엽수들은 대부분 솔방울 열매와 같은 구과 열매가 열리는 반면 주목은 분홍빛의 둥근 과일 같은 열매는 작은 컵처럼 생겼고 가운데에 흑갈색의 작은 씨앗을 포함하고 있다. 소나무나 잣나무의 잎들은 대부분 2-3년 지나면 떨어지지만, 주목은 잎이 한 번 돋아나면 8년까지도 떨어지지 않고 광합성을 하는 잎의 수명 또한 매우 긴 나무이다.

주목은 우리나라 조선시대나 일본에서 신하들이 왕을 알현할 때, 그리고 신사에서 신을 알현할 때 손에 들었던 홀(笏)을 만드는 데 사용되었고 동서양 모두 귀한 목관(木棺)을 만드는 재료로 사용되었다. 우리나라 평양 낙랑고분, 경주 금관총 등에 왕의 목관으로 주목이 사용되었다. 과거 유럽이나 북미 지역에서는 주목으로 활을 만들었으며 영국의 명사수 로빈후드의 활도 유럽 주목으로 만든 것이었다고 한다.

현재 우리나라의 기념식수로 아주 선호되는 수종이다. 따라서 공공기관이나 주요 기념관 정원에서 아주 흔하게 볼 수 있는 나무이며 요즘은 정원수로도 많이 심어지고 있다.

주목과 유사한 나무 종으로 회솔나무(울릉도 자생, 최근 동일 종으로 정리), 설악눈주목(설악산 아고산 지대, 줄기가 옆으로 자람), 구주주목(도입종), 눈주목(일본 원산) 등이 있다.

주목: 주목과. 학명(*Taxus cuspidata*), 그리스어 taxos(주목)에서 유래, 활이라는 뜻도 있음, cuspidata(갑자기 뾰족해진), 다른 이름; 화솔나무(울릉도), 적목, 경복, 노가리나무, 한약명; 자삼(紫杉, 어린 가지와 잎), 영어명; Japanese yew. 한라산 등의 백두대간 및 아고산지대에 주로 서식하며 외국의 경우 극동 러시아, 중국, 일본 등이 원산지이다.

상록침엽교목으로 수피는 적갈색이며 얇게 벗겨진다. 어린 가지는 녹색이지만 시간이 지남에 따라 갈색 또는 회갈색으로 변한다. 잎은 평평하게 양쪽으로 나며 선형으로 끝이 침처럼 뾰족하지만 접촉하는 피부를 전나무 잎처럼 심하게 찌르지 않는다. 고동색의 묵은 가지에 나는 잎은 사각형 모양의 발판 끝에 가느다란 잎자루가 있으며 잎의 뒷면이 연두색이다. 한편, 유사한 나무로 구분해야 할 나무로 전나무는 잎끝이 아주 뾰족하여 접촉하는 피부를 찌르고 아랫면은 평평하지만 윗면은 돌려나기로 잎이 나고 잎자루가 없고 잎의 뒷면은 흰색으로 기공선 2줄이 뚜렷하게 보인다. 주목의 수피는 암갈색으로 약간 거칠게 벗겨진다. 구상나무는 잎이 돌려나며 끝이 둥글어서 접촉 시 자극이 전혀 없으며 잎 뒷면이 전체적으로 밝은 회백색으로 보이고 길이가 짧다. 수피는 회색을 띠고 매끈하지만 오래되면 거칠게 갈라진다.

암수딴그루이며 잎겨드랑이에 꽃이 달리며 수꽃은 4월에 피며 구형으로 비늘조각으로 싸이고 암꽃은 원뿔형으로 비늘조각으로 싸여 있다. 열매는 8-9월에 붉게 성숙하며 붉은색의 헛씨껍질(과육)이 단단한 갈색 씨앗의 일부를 감싸고 있으며 종자의 윗부분은 외부에 노출되어 있다.

강한 음수(陰樹)로 어릴 때 그늘에서도 잘 성장할 수 있으며 뿌리는 깊게 내리지 않는다. 종자와 꺾꽂이로 증식시킨다. 목재는 건축재, 가구재, 조각재, 연필재 등으로 사용된다. 잎과 가지는 약재로 사용되며 열매를 둘러싼 과육은 먹을 수 있지만 씨앗은 독성이 있다.

주목 천연기념물 지정은 철쭉꽃으로 유명한 강원 정선군 사북읍 사북리 두위봉에 있는 국내 최고령 주목 세 그루(제433호)는 수령 1,400년으로 알려져 있고, 충북 단양군 가곡면 어의곡리 소백산 어린 주목 군락(제244호) 등도 천연기념물이다.

(좌) 주목; 식재된 주목으로 침엽의 잎이 많지 않다. 4월
(우) 주목; 침엽의 잎이 풍성하고 다른 나무들도 잎이 푸르다. 6월

(좌) 주목; 덜 익은 녹색 열매와 익은 붉은색 주목 열매(익은 열매의 한쪽에는 속의 씨앗이 노출됨). 9월
(우) 주목; 가을이 되어 전체적으로 익은 붉은 주목 열매. 10월

(좌) 주목: 고사목과 생존 나무. 살아 천년 죽어 천년의 고목. 덕유산
(우) 영국 Holy Trinity Church(셰익스피어 묘지) 입구의 수백 년 된 주목

(좌) 주목; 지리산 한신 계곡 정상부(세석평전 아래)의 주목 고목. 10월
(우) 주목; 태백산의 고산지대의 수백 년 수령의 주목. 1월

(좌) 주목; 살아 천년 죽어 천년 주목(태백산 정상부 주목 고사목). 1월
(우) 주목; 소백산 국망봉과 연하봉 주목 군락지. 천연기념물. 10월

주목; 청와대 관저 아래의 수령 740년의 주목. 1월

Ⅳ. 숲 해설 1: 산성 입구 - 국사당(밤골농원) 구간

18. 향나무

　　인접하여 길 우측 주목들 사이에 키가 아주 큰 향나무 한 그루가 우뚝 서 있다.

　　향나무는 나무에서 향이 나는 나무라는 의미이다. 그러나 향나무에 직접 냄새를 맡아 보면 향을 느낄 수 없다. 이 나무는 불에 태워야 향이 난다. 고대로부터 동서양에서는 종교의식에 향을 피우는 행위를 하였으며 특히 불교와 밀접한 관계가 있다. 그리고 유교 의식으로 제사를 지낼 때 반드시 사용되는 것이 향이다.

　　우리나라에 불교 행사에서 향 피우기는 6세기 초 중국 양나라 사신단을 통하여 신라에 도입되었고 그 용도를 모르고 있었다. 삼국사기『신라본기』에 따르면 눌지왕 때 고구려의 승려 묵호자(墨胡子)는 신라 일선군(현재 선산읍)에서 몰래 불교를 포교하고 있었다. 그는 향을 태우면 향기가 짙어서 정성이 신성한 곳에 이르게 되며 이것을 태워 발원하면 반드시 영험이 있을 것으로 설명하였다. 당시에 왕녀가 몹시 위독하여 왕이 그를 불러 향을 사르고 소원을 표하니 왕녀의 병이 곧 나았다고 한다. 왕은 기뻐하며 예물을 후하게 주었다고 한다. 또 다른 일화에 따르면 묵호자(아도 화상)는 이 치유 행위에 대한 감사 표시로 왕실로부터 불교 포교를 허락받았다. 그리고 선산읍에 신라 최초의 사찰인 도리사를 창건하고 불교 포교를 하였으며, 현재 구미시 해평면 냉산의 해발 500m(자동차 주차장이 있음)에 위치하여 유유히 흐르는 낙동강을 조망할 수 있어 전망이 매우 우수한 도리사에는 아도 화상의 사적비와 석상이 건립되어 있다.

　　향나무는 측백나무와 마찬가지로 묘지 주변이나 사당 주변에 많이 심었다. 향나무는 상록침엽수로 어릴 때는 잎이 짧고 날카로운 바늘잎이 대부분이지만 10여 년이 지나면 바늘잎이 찌르지 않는 비늘잎이 함께 생기게 된다. 향나무의 속살은 붉은 보라색으로『조선왕조실록』등에는 자단(紫檀)으로 기록되어 있다. 바늘잎이 없이 처음부터 비늘잎만 생기게 개량한 가이즈카 향나무는 원예품종으로 오사카 부근의 지역 이름에서 유래하였으며 '왜향나무', '나사백'으로 부르며 향나무에 비해서 키가 작고 중심 줄기가 마치 나사처럼 나선형으로 빙빙 꼬여서 자라고 잔가지가 잘 발달하여 여러 가지 모양으로 자르기가 쉬워서 정원수로 많이 심는다. 그리고 회양목처럼 둥글게 자라는 옥향, 누워서 자라는 눈향나무(한라산 고산지대), 미국에서 수입하여 연필 재료로 사용되는 연필향나무, 남쪽 바닷가에서 자라는 섬향나무(바늘잎) 등 다양한 종류가 있다.

향나무는 태워서 향을 내는 목적뿐만 아니라 장신구, 염주 알, 가구재, 고급 조각재, 불상, 관재(棺材) 등으로 애용되어 무차별적으로 벌목되어 산에서 자생하는 향나무는 거의 볼 수 없게 되다. 옛날 고승들은 바리때(발우)와 수저까지 향나무로 만들어 음식을 먹었다고 한다. 해인사의 비로자나불은 신라시대에 만든 불상으로 밝혀졌는데, 이것 역시 향나무로 만들었다. 향나무 상자나 궤짝에 귀중한 서류나 책 또는 옷을 보관하면 벌레가 생기지 않는다. 조선시대에는 홀(笏)이라고 하는 5품 이하 관료들이 국가의 중요한 의례에서 손에 드는 나무로 만든 좁고 긴 판이 있었으며 이를 향나무로 만들었으므로 향나무를 '홀목(笏木)'이라고도 한다. 향나무는 종자로 번식시키기 어려운데 신기하게도 새나 동물이 먹고 배설한 종자는 아주 쉽게 싹이 나온다고 한다.

동남아시아의 아열대 지방 원산인 침향나무를 땅에 묻거나 수지를 채취하여 침향으로 사용한다. 이 수지를 태우거나 약재로 만들어 복용한다. 고급 침향을 사용할 수 없는 고려 또는 조선의 백성들은 향나무를 오랜 기간 땅에 묻어 두면 침향이 될 것으로 추정하여 강과 바다가 만나는 지점에 향나무를 묻어 두는 매향(埋香)을 했다는 기록이 있다. 돌처럼 단단해진 매향 향나무로 향을 피우면 그 향이 사찰의 벽화에 부착하여 벽화를 보호한다는 것이다.

향나무가 주변 과실 나무의 병충해에 영향을 준다는 내용이 있어 소개한다. 배, 사과, 모과나무, 장미 등 장미과 식물 옆에 향나무를 심으면 향나무의 붉은별무늬병(적성병) 때문에 배나무 등을 망칠 수 있다. 왜냐하면 붉은별무늬병을 일으키는 곰팡이의 중간 기주(숙주, 녹병균이 향나무에 붙어서 겨울을 나고 봄이 되면 장미과 식물로 옮겨 감) 식물이 향나무이기 때문이다.

울릉도의 절벽에 자생하는 향나무만이 천연기념물(제48호, 제49호)로 지정되어 유지되고 있다. 식재된 향나무로 경북 청송군 안덕면 장전리의 영양 남씨 조상 묘지 주변에 심은 향나무는 수령 400년 이상의 노거수로 높이 7.4m, 둘레 4.4m로 눈향나무 모습이며 천연기념물 제313호로 지정되어 있다. 또 다른 천연기념물로는 경북 울진군 죽변면 화성리 마을 뒤 솔밭에서 자라는 수령 약 500년 된 향나무(제312호)로 높이 14m, 둘레 4.2m의 노거수이다. 특이한 수형의 향나무로 전남 순천시 송광면 송광사 천자암 쌍향수(곱향나무 변종)는 땅을 기는줄기가 특징인 곱향나무이지만 높이가 약 12m로 두 그루가 마주 보고 서 있다. 마치 두 마리의 용이 승천하기 위하여 용틀임하는 듯이 줄기가 몹시 꼬여서 진기한 모습을 하고 있으며 수령은 약 800년으로 추정된다. 보조국사 지눌과 제자인 금나라 태자 담당 스님이 짚고 다니던 지팡이를 꽂아서 뿌리 내린 나무라는 전설이 있고 국가자연유산(천연기념물)으로 지정되어 있다. 나무에 손을 대면 극락(極樂)에 갈 수 있다는 전설이 전해져 오고 있어 사람들이 이곳을 찾고 있다고 한다.

향나무: 측백나무과. 학명(*Juniperus chinensis*), Juniperus(고대 라틴어 향나무 의미), chinensis(중국의), 다른 이름; 노송나무, 한약명; 자단향, 영어명; Chinese juniper. 우리나라 전국적으로 분포하며 특히 울릉도에 가장 많이 자생하고 있으며 해발 600m 이하의 암석 지대에 분포하고 있다. 일본, 중국, 몽골 등지가 원산지이다.

상록침엽교목으로 수피는 적갈색이며 세로로 갈라진다. 잎은 바늘잎과 비늘잎이 있다. 어린 가지는 주로 침엽이며 7-8년 이상 오래된 가지는 비늘잎이 나타난다. 암수딴그루이지만 드물게 암수한그루이며, 4월에 수꽃이삭과 암꽃이삭이 달린다. 다음 해 9-10월에 둥근 모양의 솔방울 열매는 자흑색으로 성숙하게 된다.

주로 석회암지대와 울릉도의 바위틈에 자생한다. 햇빛을 좋아하는 양수성의 나무로 뿌리는 수직으로 깊게 내리고 정원수, 방풍림, 나무울타리 등으로 식재한다. 가지, 잎, 목질부를 자단향으로 부르며 약재로 사용한다. 동서양에서 오랜 옛날부터 향로로 사용해 오고 있다.

(좌) 향나무; 곧게 서서 키가 큰 향나무 한 그루가 서 있다. 4월
(우) 향나무; 향나무 중 상층부에 인동덩굴(금은화) 꽃이 보인다. 6월 초순

(좌) 향나무; 둥근 열매가 자라고 있다. 6월
(우) 향나무; 봄철의 익은 향나무 열매. 의왕시 모락산. 3월 초순

(좌) 향나무; 주변에 단풍이 들어도 푸르름을 유지하고 있다. 9월
(우) 향나무; 가이즈카향나무(나사백)로 청와대 영빈관 옆에 있으며 박정희 전 대통령의 기념식수. 1월

(좌) 향나무; 수령 360년 남한산성 보호수. 수어장대 입구
참고: (우) 연필향나무 원예종 '그레이 아울'; 한택식물원. 5월 하순

19. 산딸나무

　향나무 바로 앞쪽 좌측에 '북한산 국립공원 둘레길' 표지판 바로 뒤에 산딸나무 한 그루가 서 있다. 그 뒤에는 산딸나무보다 키가 더 큰 목련(자목련) 한 그루가 서 있다. 그리고 그 뒤에는 주택 한 채가 자리하고 지붕 위에는 등 덩굴이 엉켜있고 흰 등 꽃이 풍성하게 피어 있고 여름에는 풍성한 잎으로 아주 좋은 그늘을 제공하고 있다.

　산딸나무는 산에서 자라고 딸기 모양의 열매가 열리는 나무라는 의미이다. 초여름 모든 나무가 녹색 옷을 입고 있을 때 산딸나무는 홀로 순백의 옷을 걸친 천사 같은 모습으로 나타나기에 한자어로는 사방을 비추는 사조화(四照花)라고 한다. 산딸나무꽃은 네 장의 꽃잎이 마주보기로 나서 마치 십자 모양이라서 기독교인들이 좋아한다.

　기독교의 전설에 따르면 예수가 십자가에 못 박힐 때 사용된 나무가 독우드(dogwood)라 불리는 산딸나무라고 한다. 이 나무는 당시 예루살렘 주변에서 가장 큰 나무였으며 재질이 단단한 나무였지만 예수가 십자가에 못 박힌 후에 다시는 십자가를 만들 수 없게 하나님이 키를 작게 하였다고 한다. 이 나무는 우리나라 산딸나무와는 다른 유럽 또는 미국 산딸나무를 의미하는 것 같다. 유럽의 기독교 국가와 미국에서는 십자가 모양의 꽃이 아름다워 산딸나무를 정원수로 많이 심는다. 이러한 나무로 미국산딸나무(수피가 사각형으로 세로로 갈라지며 열매가 산수유 모양으로 3-4개 모여서 달림), 꽃산딸나무(자주색 꽃잎), 서양산딸나무(북미 원산, 키가 작으며 붉은 낱개 열매) 등 여러 종의 나무가 국내에 도입되어 정원수로 식재되고 있다. 동작동 국립현충원에는 산딸나무 길이 있으며 장군 묘역에는 미국산딸나무가 여러 그루 식재되어 있다.

　독우드(dogwood)의 유래는 원래는 단검 또는 나무꼬챙이를 뜻하는 dagger의 대거우드(daggerwood)였는데 시간이 지나면서 독우드로 바뀌었다는 것이다. 또 다른 설로는 과거에 산딸나무 껍질을 쪄서 그 즙으로 개의 피부병을 치료하였다는 것이다.

　산딸나무: 층층나무과. 학명(*Cornus kousa*), Cornus(라틴어로 뿔을 의미, 재질이 단단함을 의미), kousa(일본어로 하코네 지방 방언의 풀을 의미), 다른 이름; 들메나무, 애기산딸나무, 준딸나무, 미영꽃나무, 박달나무, 쇠박달나무, 소리딸나무, 굳은산딸나무, 한약명; 야여지(野荔枝), 영어명; Korean dogwood.

중부 이남의 산지에 자생하며 일본 등이 원산지이다. 낙엽활엽교목으로 수피는 적갈색으로 매끈하지만 오래된 나무는 둥글게 떨어진다. 잎은 마주나고 난상 타원형으로 잎맥은 4-5쌍이 활처럼 굽어 엽두 쪽으로 모이며 뒷면 엽맥 겨드랑이에 갈색 털이 밀집해 있다. 꽃은 백색이며 20-30개가 모여 두상으로 6-7월에 피며 4개의 크고 흰 총포가 생겨서 꽃잎처럼 보인다. 꽃 밑에 있는 작은 잎을 포(苞)라고 하며 여러 개의 포가 모여있는 것을 총포(總苞)라고 한다. 산딸나무꽃은 밤에 기온이 갑자기 떨어지면 흰색 총포 조각이 분홍빛으로 바뀐다. 열매는 구형이며 긴 자루 끝에 여러 개의 암술이 붙어서 만들어진 집합과(集合果)이다.

정원수로 많이 심으며 열매의 과육이 붉게 익으면 부드럽고 달아서 먹거나 과일주로 담그기도 한다. 꽃과 열매는 지혈 작용이 있어 한방에서는 피를 멈추는 약재로 사용한다. 목재는 단단하고 무늬가 예뻐 조각품이나 악기 등의 재료로 사용한다. 산에서 나는 관목인 산딸기나무와 이름을 혼동하지 말아야 한다.

산딸나무 뒤에는 키 큰 자주목련 나무가 한 그루 있고 주택 지붕을 덮는 등 덩굴에는 이른 봄 자주색 꽃이 핀다.

(좌) 산딸나무; 이정표 바로 우측 뒤에 산딸나무가 있다. 4월
(우) 산딸나무; 몇 개 줄기가 함께 자라는 산딸나무로 잎이 나고 있다. 4월

(좌) 산딸나무; 꽃잎처럼 보이는 십자 모양 흰 작은 잎은 꽃이 아니고 총포이며 가운데 둥근 공 모양에 30-40개 작은 꽃이 모여 있다. 6월 초순
(우) 산딸나무; 여름철에 열매가 커 가고 있다. 8월

산딸나무; 잎은 마주나며 4-5쌍으로
활처럼 굽는다. 7월

(좌) 산딸나무; 가을에 열매가 익어 가고 있다. 큰광대노린재가 과즙을 먹고 있다. 9월 초순
(우) 산딸나무; 구형의 열매가 적색으로 익었다. 10월

(좌) 산딸나무; 잎이 가을에 화려하게 단풍이 들었다. 11월
(우) 산딸나무; 동전 모양의 수피 탈락. 동작동 국립현충원 장군 묘역. 5월

참고: 산딸나무; 원예종 래디언트 로즈. 분홍색 총포. 한택식물원. 5월 하순

참고: (좌) 미국산딸나무 수피; 감나무처럼 세로로 가늘게 그물 모양으로 갈라진다. 동작동 국립현충원 장군 묘역. 5월

참고: (우) 미국 산딸나무(꽃산딸나무) 열매는 산딸나무와는 다르다. 10월

20. 버드나무

둘레길의 산딸나무 반대편에 길 우측에 나뭇가지들이 45도 정도로 비스듬하게 위를 향하여 자라는 어린 버드나무가 두 그루가 서 있다. 버드나무는 물을 좋아하는 나무로 알려져 있기에 이곳은 북한산 산록 지대로 산에서 물이 흘러내리는 습기가 많은 지형일 가능성이 있다고 생각했다.

버드나무는 봄이 올 때 가장 먼저 꽃(버들개지 또는 버들강아지)이 피고 난 다음 잎이 나는 봄의 전령사 같은 나무이다. 버드나무는 그 종류가 아주 다양하여 전 세계적으로 3,500종 이상이 보고되고 있으며 국내에도 약 30종이 보고되고 있다. 일반적으로 버드나무라고 하면 어린 가지가 길게 늘어지는 능수버들(우리나라 특산종)과 수양버들(중국 원산종)을 떠올리게 된다.

버드나무는 강인한 생명력이 있는 나무로 알려져 있으며 『본초강목』에는 버드나무는 세로로 두든 가로로 두든 거꾸로 꽂든 바로 꽂든 모두 산다는 구절이 있다.

옛날 우리나라와 중국에서 남녀 간의 애틋한 사랑과 이별을 노래한 많은 시에는 버드나무가 아주 흔하게 등장한다. 버드나무 아래에서 사랑을 나누고 이별할 때 강가 나루터의 버드나무 아래에서 이별의 아픔을 나누고 잊지 말라는 정표로 버들가지를 꺾어 주었다.

조선 중기 8대 문장가로 꼽힌 고죽 최경창(孤竹 崔慶昌)을 사랑한 기생 홍랑(洪娘)이 한양으로 떠나는 고죽과 이별하며 홍랑이 건넨 시조 '묏버들'은 중학교 교과서에 실린 작품으로, 우리나라 문학사에서 가장 아름다운 사랑의 시로 꼽히고 있다.

묏버들 가려 꺾어 보내노라 님의 손에
주무시는 창밖에 심어두고 보소서
봄비에 새잎이 나거든 날인가도 여기소서

버들을 매개로 남녀 간의 사랑이 이루어진 이야기도 많이 전해진다. 조선의 태조 이성계와 혼인하게 된 신덕왕후가 냇물을 떠서 그 위에 버들잎을 띄워 올리니 태조가 그 태도를 높이 사서 둘째 왕비로 맞이하였다고 전해진다. 비슷한 이야기가 고려 태조 왕건과 장화왕후가 만나는 이야기에도 나온다.

버들은 불교에서는 자비와 관련이 있다. 중생을 구원해 주는 관세음보살의 탱화를 보면 관세음보살이 버들가지를 들고 있거나 병에 꽂아 두고 있다. 물병 속의 감로수를 고통받는 중생에게 뿌려 주며 버들의 뿌리는 감로수를 깨끗하게 하는 기능이 있다고 믿었다.

기독교 구약성경에도 여러 번 버드나무가 언급(이사야 44:4, 레위기 23:40)되고 있으며 레 23:40에서는 초막절에 여호와께 드리는 4가지 식물 중의 하나로 버드나무를 이야기하고 있다.

고구려의 건국 신화에서 동명성왕(주몽)의 어머니 유화부인(柳花夫人)은 부여에서 주몽이 탈출하여 고구려를 건국하게 도와주는 탁월한 능력의 버들 여신의 의미로 고구려 사람들에게 조상신으로 숭배되고 있다.

한편 버들과 꽃이 결합하면 순수한 사랑이 아니라 육감적이거나 퇴폐적인 사랑으로 화류(花柳)를 의미하며 이들이 어울리는 곳을 화류계라고 하였다. 몸을 파는 여인을 길가의 버들이나 담장 밑의 꽃으로 표현하여 노류장화(路柳墻花)라고 한다.

버드나무는 고대로부터 약학적인 효과가 있는 것으로 알려졌다. 기원전 5세기경 히포크라테스는 임산부가 산통(產痛)을 느낄 때 버들잎을 씹으라고 처방을 내렸다. 민간요법으로 전해 오던 이러한 버드나무 뿌리의 진통 효과는 1899년 독일 바이엘사의 약 개발 연구원 펠릭스 호프만이 아스피린으로 제품화하였다. 아스피린의 주성분은 아세틸살리실산으로 현재까지 100년 이상 전 세계적으로 진통 해열제로 애용되고 있다.

청송 주왕산 국립공원에는 약 300년 전에 건립된 주산지라는 저수지가 있으며 이 저수지에 30여 그루의 왕버들(잎이 타원형으로 마을의 정자나무로 많이 심는 버드나무 종류, 버드나무 중 수명이 긴 나무, 고목의 인 성분으로 밤에 불이 비치어서 귀신불이라 부름) 고목이 물에 잠긴 채 자생하고 있어서 멋진 풍경을 연출하고 있다. 주산지의 버드나무 풍경은 영화 '봄, 여름, 가을, 겨울, 그리고 봄'의 촬영지로 유명하다.

버드나무 종류는 물과 공기 중에 혼합된 오염물질을 정화하는데 탁월한 능력이 있어서 물가에서는 물속의 오염물질을 제거하고, 길가에서는 잎이 대기 중의 오염물질을 빨아들인다. 따라서 공해가 심한 현대에 많이 심으면 좋다. 과거에는 버드나무 뿌리가 물을 정화하는 작용을 한다고 생각하여 우물가에 심기도 하였다. 그리고 추위에 강한 나무로 가을에 가장 늦게까지 푸른 잎을 달고 있는 나무이다.

옛날에는 버들가지(楊枝)로 이 사이에 낀 이물질을 청소하였는데 이를 양지질이라고 하다가 후에 '양치질'이 되었다. '양지'가 일본에서는 '요지'로 불렸다. 버드나무 목재는 독이 없어 약방에서 고약을 다지는 데 사용하였고 물의 보수력이 적어서 주방용 도마를 만들기도 했다.

겨울눈에 털이 나며 4-5월 봄이 되면 종모(種毛, 종자에 달린 털)라는 흰 솜털이 생겨서 날아다닌다. 종모는 꽃이 진 뒤에 익은 열매가 멀리 날아가게 하는 역할을 하며 꽃가루가 아니기에 알레르기를 일으키지 않는다.

버드나무: 버드나무과. 학명($Salix\ koreensis$, 국가표준식물목록; $S.\ pierrotii$), 켈트어로 sal(가깝다), lis(물)을 의미로 물 가까이 있다는 표현, 코레엔시스(koreensis)는 원산지가 한국이라는 의미, 다른 이름; 개왕버들, 뚝버들, 버들, 버들나무, 한약명; 수양피, 류화(꽃), 류지(가지), 영어명; Korean willow. 전국 산과 들판의 계곡, 하천 변, 저수지 등 습한 곳에 자생한다.

낙엽활엽관목으로 수피는 암갈색을 띠며 세로로 얇게 갈라진다. 어린 가지는 밑으로 처지고 잎은 피침형(왕버들과 호랑버들은 타원형의 잎)으로 뒷면은 흰색을 띠며 가장자리에 미세한 거치가 있다. 암수딴그루이며 꽃은 4월에 연두색으로 원통형으로 피고 열매는 5월에 성숙한다.

양수이며 하천이나 계곡부에 주로 자란다. 하천 변에 풍치림이나 하천 보호수로 심는다. 껍질에 다양한 약 성분이 함유되어 있다. 약제로서 봄철에 겉껍질과 속껍질, 꽃을 따서 말린다. 속껍질은 해열, 진통, 감기, 학질에 쓰이고 구강염증 치료에도 사용된다. 꽃은 황달, 열독, 치통 등의 치료에 사용된다. 목재로 심재는 담갈색, 변재는 백색에 가까우며 가구재, 도마, 세공재 등으로 사용된다.

버드나무 중 하천에서 주로 자라는 관목으로 갯버들과 키버들이 있다. 갯버들은 잎보다 꽃(꽃이삭을 버들강아지라 부름)이 먼저 피며 어린 가지에 털이 있고 잎이 어긋나며 꽃꽂이 재료로 사용된다. 그리고 뿌리 근처에서 많은 가지가 모여 나오는 것이 특징이다. 옛날에는 갯버들 가지로 화살을 만들었다. 키버들은 어린 가지에 털이 없고 마주나기 잎이 섞여 있으며 고리, 키 등 기타 세공품 제조에 사용된다. 용버들은 중국 원산으로 관상수로 많이 심는다. 아래로 쳐지는 어린 가지들이 꾸불꾸불 용 모양으로 구부러져서 '용버들' 또는 '파마 버들'이라고 한다. 그리고 호랑버들은 산에서 자라는 관목으로 봄에 잎보다 꽃이 먼저 핀다. 타원형의 잎 뒷면에는 흰색 털로 덮여 있다.

(좌) 버드나무; 이른 봄 잎보다 먼저 꽃이 피었다. 3월 하순
(우) 버드나무; 잎이 나기 전 원통형의 꽃이 피었다. 3월 하순

(좌) 버드나무; 봄이 되어 푸른 잎이 나오고 있다. 4월 하순
(우) 버드나무; 여름이 되어 녹음이 짙어지고 있다. 7월 하순

참고: (좌) 왕버들; 버드나무잎보다 잎이 더 타원형이고 길이가 짧다
(우) 버드나무; 잎이 가늘고 좁은 피침형으로 긴 첨두이다. 9월 초순

참고: (좌) 수양버들; 암수딴그루로 4월에 잎보다 먼저 꽃이 핀다. 4월
참고: (우) 수양버들; 여의도 샛강 윤중제에 물오른 늘어진 수양버들 가지. 여의도 샛강생태공원. 3월 초순

참고: (좌) 왕버들; 왕버들 수피가 물결처럼 길게 갈라진다. 대구 수성못 주변. 5월
참고: (우) 중국 산동성 성도 제남시(지난시) 대명호의 수양버들과 연꽃. 6월

　버드나무를 지나 약 30m 앞쪽 산책 도로 우측 전신주 옆에 밤나무 한 그루가 서 있다. 밤나무 이야기는 앞의 1번 밤나무 부분에서 자세하게 언급한 바 있다.

21. 수수꽃다리

　밤나무 좌측에 전신주가 있고 그 아래 좌측에 키 작은 흰 꽃이 핀 수수꽃다리(라일락; 서양수수꽃다리 의심) 1그루가 서 있다. 이른 봄에는 나무가 잘 관찰되나 여름이 가까워지면 주변의 나무들이 잎이 무성하게 되어 주변 나무와 잘 구분되지 않을 수 있다.

　수수꽃다리는 '수수 같은 꽃이 달리는 나무'라는 순우리말 나무 이름이다. 원래 수수꽃다리는 황해도, 평안남도, 함경남도 석회암지대에 자라는 관목으로 하트 모양의 잎이 마주 보고 나며 남한에는 자생지가 없었으나 현재 남한에서 자라는 수수꽃다리는 남북 분단 이전 북한에서 옮겨 온 것이다. 과거에는 라일락 등 여러 가지 이름으로 불려 왔으나 지금은 수수꽃다리라는 이름으로 부르고 있다.

　물푸레나무과의 개회나무속에 속하는 수수꽃다리와 유사한 나무로는 개회나무(흰색꽃), 털개회나무(정향나무, 연자주색-흰색 꽃, 미스킴라일락의 원종), 꽃개회나무(홍자색꽃), 버들개회나무(강원도, 잎이 버들잎 모양), 미스킴라일락 등이 다양한 종류가 있으며 전문가가 아니면 구분하기 어렵다고 한다. 옛사람들은 다양한 종류의 나무를 구분하지 않고 중국 이름을 사용하여 정향이라 불렀다.

　조선시대 식물 관련 서적에서 정향의 향기에 대하여 많이 언급되고 꽃은 홍백 두 가지가 있다고 하였다. 옛날 사람들은 말린 수수꽃다리 꽃을 향주머니나 향집에 담아서 몸에 지니거나 방안에 두어서 은은한 향기가 풍기도록 했다. 개화기에는 서양수수꽃다리(라일락)가 도입되면서 공원이나 학교에 많이 심어지게 되었다. 라일락은 유럽 사람들이 좋아하는 꽃으로 다양한 원예품종이 개발되었으며 꽃의 색상도 다양하다. 영어권에서는 라일락(lilac)이라 하고 프랑스에서는 리라(lilas)라고 한다. 멕시코의 아주 인기 있던 라틴음악의 노래로 스페인에서 아주 인기리에 불렸던 '베사메무초'는 "나에게 키스를 많이 해 줘요"라는 뜻으로 라일락을 노래한 것이다. 우리나라의 대중 가수 현인이 불렀던 노래이다.

　　베사메 베사메 무초
　　고요한 그날 밤 리라꽃 지던 밤에
　　베사메 베사메 무초
　　리라꽃 향기를 나에게 전해 다오

해방 이후 미국 군정청에 근무하던 엘윈 M 미더는 1947년 북한산의 털개회나무를 종자를 미국으로 가져가 품종을 개량한 후에 '미스킴라일락'이라 이름 짓고 전 세계적으로 보급하였으며 우리나라에 역수입되고 있다.

수수꽃다리: 물푸레나무과. 학명(*Syringa oblata var. dilatata*), Syringa는 그리스어 고광나무속의 잔가지로 만든 피리를 의미하는 syrinx에서 유래, oblata는 둥글지만 위아래가 약간 늘어졌다는 의미, dilatata는 넓다 또는 부풀었다는 의미로 잎의 모양과 관련됨, 중국 원산의 정향(*Syringa oblata*)의 변종을 의미함, 다른 이름; 넓은잎정향나무, 개똥나무, 영어명; Dilatata lilac, 권장 영어명; Korean early lilac. 중부 이남의 석회암지대에 자생한다.

낙엽활엽관목으로 나무의 키는 2-3m로 자란다. 수피는 회갈색이고 세로로 갈라지며 어린 가지에는 털이 없다. 잎은 마주나고 넓은 달걀형(광난형)으로 엽저는 심장 모양이고 엽두는 다소 뾰족한 형상이다. 잎자루는 2-2.5cm이다. 꽃은 연한 자주색으로 4월에 피며 원뿔모양(원추꽃차례)으로 달리며 꽃부리 통 길이는 1cm 정도이다. 열매는 삭과(건조하면 튀는 열매)로 타원형으로 끝이 뾰족하다. 꽃은 향료로 쓰며 잎은 쓴맛으로 건위약으로 사용한다.

(좌) 수수꽃다리; 잎이 나고 꽃이 피어 있다. 4월 하순
(우) 수수꽃다리; 잎은 마주나고 광난형이고 꽃이 피어 있다. 4월 하순

수수꽃다리; 꽃이 지고 열매(익으면 타원형 삭과로 변함)가 커 가고 있다.
4월 하순

참고: 꽃개회나무; 새 가지 끝에 자홍색 꽃이 개화하고 있다.
인제군 방태산. 8월

참고: 개회나무; 회나무와 잎이 유사한 수수꽃다리속 개회나무 흰색 꽃.
한택식물원. 5월 하순

22. 단풍나무

　바로 앞에 길 좌우에 봄에도 붉은색 잎의 단풍나무 군락이 관찰된다. 단풍나무는 주로 북반구에 150여 종이 분포하고 있으며 국내에도 수입종을 포함하여 약 20여 종이 있다. 이 나무들은 가을에는 붉은색 또는 노란색으로 단풍이 드는 것이 특징이다. 우리나라 원산의 단풍나무는 단풍나무와 복자기, 복장나무, 신나무, 당단풍나무, 중국 원산은 중국단풍, 북미 원산은 은단풍과 네군도단풍, 설탕단풍, 일본 원산은 꽃단풍, 세열단풍(공작단풍) 등이 있다.

　식물이 단풍이 드는 원리를 살펴보면, 가을에 기온이 내려가면 나무는 잎을 떨구기 위하여 생장호르몬 옥신 분비를 중지하고 잎자루에 떨켜를 만든다. 떨켜가 만들어지면 물관과 체관이 닫히고 잎에서 광합성으로 만들어진 영양분이 줄기로 이동하지 못하고 잎에 쌓여서 색소로 변하면서 색깔이 나타나는데 이것을 단풍(丹楓)이라고 한다. 일반적으로 기온이 5℃ 이하로 떨어지면 엽록소가 파괴된다.

　식물 세포 내에 약 80%의 면적을 차지하는 액포라는 소기관이 있는데 이 기관이 노폐물을 가두어 처리한다. 이 액포에는 노폐물 이외에 단풍의 색을 결정하는 안토시안, 크산토필, 카로틴, 타닌 등의 성분도 포함하고 있다. 노란색 단풍은 잎에 엽록소와 카로티노이드 색소(광합성에 부분적으로 관여)가 혼합되어 있다가 엽록소가 파괴되면서 숨어 있던 카로티노이드 색소는 카로틴(주황색)과 크산토필(노란색)로 나타나는 현상이다. 그리고 붉은색 단풍은 클로로렌이 분해되어 붉은 색소인 안토시안(안토시아닌)이 만들어지면서 나타난다. 그리고 갈색이나 황금빛은 타닌 성분이 많을 때 나타난다.

　그리고 가을에 일교차가 크면 떨켜 형성이 촉진되고 낮에 잎에 당이 많이 축적되어 붉은 단풍이 든다. 잎에 탄수화물이 많을수록 붉은색의 단풍이 든다.

　첫 단풍이 드는 시기는 해마다 기상청에서 예측하여 발표한다. 꽃이 피는 것과는 반대로 북쪽에서 남쪽으로 시간이 지나면서 이동하며, 첫 단풍은 추위가 가장 빨리 오는 북쪽 강원도 설악산(9월 말-10월 초)을 시작으로 서남쪽으로 차츰 내려가 10월 말이면 서남해안까지 내려간다.

　노란색 단풍이 드는 수종 - 은행나무, 녹나무과(비목, 생강나무, 까치박달), 계수나무 등이 있다.
　빨간색 단풍 수종(잎에 탄수화물 많이 함유한 수종) - 단풍나무, 당단풍, 붉나무, 옻나무, 담쟁이덩굴 등이 있다. 갈색 단풍 수종(잎에 타닌 함유 수종) - 참나무, 밤나무, 양버즘나무 등이 있다.

낙엽은 단풍이 든 입 자루 끝에 떨켜 층이 발달하면서 잎이 가지에서 떨어지는데 이것을 낙엽(낙엽)이라고 한다. 잎의 마지막 여로인 셈이다.

단풍나무속의 특징으로는 프로펠러처럼 2장의 날개로 된 열매(시과; 翅果)가 특징이고, 열매가 익으면 반으로 나누어져 떨어진다. 바람이 불면 바람을 타고 확산하기 좋다. 잎의 결각에 따라 단풍나무종이 나누어진다. 단풍나무속과 물푸레나무속은 씨가 날개 한쪽으로 쏠려 있어 열매가 떨어질 때 나선형으로 빙글빙글 돌며 떨어진다. 느릅나무속은 씨가 날개 가운데에 있다.

단풍나무의 시과(翅果)는 바람에 멀리 날아갈 수 있도록 설계되어 있으며 최대 100미터 정도까지 날아갈 수 있다고 한다. 특히 단풍나무 중에서 설탕단풍(maple)의 수액을 채취하여 끓여서 만든 시럽을 메이플 시럽(Maple syrup)이라 하여 캐나다의 중요한 상품으로 판매된다. 캐나다 국기의 상징으로 설탕단풍의 잎을 형상화하여 사용하고 있다. 그리고 단풍나무 목재는 소리가 잘 울려 퍼져 피아노, 바이올린의 재료로 쓰인다.

잎의 결각(잎 주변에 크게 갈라져 들어간 모양)에 따라 단풍나무를 구분해 보면,

3개 결각; 중국단풍, 신나무(겹톱니)

3출엽(하나의 잎자루에 3개의 소엽이 달려 있음); 복자기(소엽에 2-4개의 큰 거치, 단풍이 가장 화려함, 나무껍질이 조각조각 벗겨진다), 복장나무(3출엽, 고산지대 서식)

5개 결각; 고로쇠나무, 시닥나무, 청시닥나무, 은단풍(깊은 결각, 복거치)

7개 결각; 단풍나무류(재배종 5종)

9개 이상 결각; 당단풍, 세열단풍(공작단풍). 섬단풍나무(울릉도, 11-13개 결각), 홍단풍(관상용, 봄부터 가을까지 붉은색, 7-9개 결각)

미당 서정주의 시 '푸르른 날'은 초록이 지쳐서 단풍이 드는 가을날을 묘사하며 계절이 바뀌는 것을 노래한 것은 아닌지? 가수 송창식은 이 시에 곡을 붙여 노래를 불러 대중들에게 큰 인기를 끈 바 있다.

눈이 부시게 푸르른 날은
그리운 사람을 그리워 하자

저기 저기 저 가을 꽃자리
초록이 지쳐 단풍 드는데

눈이 내리면 어이 하리야
봄이 또 오면 어이 하리야

내가 죽고서 네가 산다면
네가 죽고서 내가 산다면

눈이 부시게 푸르른 날은
그리운 사람을 그리워 하자

단풍나무: 단풍나무과. 학명(*Acer palmatum*), Acer는 라틴어로 갈라진다는 뜻, palmatum은 손바닥 모양이라는 의미로 잎의 모양을 묘사, 다른 이름; 산단풍나무, 내장단풍, 단풍, 영어명; Japanese maple, Palmate maple. 중부 이남 산지에서 자생한다. 일본 등이 원산지이다.

낙엽활엽교목으로 수피는 일반적으로 적갈색이며 갈라지지 않고 매끈하다. 겨울눈은 가지 끝에 두 개의 원뿔 모양으로 난다. 잎은 마주나며 7개로 결각이 갈라진다. 꽃은 황록색으로 4-5월에 새로운 가지 끝에 모여서 핀다. 열매는 2개의 시과(날개 달린 열매)가 마주 보며 붙어 있으며 7-9월에 성숙한다.

양지와 음지 모두에서 자랄 수 있는 중용수의 성질이며 추위, 병충해, 공해 등에 강하다. 가로 조경, 공원수, 정원수, 분재 등으로 사용된다. 목재는 재질이 치밀하여 건축재(마룻바닥), 가구재, 악기재(바이올린, 피아노), 스키, 테니스 라켓, 볼링핀, 조각재로 사용된다.

(좌) 단풍나무; 일부 단풍나무는 봄부터 가을까지 붉은색의 홍단풍. 4월 하순
(우) 단풍나무; 잎 아래 단풍나무꽃이 개화하고 열매가 생기고 있다. 4월 하순

(좌) 단풍나무; 여름에 단풍나무가 모여 녹음이 짙어져 있다. 7월 하순
(우) 단풍나무; 가을에 둘레길의 단풍나무에 단풍이 들었다. 10월 하순

(좌) 단풍나무; 단풍나무의 단풍이 절정을 이루고 있다. 10월 하순
(우) 단풍나무; 루페로 확대한 단풍나무 겨울눈(왼쪽)과 열매(시과, 오른쪽)

(좌) 단풍나무; 화려한 단풍이 덮인 설악산 천불동 계곡. 10월
(우) 단풍나무; 절정을 이룬 단풍나무 단풍. 북한산. 10월

참고: (좌) 복자기; 단풍나무의 여왕이라 불리는 복자기 3출엽의 화려한 단풍. 남양주시 용암천 주변. 11월
참고: (우) 만주고로쇠; 강원도 분포. 잎은 5결각. 수피 세로로 갈라짐. 한택식물원. 5월 하순

단풍나무; 단풍이 절정을 이루었다. 동작동 국립현충원. 11월

IV. 숲 해설 1: 산성 입구 - 국사당(밤골농원) 구간

23. 뽕나무

　단풍나무 군락을 지나 조금 앞으로 가면 둘레길 우측 밭과 밭 바깥 좌측에 뽕나무 몇 그루가 서 있다. 여름으로 들어가는 시기에 열매인 오디가 푸른색으로 열리고 시간이 지나면 보라색으로 익는다.

　오디를 먹으면 소화가 잘되어 방귀를 자주 뀌게 된다고 하여 방귀의 의성어 뽕을 사용하여 뽕나무가 유래하였다는 설이 있다.

　뽕잎은 비단을 생산하기 위한 누에의 먹이로서 매우 중요하였으며 우리나라에서 누에치기를 시작한 시기는 삼한시대 이전으로 고구려의 동명왕, 백제의 온조왕, 신라의 박혁거세 때 누에치기를 독려한 기록이 있다. 특히 비단 생산은 나라의 중요한 산업이었기에 조선시대에는 왕비가 비단을 짜는 시범을 보이기도 하였고 각 도에는 누에치기 전문기관인 '잠실'을 설치하여 관리하였다. 지금도 창덕궁에는 천연기념물(제471호)로 지정된 수령 400여 년으로 추정되는 뽕나무가 있다. 16세기 중종 때에는 각 도의 잠실을 서울 근처로 일원화하였으며 현재의 서초구 잠원동 일대로 전해진다.

　그러나 강남지역이 개발되면서 잠실지역의 뽕나무밭은 사라지고 우리나라 최고가의 아파트 촌으로 변모하여 실로 상전벽해(桑田碧海; 뽕밭이 푸른 바다가 되듯이 세상이 몰라보게 바뀜을 의미)가 되었다. 또한 우리나라 양잠산업은 1970년대 중반까지 수출을 위한 주요 산업으로 전성기를 누렸지만 1980년대 중반 이후 중국의 저가 생사 수입으로 노동집약적인 양잠업은 급격하게 쇠퇴하였다. 따라서 전국의 농촌에 분포하던 뽕밭은 급속하게 사라지고 현재에는 거의 흔적만 남아 있다.

　임도 보고 뽕도 딴다는 말이 있고, 영화 '뽕'에서와 같이 동서양을 막론하고 남녀 간의 퇴폐적인 사랑은 뽕밭에서 이루어진 경우가 옛날부터 많았으며 남녀 간의 은밀한 사랑의 기쁨을 상중지희(桑中之喜)라고 부른다.

　뽕나무: 뽕나무과. 학명(Morus alba), mor는 켈트어 흑색을 의미하며 열매(오디) 색을 의미, alba는 흰색을 의미하며 오디가 흰색에서 익으면 검은색으로 바뀜, 다른 이름; 오디나무, 새뽕나무, 영어명; White mulberry, Silkworm mulberry. 전국의 민가 주변에 식재하였으며 중국, 대만 등이 자생지이다. 산뽕나무는 전국의 산지에 자생한다.

낙엽활엽교목 또는 관목으로 수피는 회백색 또는 회갈색이며 세로로 갈라진다. 잎은 어긋나며 광난형으로 가장자리에 둔한 톱니가 있고 표면은 광택이 있으며 뒷면 엽맥 위에 잔털이 있다. 꽃은 5월에 피며 암수딴그루이다. 수꽃차례는 꼬리모양 꽃차례이며 장타원형이며 암꽃차례는 타원형이다. 열매(오디)는 처음에는 연두색이며 6-7월에 익으면서 붉은색에서 흑자색으로 바뀌고 구형 또는 타원형이다.

어린잎과 열매는 식용하며 오디는 건조하여 한약재로 쓰며 기침을 멈추고 이뇨 및 강장 작용이 있는 것으로 알려져 있다. 잎은 누에의 사료로 사용한다. 열매는 누룩과 혼합하여 발효시켜 상심주(桑椹酒)를 만들었으며 민간에서는 정력제로 알려져 있다.

목재는 밥상, 가구재, 악기재, 조상의 신주를 모시는 위패, 배 제작용 나무못, 목관재(木棺材) 등으로 사용되었다.

서울 종로구 와룡동 창덕궁 내에 뽕나무는 천연기념물(제471호)로 지정되어 있으며 삼백(三白; 쌀, 누에고치, 곶감)의 고장인 경북 상주시 은척면 두곡리 뽕나무는 수령 약 300년으로 천연기념물 559호로 지정되어 있다.

(좌) 뽕나무; 뽕나무밭의 뽕나무에서 어린 새순이 나오고 있다. 아래에 산철쭉꽃이 피었다. 4월 하순
(우) 뽕나무; 뽕나무 가지를 따라 열린 오디가 익어 간다. 6월 초순

(좌) 뽕나무; 어린 대추나무 우측에 무성한 뽕나무 잎이 보인다. 7월 하순
(우) 뽕나무; 밭둑에도 뽕나무가 모여 있고 좌측에 밤나무가 있다. 9월 초순

뽕나무; 튀르키예 남부 지중해 연안의 안탈리아 지역 뽕나무 고목. 1월

24. 대추나무

뽕나무 뒤로 밭에 식재된 여러 그루의 키 작은 대추나무들이 자리 잡고 있다. 대추나무는 중국명으로 대조(大棗) 나무로 표기하였는데 조는 가시가 많다는 의미이며, 대조 나무가 대추나무로 변하였다고 한다.

대추나무와 감나무는 시골 마을에 흔하게 심는 나무로 제사에 필수적으로 올리는 과일로 이 나무에 열매가 많이 달리기에 자손 번성을 기원하는 의미를 담고 있어 혼례 폐백에 반드시 사용한다. 대추의 붉은 색은 곤룡포를 의미하고 과육에 비해 씨가 크고 하나밖에 없어 임금을 상징한다. 따라서 민간에서 제상에 과일을 놓는 순서도 조율시이(棗栗柿梨; 대추, 밤, 감, 배의 순서)와 홍동백서(紅東白西; 붉은 것은 동쪽에 흰 것은 서쪽에 차림) 등의 제상 차리는 방법에서 제1순위를 차지하는 경향이 있다.

세시 풍속으로 정월대보름과 5월 단오에 '대추나무 시집보내기'라는 행사가 있다. 대추나무 가지가 갈라진 곳에 적당한 크기의 돌을 찾아서 가지 사이에 꽉 끼워 두는 것으로 대추나무는 여자를, 돌은 남자(남근)를 의미하며 남자와 여자의 결혼식 같은 의식이다. 이렇게 하면 그해에 대추가 많이 열린다고 한다.

대추나무는 다른 나무보다 잎이 아주 늦게 나오는 특징이 있다. 따라서 느릿느릿 여유 있는 양반에 빗대어 '양반 나무'라고 부른다.

대추나무는 전국적으로 잘 자라지만 충북 보은지방이 품질 좋은 대추 생산지로 유명하였다. 보은 지역 속담에 "삼복에 오는 비에 보은 처녀 눈물도 비 오듯 쏟아진다"는 말이 있다. 삼복에 비가 오면 대추가 흉년이 들어 처녀들의 혼수 장만이 어렵다는 의미이다.

대추는 대표적인 구황식물이었으며 한방의 한약 제조에 많이 사용되었고 대추나무는 재질이 아주 단단하여 떡메, 달구지, 도장, 목탁, 불상 등 공예품 제작에 사용되었다. 목재의 빛깔이 붉은빛이 강하여 벽사(辟邪; 귀신을 물리침)의 의미로 많이 사용되었으며 특히, 벼락 맞은 대추나무(벽조목; 霹棗木)로 도장을 만들면 나쁜 기운이 사라지고 행운이 온다는 속설이 있어 도장 제조에 많이 사용되었다.

대추나무 목재는 결이 고르고 단단해서 회양목과 함께 도장을 만드는 나무로 많이 사용된다. 그리고 과거에는 방망이, 떡메, 떡살도 만들었으며, 모질고 단단한 사람을 '대추나무 방망이'라고 불렀다. 대추나무의 크고 뾰족한 가시는 줄기가 변해서 생긴 것이다. 참고로 장미의 가시는 껍질이 변해서 생겼으며 아까시나무 가시는 잎이 변해서 생겼다고 한다.

대추나무의 생태적 특징을 의인화하여 아주 잘 나타낸 김광규 시인의 '대추나무'를 옮겨서 다시 한번 음미해 본다.

대추나무

김광규

바위가 그럴 수 있을까
쇠나 플라스틱이 그럴 수 있을까
수많은 손과 수많은 팔
모두 높다랗게 치켜든 채
아무것도 가진 것 없이
빈 마음 벌거벗은 몸으로
겨우내 하늘을 향하여
꼼짝 않고 서 있을 수 있을까
나무가 아니라면 정말
무엇이 그럴 수 있을까
겨울이 지쳐서 피해 간 뒤
온 세상 새싹과 꽃망울들
다투어 울긋불긋 돋아날 때도
변함없이 그대로 서 있다가
초여름 되어서야 갑자기 생각난 듯
윤나는 연록색 이파리들 돋아내고
벌보다 작은 꽃들 무수히 피워내고

앙징스런 열매들 가을내 빨갛게 익혀서

돌아가신 조상들 제사상에 올리고

늙어 병든 몸 낫게 할 수 있을까

대추나무가 아니라면 정말

무엇이 그럴 수 있을까

대추나무: 갈매나무과. 학명(*Zizyphus jujuba*), 다른 이름; 녀초, 대추, 영어명; Common jujube, Jujube, 전국에 식재되어 있으며 중국이 원산지이다.

낙엽활엽관목으로 수피는 회색이며 세로로 불규칙하게 갈라진다. 잎은 어긋나며 난형으로 광택이 있다. 아랫부분에서 3개의 큰 잎맥이 발달한다. 잎 가장자리에 둔한 거치가 있다. 꽃은 황록색으로 6-7월에 2-5개가 달린다. 턱잎은 3cm 정도의 가시로 변한다. 열매는 9-10월에 붉은색으로 익으며 핵과는 타원형이다.

중국계 대추와 인도계 대추 등 생태형이 전혀 다른 두 종류가 재배되고 있다. 열매는 한약재와 음식에 사용한다.

묏대추나무는 전국의 산지에 자생하는 대추나무로 바닷가에서도 자란다. 열매가 둥글고 대추나무 열매보다 크기가 작다. 대추나무의 대목으로 사용된다. 제주도 바닷가 바위틈에서 자라는 갯대추나무는 꽃과 잎이 대추나무와 유사하고 열매(핵과)는 반구형이며 가시는 잎겨드랑이에 2개씩 짝을 이루어 난다.

(좌) 대추나무; 잎과 꽃 늦게 피며 꽃 몽우리 관찰. 홍릉수목원. 5월 하순
(우) 대추나무; 어린 대추나무에는 잎이 나지 않고 있음. 좌측의 감나무는 잎이 나기 시작함. 4월 초순

(좌) 대추나무; 어린 대추나무에 잎이 무성하고 우측에 뽕나무도 보임. 7월 하순
(우) 대추나무; 붉게 익은 대추 열매. 솔내음누리길 종점 인근 밭둑. 9월

(좌) 대추나무; 솔내음누리길 중간에 위치한 커피 및 제과 전문점 '오늘제빵소' 정원 내. 9월 하순
(중) 대추나무; 세로로 가늘게 갈라진 수피가 특징이다. 홍릉수목원. 5월
(우) 대추나무; 청와대 관저 아래 정원의 전지된 겨울 대추나무. 1월

　　밭 주변 좌측(둘레길 우측)에 여러 그루의 뽕나무를 관찰할 수 있다. 그리고 둘레길 바로 좌측 뽕나무 맞은 편에 어린 밤나무 1그루가 있다. 그리고 밭 옆에 천막형 임시 건물이 있는 입구 우측에 키가 약 2m 정도 되는 관목군락이 있다. 이 나무가 낙상홍이다.

25. 낙상홍

　비닐하우스 모양의 임시 건물 입구 우측에 키 약 2m 정도 되는 많은 줄기가 모여있는 관목군락이 감탕나무과에 속하는 낙상홍이다. 낙상홍(낙상홍)의 의미는 서리가 내리면 붉게 열매가 익는 나무라는 의미 또는 서리가 내려도 여전히 붉은 열매를 가지고 있는 나무라는 의미이다. 관목으로 키가 작은 낙상홍 나무들이 봄과 여름에는 무심하게 지나치다가 가을이 되면 작고 붉은 열매가 열린 뒤에 이 나무는 우리들의 주목을 받는다. 이 열매는 낙엽이 지고 난 상태에서 겨울이 지나 초봄까지도 달려 있어 황량한 숲에 정원의 포인트를 주게 된다.

　낙상홍은 일본이 원산으로 열매가 아름답고 척박한 환경과 공해에 강하여 공기정화 기능이 있어서 공원이나 도로변 등에 많이 심고 있는 나무이다. 영하의 기온에도 얼지 않고 새들에게 먹이를 제공하기 때문에 일본 동계 베리(Japanese winter berry)로 불리고 있다. 낙상홍보다 늦게 미국에서 국내로 들어온 미국 낙상홍은 낙상홍보다 잎과 열매가 크고 열매가 더 많이 촘촘하게 달린다. 낙상홍은 연분홍색 꽃이 피지만 미국 낙상홍은 흰색 꽃이 피는 것이 특징이다.

　낙상홍은 암수딴그루 나무이기에 수나무 한 그루가 암나무 10그루 정도를 수분시킬 수 있기에 암나무와 수나무를 모두 가지고 있어야 아름다운 열매를 볼 수 있다. 그리고 낙상홍은 정원수뿐만 아니라 열매 크기도 작고 많이 열리면서 가지도 발달하기에 분재 소재로도 많이 쓰이고 열매가 쉽게 변하거나 떨어지지 않아 꽃꽂이 소재로도 인기가 높다. 품종을 개량하여 열매 색이 흰색이나 노란색이 열리는 낙상홍도 있다.

　낙상홍은 감탕나무과에 속한다. 감탕나무과의 나무들은 암수딴그루이며 대부분 붉은 열매가 열린다. 감탕이란 아교와 송진을 끓여서 만든 옛날의 접착제를 말한다. 감탕나무 껍질을 물속에서 썩히면 고무질 같은 끈적끈적한 물질이 남는데, 이것을 한방에서는 본리(本櫤)라고 한다. 이것을 반창고의 기초제 또는 페인트에 섞기도 하였다. 감탕나무과에 속하는 나무로는 낙상홍, 감탕나무, 호랑가시나무, 꽝꽝나무(검은색 열매), 먼나무, 대팻집나무 등이 있다.

　낙상홍: 감탕나무과. 학명(*Ilex serrata*), Ilex는 서양호랑가시(holly) 또는 holly oak(*Quercus ilex*)의 라틴명, serrata는 잎 가장자리에 톱니가 있는 의미, 한약명; 낙상홍(落霜紅, 잎과 근피), 영어명; Japanese winter berry. 전국에 식재하며 일본이 원산지이다.

낙엽활엽관목으로 수고는 2-3m이다. 수피는 회갈색이며 어린 가지는 짙은 갈색이며 털이 있다. 잎은 어긋나며 장타원형이고 끝은 뾰족하고 예리한 거치가 있다. 앞면에 짧은 털이 있다. 암수딴그루이며 6월에 꽃이 피는데 잎겨드랑이에 연분홍색 작은 꽃이 산형으로 모여 핀다. 꽃잎은 4-5개이다. 열매는 10월에 붉게 익으며 작은 구슬 모양이다. 지름 5mm 정도이고 서리가 내려 잎이 진 다음에도 그대로 달려 있다.

양수 또는 중용수의 특성을 가진다. 추위에 강하고 내조성, 내공해성이 강하여 바닷가와 도심지에서도 잘 자란다. 정원수로 많이 식재하고 잎과 근피는 약용한다.

(좌) 낙상홍; 대추나무밭 입구에 낙상홍이 여러 그루 모여 있다. 3월 하순
(우) 낙상홍; 대추밭에 인접하여 임시 건물 입구 우측에 여러 그루가 모여 있는 낙상홍 나무에서 새잎이 나왔다. 4월 하순

(좌) 낙상홍; 새잎이 나오고 잎은 어긋나며 난상 타원형이다. 4월 하순
(우) 낙상홍; 푸른 잎이 있는 상태에서 열매가 붉게 익었다. 9월 초순

약 30m를 직진하면 사거리가 나타나고 좌측에 '내시묘역길구간' 이정표가 서 있다. 우측에는 원효암 방향 표지판이 서 있다. 이정표 사거리 좌측으로 진입하면 좌우로 키 큰 향나무 군락을 만나

게 된다. 거의 끝나는 구간 좌측에 뽕나무 몇 그루가 있다.

(좌) 낙상홍; 낙엽이 진 후에 붉은 낙상홍 열매만 달려 있다. 11월 초순
(우) 낙상홍; 회갈색 수피에는 피목이 수평으로 짧게 생긴다. 11월

(좌) 낙상홍 앞 삼거리 이정표에 원효봉과 밤골탐방지원센터 방향 표지판
(우) 내시묘역길 구간 삼거리 이정표 옆 둘레길 구간 간 거리 표시 안내도

26. 탱자나무

이제 마을로 들어서게 되며 도로 우측 주택 담장 안에 탱자나무 한 그루가 서 있다. 봄철에는 큰 가시가 많이 난 줄기 사이로 하얀 꽃과 진한 향기를 맡을 수 있다. 여름철에는 푸른 탱자 열매를, 가을에는 노랗게 익은 탱자를, 겨울에는 가시가 촘촘한 탱자나무 울타리를 볼 수 있다.

탱자나무는 중국 양쯔강 상류가 원산지로 알려져 있으며 키 작은 나무로 언제 우리나라에 도입되었는지는 알 수 없지만 중부 이남 지역에서 가정집의 울타리로 많이 심었던 나무이다.

중국의 고사성어에 귤화위지(橘化爲枳)라는 말이 있다. 귤이 회수(淮水, 황하의 지류)를 건너 북쪽에 심으면 탱자가 된다는 의미로 사람은 주변 환경에 주로 영향을 받는다는 의미로 사용된다.

탱자나무 울타리가 나오는 인기 가요로 1976년 대중 듀엣가수 '산이슬'이 발표하여 큰 인기를 얻었던 '이사 가던 날'이 있다.

이사 가던 날
뒷집 아이 돌이는
각시 되어 놀던 나와
헤어지기 싫어서
장독 뒤에 숨어서
하루를 울었고
탱자나무 꽃잎만
흔들었다네
지나 버린 어린 시절
그 어릴 적 추억은
탱자나무 울타리에
피어오른다

옛날에는 성을 쌓고 주변에 탱자나무를 심어서 적의 접근을 차단하였다. 이러한 성을 탱자성 또는 지성(枳城)이라 불렀다. 충남 서산의 해미읍성이 대표적인 탱자성이다. 그리고 강화도에도 적의 침입을 막기 위하여 심었던 오래된 탱자나무들이 천연기념물(제78, 79호)로 지정되어 있다. 중부지방의 강화도는 탱자나무 북한계선으로 알려져 있다.

탱자 열매는 『동의보감』에서 피부병, 기침, 뿌리껍질은 치질, 줄기 껍질은 종기와 풍증 치료에 약재로 쓰인다고 기록하였다.

나무는 특별한 용도가 없으나 탱자나무로 만든 북채는 최고로 간주된다. 제주도 등지에서는 귤나무를 접붙이는 대목으로 사용된다.

탱자나무: 운향과. 학명(*Poncirus trifoliata*), Poncirus(불어로 귤을 의미하는 poncire에서 유래), trifoliata(3개의 잎, 즉 3출엽을 의미), 한약명; 지실(枳實, 덜 익은 열매), 지각(枳殼, 잘 익은 열매), 지경피(수피와 근피), 영어명; Trifoliate orange, Hardy orange, Bitter orange, 중부 이남 지역에 울타리용으로 식재하며 중궁이 원산지이다.

낙엽활엽관목으로 어린 가지는 녹색으로 납작하며 1-4cm 길이의 가시가 있다. 잎은 어긋나며 3출엽이고 잎자루에 약간의 날개가 있다. 잎이 나기 전에 4-5월에 흰색 꽃이 피며 열매는 9-10월에 황색으로 익는다. 향기가 있고 외부에 부드러운 털이 있다.

생울타리 및 약용으로 식재한다. 묘목은 밀감류의 접붙이는 대목으로 사용된다. 줄기에 큰 가시가 있어 과수원 등의 생울타리로 적합한 수종이다. 열매 및 뿌리는 약재로 사용된다. 익지 않은 푸른 열매나 껍질은 한약재로 쓰며 습진 치료나 위를 튼튼하게 하는 건위제, 설사를 멈추게 하는 지사제 등으로 사용된다. 줄기는 북채를 만든다.

탱자나무 천연기념물로는 강화군 강화읍 갑곶리 탱자나무(천연기념물 제78호), 강화군 화도면 사기리 탱자나무(제79호), 경북 문경시 산북면 대하리 장수황씨 종택에 있는 두 그루 탱자나무(천연기념물 제163호) 등이 수령 약 400년으로 추정되는 나무들로 관리되고 있다.

(좌) 탱자나무; 둘레길 우측 주택가의 탱자나무 새싹이 나온다. 4월 하순
(우) 탱자나무; 새싹이 나오면서 흰 탱자나무꽃이 피어난다. 4월 하순

(좌) 탱자나무; 녹색 줄기, 가시, 커 가는 탱자 열매. 6월 초순
(우) 탱자나무; 탱자가 노랗게 익어 가고 있다. 9월 초순

27. 모과나무

　도로 좌측 주택(탱자나무 맞은편) 내에 모과나무 한 그루를 볼 수 있다. 봄에는 연분홍으로 핀 모과꽃이 관찰되며 가을에는 노랗게 익은 참외 모양의 모과를 볼 수 있다.

　모과나무는 나무에 달린 참외라는 목과(木瓜)에서 모과로 변한 것이다. 모과는 크기, 모양, 색깔까지 참외와 유사하기 때문이다. 중국이 원산지이며 우리나라에는 오래전에 도입되어 식재되고 있다. 모과에는 사포닌, 비타민 C, 사과산, 구연산 등이 풍부하여 약재로 사용되고 시큼하고 떫은맛이 있어 모과차, 모과주 등으로 많이 사용된다. 위장병, 설사, 허약, 기침, 기관지염 등에 효과가 있다. 중국 사람들은 살구는 1가지 이익, 배는 2가지 이익, 모과는 100가지 이익이 있다고 말한다.

　중국에서는 모과나무 목재를 곡식을 담는 통으로 사용하였으며 우리나라에서는 장롱을 만드는 데 사용하였다. 놀부가 흥부 집에서 가져가면서 이름을 외우는 데 고생한 화초장이 모과나무로 만든 것으로 모과나무를 화초목으로 부른다.

　모과나무를 본 사람들은 네 번 놀란다고 한다. 첫째는 못생긴 외모를 보고 놀라고, 둘째는 노랗게 잘 익은 모과의 향기에 놀라고, 셋째는 향기에 끌려 한 입 베어 물고 떫은맛에 놀라고, 넷째는 떫지만 약효가 우수한 것에 놀란다는 것이다.

　모과나무는 수피 조각이 떨어져 나가서 회색 얼룩 자국이 남는다. 이와 같이 수피가 벗겨지면서 얼룩이 생기는 나무로는 양버즘나무, 배롱나무(목백일홍, 백일홍나무), 산딸나무, 육박나무(녹나무과, 상록수, 남해안 지역), 노각나무(차나무과, 남부지방) 등이 있다.

　모과나무속에 속하는 중국 원산의 명자나무는 화단에 심어 기르는 관목으로 산당화로 불리기도 하며 4-5월에 붉은 꽃이 핀다. 생울타리나 분재로 많이 사용하며 열매는 지름 4-5cm로 모과보다 작다.

　모과나무: 장미과. 학명(*Chaenomeles sinensis*), 그리스어 chaino(갈라지다), melon(사과), sinensis(중국의), 다른 이름; 모과, 화류목, 화려목, 화리목, 한약명; 모과, 목과, 영어명; Chinese flowering-quince, Chinese quince. 전국에 식재하고 있으며 중국 및 일본이 원산으로 알려져 있다.

　낙엽활엽교목으로 수피는 회녹갈색으로 조각조각 떨어지며 회색 얼룩 자국이 남는다. 잎은 어긋나며 장타원형이다. 꽃은 4-5월에 담홍색으로 피며 꽃받침과 꽃잎은 각각 5개이다. 열매는 9-10

월에 익으며 길이 10-15cm로 대형이며 황색으로 향기가 있다.

공해에 강하며 과수로 식재하고 과육이 시고 딱딱하며 열매의 향기가 그윽하다. 열매는 차나 술을 담그고 나무는 관상용으로 식재한다.

목재는 장식재, 가구재 등으로 사용된다. 열매는 명사, 목과, 명려 등으로 부르며 과일 중 가장 못생겼다고 하여 흔히 못생긴 사람을 모과에 비유한다. 열매는 약재로 사용하는데 소담, 거풍습(진통, 소염, 혈액순환, 해열) 등의 효능이 있다.

큰 열매를 맺는 나무는 오래 살 수 없기에 천연기념물을 찾을 수 없고 칠곡군 동명면 구덕리 신라 고찰 도덕암의 수령 800년 된 모과나무가 경상북도 보호수로 지정되어 있다. 이 절에는 혜거대사를 국사로 모시기 위해 이 사찰을 직접 방문하였던 고려 광종이 마시고 속병을 고쳤다는 어정수(御井水)라는 샘물이 있다.

모과나무; 둘레길 좌측 주택 마당에 회록갈색 매끈한 수피에 조각으로 탈락한다. 4월 하순

(좌) 모과나무; 연분홍빛 모과나무꽃이 개화하였다. 4월 하순
(우) 모과나무; 모과 열매가 커 가는 모습을 볼 수 있다. 7월 하순

(좌) 모과나무; 모과 열매가 거의 성숙하였다. 9월 초순
(우) 모과나무; 모과 열매가 노랗게 익은 모습을 볼 수 있다. 11월 하순

28. 음나무

　주택가를 따라 직진하다가 우측 둘레길 도로로 들어가면 바로 주택 담장 안에 굵은 가시가 촘촘하게 달린 음나무 한 그루를 볼 수 있다. 그리고 바로 앞 작은 조경농원이 끝나는 지점 좌측에 줄기에 가시가 없는 고목 엄나무 2그루를 볼 수 있다. 이 고목의 위쪽 가지에는 많은 가시가 달려있음을 볼 수 있다.

　큰 가시가 촘촘하게 나뭇가지에 달려 엄하게 생겼다고 엄(嚴)나무라고 불렀다고 한다. 현재 북한에서는 엄나무라고 부른다. 이 나무의 순이 봄에 새싹을 내밀면 쌉쌀하고 달콤한 맛에 초식동물뿐만 아니라 사람까지도 새순을 먹어버리기 때문에 음나무는 자신을 보호하기 위하여 가시로 무장하고 있다. 그러나 나무가 어느 정도 자라서 줄기가 굵어지면 초식동물로부터 피해를 보지 않기 때문에 낮은 위치에는 더 이상 가시를 만들지 않게 된다.

　국가생물종지식정보시스템에는 음나무가 공식 명칭으로 등재되어 있지만 옛 문헌에서는 엄나모(엄나무)라고 표기하고 국어사전과 옥편에도 엄나무로 표기하고 있다. 음나무 잎은 긴 잎자루를 가지고 있고 잎은 넓고 손바닥처럼 5-9개로 갈라져 있어 오동나무 잎과 유사하나 가시가 있다고 자동(刺桐; 가시 오동) 또는 남해 산골에서 자라기에 해동목(海桐木)이라 불렀다. 음나무 껍질은 해동피(海桐皮)라는 한약재로 알려져 있으며 마비 증상, 이질, 옴, 치통 등에 효과가 있다고 한다.

　음나무는 요사스러운 귀신을 물리치는 벽사(辟邪)의 나무로 알려져 있기에 마을을 지켜주는 당산나무로 전국적으로 여러 그루가 보호받고 있으며, 가시가 많은 가지를 잘라 안방의 출입문 위나 대문에 가로로 걸어두어 잡귀를 물리치고자 하였다.

　'금슬이 좋다'고 할 때의 슬(瑟)이란 악기는 앞판은 오동나무, 뒤판은 음나무로 만들어 25줄을 매어서 탄다. 쌉쌀한 음나무 새순을 두릅보다 더 고급으로 치기도 해서 음나무의 또 다른 이름은 '개두릅나무'이다. 그리고 음 기운이 부족하여 생기는 갖가지 간 질환에 효력이 있다. 1~3년 정도 된 줄기를 약용으로 활용하는데, 줄기를 달여서 보약으로 먹어왔다. 더덕, 도라지와 함께 달여서 먹으면 효과가 좋다. 여러 가지 약초들과 함께 달여 마시면 뼈에 좋다. 돼지 뼈와 함께 고아 먹는다. 만성신경통, 관절염에는 전통적으로 내린 음나무 기름을 사용하면 신효한 효험이 있다.

　음나무: 두릅나무과. 학명(*Kalopanax septemlobus*), Kalopanax는 그리스어 kalos(아름답다)와

panax(인삼속)의 합성어로 잎이 규칙적으로 갈라져 있다는 의미이며, septemlobus는 잎 가장자리가 7개로 갈라졌다는 의미, 다른 이름; 엄나무, 개두릅나무, 당엄나무, 당음나무, 멍구나무, 엉개나무, 한약명; 해동피(근피), 자추목피(刺楸樹皮), 영어명; Castor aralia, Kalopanax, Prickly castor oil tree. 전국의 산지에 자생하고 있으며 인가 주변에는 식재하고 중국, 일본 등이 원산지이다.

낙엽활엽교목으로 수피는 회갈색으로 불규칙하게 갈라지며 잎은 손바닥 모양으로 5-9개로 갈라지며 뒷면 잎맥 겨드랑이에 갈색 털이 있다. 잎자루 길이는 10-30cm이다. 꽃은 8월 초에 피며 황록색으로 산형꽃차례를 이룬다. 열매는 핵과로 둥글고 9-10월에 흑색으로 익는다. 가을에는 노랗게 단풍이 드는 것이 특징이다.

줄기와 뿌리의 내피는 약재로 사용하며 봄에 나오는 새잎은 식용한다. 목재는 가구재, 악기재, 조각재, 조선재 등으로 사용된다. 거문고 모양의 고대 중국의 악기 슬(瑟)은 앞판은 오동나무로 뒤판은 음나무나 밤나무로 만들어서 25줄로 묶어서 연주하였다.

청주시 오송읍 공북리 음나무는 수령 약 700년으로 서낭나무로 신격화되었으며, 창원시 동읍 신방리 음나무 군은 수령 700년으로 추정되며 천연기념물로 지정되었다. 기타 천연기념물로 삼척시 근덕면 궁촌리 음나무는 수령 천년이 넘으며 마을의 수호신으로 알려져 있고 고려 공양왕이 유배되어 살던 집의 뜰에 있었다고 한다.

(좌) 음나무; 주택 담장 내에 굵은 가시의 음나무 한 그루. 3월 하순
(우) 음나무; 둘레길 우측 주택 내에 가지에 굵은 가시가 촘촘하게 나 있고 손바닥 모양의 잎과 긴 잎자루를 볼 수 있다. 4월 하순

(좌) 음나무; 조경농원 끝 부근에 두 그루 음나무 고목이 있고 한 그루는 가지가 울퉁불퉁하여 자라는 과정에서 어려움을 보여 줌. 3월 하순
(우) 음나무; 조경농원 끝 부근에 두 그루 음나무 고목이 있고 수피는 회갈색이고 세로로 갈라진다. 4월 하순

(좌) 음나무; 잎이 나기 시작하였으며 줄기 아래 부위에는 가시가 없고 위로 올라가면 가시가 나 있다. 4월 하순
(중) 음나무; 인접한 한 그루의 음나무에도 잎이 나기 시작하였다. 4월 하순
(우) 음나무; 잎자루가 길고 5 열편의 넓은 잎을 볼 수 있다. 7월 하순

(좌) 음나무; 황록색 꽃이 산형꽃차례를 형성하였다. 7월 하순
(중) 음나무; 모든 줄기와 가지가 굵고 짧은 가시로 덮여 있다. 11월 초순
(우) 음나무; 연노란색으로 단풍이 든 음나무 잎. 11월

29. 섬잣나무(오엽송)

작은 원예농원을 가로지르는 마을 도로 좌·우측에 식재된 여러 그루의 섬잣나무를 볼 수 있다. 이곳은 과거에 조경수를 가꾸어 판매하던 농원으로 현재까지 판매되지 않고 남아 있는 다양한 조경수들이 식재되어 있다. 섬잣나무는 울릉도 원산으로 일반 잣나무(잎이 다섯 개로 묶여 있다)와 달리 잎의 길이가 매우 짧고(3.5-6cm) 열매 길이도 짧은 것이 특징이다.

잣나무는 우리나라 특산수종으로 학명(*Pinus koraiensis*)에서도 나타난 바와 같이 한국을 의미하는 코라이엔시스를 사용하고 있다. 역사적으로는 신라에서 중국에 보내는 공물에 해송자(海松子)가 포함되어 있으며 이것은 잣을 말하는 실백(實柏)이다. 이 잣을 생산하는 나무는 신라송(新羅松)이라 불렸다. 우리나라에서는 잣나무를 한자로 백(栢)자로 쓰게 되었으며 이 글자는 잣나무가 없는 중국에서는 측백나무를 말하는 글자이다. 栢은 柏의 속자로 사용되고 있으며 사실상 같은 글자이다.

잣나무를 말하는 한자어로는 백(栢), 백자목(栢子木), 과송(果松; 열매 잣이 중요하여), 홍송(紅松; 목재가 옅은 홍색), 해송(海松), 유송(油松), 오엽송(五葉松), 오립송(五粒松) 등을 사용하고 있다. 국보로 지정된 추사 김정희의 세한도(歲寒圖)에는 허름한 초가집을 가운데 두고 소나무와 전나무가 두 그루씩 서로 마주 보고 서 있다.

잣나무는 모두 잎이 다섯 개씩 모여 나는 특징이 있으며 우리나라 전통 잣나무는 잎의 길이가 손가락 길이보다 조금 긴 특징이 있다. 그리고 설악산이나 금강산의 꼭대기에서 줄기가 옆으로 누워 자라는 눈잣나무, 잎과 열매가 짧고 울릉도에서만 자라지만 현재에는 조경용으로 많이 식재하는 섬잣나무, 미국에서 1920년경에 수입하여 정원수나 목재생산용으로 많이 식재하며 잎이 가늘고 늘어지는 스트로브잣나무, 흔하지는 않으나 도입종으로 잎 길이가 스트로브잣나무보다 더 긴 히말라야 원산의 히말라야잣나무 등이 있다. 잎과 열매가 짧은 섬잣나무는 겨울에 눈이 아주 많이 내리고 나무에 쌓인 눈에 의한 피해를 극복하기 위하여 울릉도 지역의 특성에 적응한 잣나무로 생각된다. 그러나 잣은 오직 우리 잣나무에서만 열리고 10-15년생부터 열매를 맺는다고 한다.

섬잣나무: 소나무과. 학명(*Pinus parviflora*), pin은(켈트어 산을 의미), parviflora(소형화의 의미), 영어명; Japanese white pine.

울릉도의 산지 사면 및 능선부에 자생하며 일본 등이 원산지이다. 정원이나 관공서 등에 심는 섬잣나무는 주로 일본에서 개량하여 도입한 원예종으로 잎이 짧고 전 세계적으로 보급되고 있다.

상록침엽교목으로 수피는 회색 또는 회갈색으로 오래되면 비늘조각 모양으로 벗겨진다. 어린 가지는 처음에는 녹색이다가 점차 황갈색으로 변한다. 잎은 길이 3-6cm로 5개씩 모여난다. 6월에 구화수로 꽃이 핀다. 열매는 다음 해 9월에 성숙하며 솔방울 모양 열매는 길이 4-7cm이다. 실편이 벌어지면 날개가 달린 종자가 노출된다.

목재는 건축재, 선박재, 가구재, 악기재, 조각재 등에 사용된다.

울릉군 서면 태하리 솔송나무, 섬잣나무, 너도밤나무 군락이 천연기념물(제50호)로 지정되어 관리되고 있다.

(좌) 섬잣나무; 잎이 짧고 키가 작은 섬잣나무의 새순이 나온다. 4월 하순
(우) 섬잣나무; 가지 자람이 끝나고 잎이 무성하게 나 있다. 7월 하순

(좌) 섬잣나무; 잎이 짧은 것과 대비되어 길게 솔방울이 자라고 있다. 8월
(우) 섬잣나무; 솔방울이 성숙하여 갈색으로 실편이 벌어졌다. 10월 하순

섬잣나무; 잎이 5개씩 모여 나고 길이가 매우 짧다

참고: 잣나무; 잎이 5개씩 모여 나고 섬잣나무보다 길이가 더 길다. 지리산. 10월

참고: (좌) 잣나무; 지리산 고산지대 잣나무 고목. 10월
참고: (중) 스트로브잣나무(도입종); 검은 수피. 잎이 길다. 안양 중앙공원
참고: (우) 스트로브잣나무; 청와대 춘추관 옆

참고: 스트로브잣나무 잎. 잎 길이; 스트로브잣나무 > 잣나무 > 섬잣나무

30. 미선나무

　섬잣나무를 지나 도로 좌측에 배수구가 보이고 배수구 옆에 여러 그루가 모여 있는 덩굴성의 관목이 관찰된다. 자세히 보지 않으면 그냥 잡나무들로 간주될 수 있다. 3월 말에서 4월 초순 이른 봄에 흰 개나리꽃이 핀 것처럼 보이는 나무가 한국 특산종 미선나무이다.

　미선나무는 열매의 모양이 부채를 닮았다고 하여 미선나무라고 부른다. 미선(尾扇)은 궁중에서 가례나 의식을 행할 때 햇빛 가리개로 사용하던 거대한 부채 또는 용왕 곁의 시녀가 들고 있는 부채이기도 하다. 한편으로는 열매가 부채처럼 아름답다고 하여 미선(美扇)이라고도 한다. 미선나무는 우리나라에서만 자생하는 특산종으로 미선나무속의 1속 1종의 귀한 나무이다. 낙엽활엽관목으로 가지가 아래로 늘어지는 경향이 있으며 수고는 1m 정도이며 많은 포기가 모여서 자라는 경향이 있다.

　우리나라에서는 충북 진천군 초평면, 괴산군 장연면과 칠선면, 영동군 영동읍, 전북 부안군 내변산에서 자생하고 있는데 4곳의 나무 모두 천연기념물로 지정되어 보호되고 있다. 미선나무가 자생하는 곳은 모두 바위와 자갈로 이루어진 돌밭으로 다른 나무와의 경쟁에서 밀려난 것으로 간주된다.

　어린 가지는 네모지고 자줏빛이 돌며 꽃이나 잎 모양이 개나리를 너무 닮아 영어 이름이 흰 개나리라고 불리고 있다. 그러나 꽃은 흰색(자주색, 연홍색 등) 꽃이 피며 개나리꽃과는 달리 크기도 작고 피는 시기도 빨라 개나리와는 다르다. 하얀 꽃 색의 미선나무, 연분홍색의 분홍미선, 연한 노란색의 상아미선, 푸른미선 등 다양한 품종이 있다. 깔때기 모양의 꽃부리는 4갈래(간혹 5갈래)로 깊게 갈라져서 벌어지고 가운데에 노란색의 꽃술로 구성되어 있다.

　미선나무: 물푸레나무과. 학명(*Abeliophyllum distichum*), 영어명; white forsythia, Korean abeliophylum. 낙엽활엽관목으로 수고는 1m이다. 수피는 1년생 가지가 사각형이며 가지는 끝이 처지고 자줏빛이 돈다. 잎은 마주나며 2줄로 달리고 타원상 난형이다. 꽃은 전년도에 형성되었다가 잎보다 먼저 피며 총상꽃차례로 꽃은 자주색이다. 열매는 시과로 원상 타원형이고 길이와 폭이 각 25㎜로 끝이 오그라들며 넓은 예저이며 9월에 성숙한다.

　한국 특산종으로 전국(충북 및 전북 등)의 산지 임연부 바위 지대에 자생한다. 낙엽활엽관목으로 어린 가지는 4각형이며 가지 끝이 처지고 자줏빛이 돌며 오래된 수피는 회갈색이며 얇고 불규칙하게 갈라진다. 잎은 마주나고 2줄로 달리며 난형이다. 꽃은 흰색이며 3월 중순 또는 4월 초순에 잎보다 먼저 피며 총상꽃차례로 핀다. 깔때기 모양의 꽃이 4개의 열편으로 갈라진다. 열매는 시과로 원형의 타원형이며 넓은 예저이다. 열매 가운데에 2개의 씨앗이 각각 들어있으며 씨앗은 긴 타원형 또는 긴 달걀형이다.

  중용수로 햇빛이 잘 드는 곳에서 잘 자라며 토양은 수분이 있는 곳에서 잘 자라며 암석지에 잘 견딘다. 내음성과 내공해성은 보통이며 내조성이 약하다. 조경수로 이용 가치가 높다.

미선나무; 배수구 옆에 길게 늘어진 가지에 흰 꽃이 핀 미선나무 군락. 4월 초순

미선나무; 흰 개나리꽃 모양의 흰 미선나무꽃의 개화. 4월 초순

(좌) 미선나무; 홍릉수목원의 미선나무 소개 현황판
(우) 미선나무; 꽃이 지고 잎이 나며 부채모양의 열매가 달려 있다. 홍릉수목원. 4월 하순

미선나무; 개나리 모양의 마주나기잎의 미선나무. 홍릉수목원. 8월 하순

31. 백송

　바로 앞의 마을 도로 좌측에 수피가 푸른색이고 갈색 껍질이 군데군데 벗겨져서 현재 군복의 얼룩무늬 형태를 띠는 백송(잎이 두 개로 묶인 소나무와 달리 세 개로 묶여 있다) 몇 그루를 볼 수 있다.

　백송 나무 바로 앞으로 북한산 둘레길 도로 좌측에 키가 크고 오래된 음나무 2그루를 볼 수 있다. 고목들은 어린 음나무들과 달리 낮은 위치의 수피에는 가시가 전혀 없어서 음나무가 아닌 것으로 판단하지만 위쪽으로 올라간 높은 위치의 어린 가지에는 가시가 생기고 잎자루가 길고 손바닥 모양의 넓은 잎이 있는 것으로 보아 음나무인 것을 알 수 있다.

　백송은 소나무이지만 수피(껍질)가 흰색을 띤다고 하여 백송(白松)이라고 부른다. 중국에서는 백피송(白皮松) 또는 백골송(白骨松), 일본에서는 백송이라 부른다. 백송의 잎은 리기다소나무와 마찬가지로 세 개가 모여서 난다. 그리고 어린 백송은 수피가 푸른색을 띠다가 나이를 먹어 감에 따라 비늘조각이 벗겨지면서 차츰 흰빛이 나기 시작한다. 따라서 우리 주변에서 조경용으로 심은 어린 백송은 대부분 수피가 푸른색 얼룩무늬로 군인들의 전투복 무늬를 보인다.

　서울 중구 재동 헌법재판소 구내의 재동 백송(천연기념물, 수령 600년 추정)과 종로구 수송동 조계사 백송(천연기념물, 수령 500년 추정) 및 충남 예산 추사 김정희 생가 인근의 예산 용궁리 백송(천연기념물, 수령 200년 추정)은 고령의 백송으로 수피가 완전히 흰색을 띠고 있어 순백의 고고함을 느낄 수 있다. 이들 백송은 모두 중국을 드나들던 관료들이 중국의 백송을 도입하여 키운 나무들이다.

　백송은 원래 중국 중부와 북서부가 원산인 나무이다. 중국에서도 자주 만나기 어려운 희귀수종으로 알려져 있다. 나무의 특이한 모습 때문에 근래에는 전 세계적으로 널리 퍼져 가로수나 정원수로 식재하고 있다.

　백송: 소나무과. 학명(*Pinus bungeana*), pin은(켈트어 산을 의미), bungeana(러시아 출신의 중국 식물연구가 Bunge의), 영어명; Lacebark pine, Whitebark pine. 중국 북서부가 원산지이며 전국의 공원, 정원에 공원수 또는 정원수로 식재한다.

　상록침엽교목으로 수피는 어릴 때는 푸른 얼룩무늬를 띠다가 나이를 먹어 감에 따라 점차 흰색으로 바뀌며 얼룩무늬로 비늘처럼 벗겨진다. 잎은 3개씩 모여서 난다. 5월에 구화수 꽃이 피고 다음 해 10월에 성숙하며 구과이다. 종자는 난형으로 짧은 날개가 있다.

중국이 원산지이며 다른 소나무류에 비하여 성장이 매우 느리다. 다양한 소나무 병해충이 감염되기 때문에 방제에 유의해야 한다.

국가유산청 천연기념물로 지정된 백송은 서울 중구 재동 헌법재판소 구내의 재동 백송, 서울 종로구 수송동 조계사 백송, 충남 예산 용궁리 백송, 고양 송포 백송(수령 200년 추정), 이천시 신대리 백송(수령 230년 추정) 등이 있다.

백송을 지나서 좌측에 키가 큰 고목 두 그루를 볼 수 있다. 이 두 나무는 잎이 손바닥처럼 넓고 5개로 갈라진 음나무이다. 일반적으로 음나무 수피에는 가시가 많이 나 있지만 나무가 나이를 먹게 되면 아래쪽 줄기에는 가시가 없어지고 지상부 높은 부이의 가지들에서는 가시가 정상적으로 많이 나게 된다. 이른 봄에 음나무 순을 좋아하는 동물들이 순을 훼손하지 못하게 하는 음나무의 기막힌 자기 보호 기전에 감탄하게 된다.

(좌) 백송; 어린 백송 수피는 흰색이 아니라 녹색을 띤다. 4월 하순
(우) 백송; 새로운 순이 나와서 자라고 있다. 4월 하순

(좌) 백송; 소나무 잎이 3개씩 모여 있다. 4월 하순
(우) 백송; 솔방울은 일반 소나무 솔방울보다 약간 크다. 7월

백송; 둘레길 10구역 끝나는 곳에 어린 백송이 식재되어 있다. 7월

(좌) 백송; 청와대 상춘재 정원의 수령 80년의 백송, 백색의 노목 수피와 달리 약간 녹색의 수피가 보인다, 1월
(우) 백송; 녹색의 얼룩이 있는 매끈한 수피를 보이는 백송, 한택식물원, 5월

(좌) 백송; 수피가 흰색이며 수령 500년으로 추정되고 있다. 서울 조계사 대웅전 옆의 백송. 2월
(우) 백송; 수령이 오래된 백송의 수피는 거칠지 않고 백색에 가깝다. 서울 조계사. 2월

31-1. 갈참나무(앞 16번에서 언급됨)

　음나무를 지나 도로 우측 주택가(CU 매장) 마당에 큰 참나무 한 그루를 볼 수 있다. 이 나무가 잎자루가 길고 넓은 타원형 잎의 갈참나무이다. 가을 참나무가 갈참나무로 바뀌었다고 한다. 구릉지나 인가 주변에 많이 서식하는 가을을 대표하는 참나무로 여겨진다.

　갈참나무:참나무과. 학명(*Quercus aliena*), Quercus는 캘트어 quer(질리 좋은)와 cuez(재목)의 합성어, aliena는 연고가 없는, 다른, 변한의 의미, 다른 이름; 재잘나무, 큰갈참나무, 톱날갈참나무, 홍갈참나무, 영어명; Oriental white oak.

　전국의 해발고도가 낮은 산지 계곡부에 자생하며 동아시아 남부, 중국, 일본 등의 국가에서도 분포한다. 낙엽활엽교목으로 수피는 회갈색-흑갈색이며 거칠게 그물처럼 얕게 세로로 갈라진다. 잎은 어긋나며 타원상 도란형으로 가장자리에 파상의 큰 거치가 있다. 뒷면은 회백색으로 성모가 있으며 1-3cm의 잎자루가 있다. 꽃은 5월에 피고 암수한그루이며 수꽃차례는 신년지의 잎겨드랑이에서 밑으로 처진다. 암꽃차례는 신년지의 윗부분의 잎겨드랑이에 달린다. 열매는 당해 10월에 성숙하며 견과로 장타원형이다. 견과는 1/3 부분만 각두에 싸여 있다.

　토심이 깊고 비옥한 곳에서 자라고 어려서는 그늘에서도 잘 자라며 커서는 양수로 변한다. 목재는 농기구재, 탁자 등을 만드는 데 사용되며 열매는 식용한다.

(좌) 갈참나무; CU 매점 우측 마당에 갈참나무 쉼터가 있다. 11월
(우) 갈참나무; 잎은 도란형이고 잎자루가 길다. 11월

이제 다시 차량이 많이 다니는 대로변(효자치안센터 정류장)을 만나게 된다. 좌측에 '내시묘역 구간' 이정표가 있고 우측에 CU 매점이 자리하고 있다. 이 매점을 지나 100m 정도 직진하면 우측에 큰 소나무 한 그루가 있고 이정표(북한산 둘레길(진관동)) 우측 마을 길로 진입하여 마을이 끝나는 지점에 좌측에 식재한 고추나무 한 그루를 볼 수 있다.

(좌) 내시묘역길 구간(진관동) 진입 직전에 우측 정면에 큰 소나무 1그루
(우) 둘레길 진관동 진입 표지판, 멀리 뒤로 의상봉이 보인다

(좌) 진관동 마을 뒤로 가까이 원효봉이 보인다
(우) 진관동 마을 뒤로 멀리 의상봉도 볼 수 있다

효자치안센터 - 박태성 정려비 구간

32. 고추나무

이정표(북한산 둘레길, 진관동) 우측 마을로 진입하면 거의 마을 끝나는 지점 붉은 벽돌집 바로 앞에 좌로부터 신갈나무, 감나무, 고추나무가 한 그루씩 서 있다. 고추나무는 관목으로 키가 별로 크지 않다.

하얗게 핀 꽃이 고추꽃과 유사하고 잎도 고춧잎을 닮았다고 고추나무라고 부른다. 열매의 밑 부분은 거꾸로 세운 V자로 살짝 가운데가 갈라져 있는데, 마치 옛 무사들이 들고 다니던 방패를 닮았다. 그리고 고추는 하도 먹기가 고생스러워 '고초(苦草)'라고 부르다가 나중에 고추가 되었다고 한다. 봄철 잎과 새순을 따서 데쳐 약하게 비벼 말려서 기름에 볶은 뒤, 참기름, 깨소금, 간장을 무쳐서 먹는다. 지역에 따라 개절초나무, 미영다래나무, 매대나무, 고치때나무, 까자귀나무, 미영꽃나무, 쇠열나무 등으로 다양하게 불린다. 전국의 높지 않은 산지의 산기슭, 골짜기, 냇가에서 자생한다.

고추나무: 고추나무과. 학명(*Staphylea bumalda*), Staphylea(그리스어 Staphyle은 송이 또는 포도를 의미하며 총상꽃차례에서 기인함), Bumalda(식물학자 이름 Bumalda), 다른 이름; 개절초나무, 고치때나무, 까자귀나무, 미영꽃나무, 쇠열나무, 넓은잎고추나무, 둥근잎고추나무, 매대나무, 민고추나무, 반들잎고추나무, 철죽잎, 한약명; 성고유(省沽油, 열매와 뿌리), 영어명; Bumalda bladdernut. 전국의 산지에서 자생하며 해외는 일본, 중국 등이 원산지이다.

낙엽활엽관목 또는 아교목으로 수피는 회갈색을 띠며 세로로 갈라진다. 어린 가지는 둥글며 회록색을 띤다. 잎은 마주나고 3출엽으로 난형으로 양 끝이 좁다. 꽃은 백색으로 5-6월에 피며 새 가지의 끝에 원추꽃차례로 핀다. 열매는 가운데가 갈라지고 부푼 하트형의 삭과이며 9-10월에 풍선처럼 부풀어 오르며 성숙한다.

생울타리용으로 심으며 어린잎은 나물로 무쳐 먹으며 정원수로 식재한다. 목재는 나무못이나 젓가락을 만드는 데 사용하며 열매와 뿌리는 약용한다.

(좌) 고추나무; 차량 바로 옆 키 작은 관목 고추나무. 3월 하순
(우) 고추나무; 열매가 열려서 커지기 시작한다. 6월 초순

(좌) 고추나무; 열매가 열리기 시작한다. 한택식물원. 5월 하순
(우) 고추나무; 주머니처럼 생긴 열매가 커지기 시작한다. 6월 초순

(좌) 고추나무; 잎이 마주나며 전형적인 삼출엽이다. 6월 초순
(우) 고추나무; 열매가 커지기 시작한다. 6월 초순

고추나무; 열매가 갈색으로 익었다. 11월 초순

 고추나무가 있는 주택(적벽돌) 담장 뒤뜰에는 밀원식물이며 한약재로 많이 사용되는 헛개나무가 한 그루 서 있다.

33. 헛개나무

　헛개나무는 열매 자루가 벼의 낱알을 훑는 호깨 또는 호로깨를 닮았다. 여기서 유래된 호깨나무 또는 호로깨나무가 헛개나무로 변화한 것으로 추정한다. 열매 자루가 불규칙하게 울퉁불퉁 살이 찌고 둥글며 갈색이고 종자는 편평하다. 잎은 넓은 달걀형으로 아랫부분에 3개의 큰 맥이 두드러진다.

　헛개나무는 호깨나무, 호로깨나무, 벌나무 등의 다양한 이름을 가지고 있으며 한약재로는 지구자(枳椇子)라고 불린다. 이 나무는 여러 가지 면에서 다른 나무들과 뚜렷한 특징이 없지만 열매 모양은 아주 특이하다. 처음에 콩알 크기의 열매가 열리고 열매 자루가 부풀어져서 서로 연결되어 괴이한 모양을 이룬다. 그 후 열매 자루는 굵기가 굵어져서 울퉁불퉁하고 꾸불꾸불 해져서 닭발처럼 생겼다. 이 열매는 단맛이 나며 간에 좋은 성분을 함유하고 있다.

　중국의 의서『본초강목』에는 헛개나무 열매는 약으로 쓰며 맛이 달아서 사람들이 먹고, 숙취를 약하게 하고 간을 보호하는 약효가 있다고 하였다. 중국 당나라 때의『식료본초』에는 지구목(枳椇木; 헛개나무)으로 집을 수리하다가 나무토막 하나를 술독에 빠뜨렸더니 술이 모두 물이 되었다는 기록이 있다. 북송 때의 소송이라는 사람이 쓴『도경본초』에는 헛개나무로 서까래나 기둥을 삼으면 그 집에 술이 익지 않는다는 기록도 있다. 이러한 내용으로 보아 헛개나무는 뛰어난 간 해독 능력이 있다는 것이다.

　이러한 헛개나무의 효과가 민간에 알려지면서 우리나라 산에서 헛개나무는 모두 사라지게 되었다. 따라서 자연산 헛개나무는 울릉도의 일부 지역에서만 관찰할 수 있다.

　헛개나무: 갈매나무과. 학명(*Hovenia dulcis*), Hovenia는 네덜란드 선교사 호벤(David D. Hoven)을 의미하며, dulcis는 달다는 의미로 헛개나무에서 단맛이 난다는 의미이다. 다른 이름; 고려호리깨나무, 민헛개나무, 볼게나무, 호리깨나무, 홋개나무, 한약명; 지구자(枳椇子, 열매 자루와 열매), 영어명; Honey tree, Raisin tree, Oriental raisin tree, Japanese raisin tree. 우리나라 중부 이남의 산지에 자생하며 일본, 중국에도 분포한다.

　낙엽활엽교목으로 수피는 세로로 길게 갈라진다. 잎은 어긋나고 광난형 점첨두이며 3개의 뚜렷한 큰 맥이 있다. 꽃은 연두색(흰색)으로 7월에 피며 취산꽃차례로 가지 끝에서 핀다. 열매는 10월에 성숙하며 원형으로 갈색이며 지름 8mm이다. 3개의 방에 각각 1개의 종자가 들어 있다. 종자는 편평하며 다갈색을 띤다.

주로 산골짜기나 산 중턱 이하의 숲에서 자란다. 양수에 가까운 중용수이며 주로 풍치수나 정원수로 심는다. 목재는 건축재, 악기재, 조각재로 사용된다. 열매는 식용 또는 약용한다. 열매 자루는 육질로 되어 있고 단맛이 나기에 먹을 수 있고 술을 부패시키는 효과가 있다고 한다.

(좌) 헛개나무; 주택 뒤뜰에 헛개나무 한 그루가 서 있다. 3월 하순
(우) 헛개나무; 수피는 세로로 길게 갈라진다. 홍릉수목원. 5월

(좌) 헛개나무; 잎은 광난형 점첨두이며 잎자루가 3-6cm이며 3개의 맥이 있다. 홍릉수목원. 5월
(우) 헛개나무; 주택 뒤뜰에 몇 개 줄기의 헛개나무가 한 그루 개화. 6월

(좌) 헛개나무; 취산꽃차례의 연두색 헛개나무꽃이 개화하였다. 6월 초순
(우) 헛개나무; 열매 자루가 서로 연결되어 불규칙한 모습이다. 11월

 더 직진하면 '밤골공원지킴터' 이정표가 나타난다. 이정표 뒤의 산록에는 봄에는 흰색 꽃이 만발하여 아까시나무 향기와 유사한 그윽한 향기를 자아내는 등(앞의 8 참조) 덩굴이 관찰된다.

(좌) 흰등; 둘레길 이정표 뒤에 흰 등꽃이 개화하였다. 4월 하순
(우) 흰등; 만개한 흰 등꽃. 4월 하순

이제 이정표를 따라 좌측 밤골공원지킴터로 이동한다

34. 중국단풍

　이정표 좌측으로 진입하면 둘레길 좌우로 중국단풍나무가 관찰된다. 중국에서 들어온 단풍나무라고 중국단풍이라 한다. 중국명은 삼각풍(三角楓) 또는 삼각축(三角槭), 일본명은 당풍(唐楓)이다. 나뭇잎이 오리발을 닮아서 잎이 세 갈래로 갈라져 있어 삼각풍으로 불리고 우리나라의 가로수, 공원, 아파트 단지 등 어느 곳에서나 흔히 볼 수 있는 단풍나무가 중국단풍나무이다. 중국에는 무려 140여 종의 단풍나무가 있어 세계 최대의 단풍나무 보유국이지만 삼각풍이 왜 중국의 대표적인 단풍나무인 중국단풍으로 바뀌었을까? 18세기 일본은 중국에서 이 단풍나무를 기증받아 중국단풍이라 부르게 되었으며 우리나라는 일본을 통하여 이 나무를 도입하면서 일본명을 그대로 도입한 것으로 간주된다.

　수피는 회갈색으로 조각조각 갈라지면서 벗겨지고 오래되면 들고 일어난 비늘처럼 너덜너덜하게 덮여 있어 다른 나무들과 쉽게 구별된다. 가을이 되면 붉은색 또는 노란색으로 단풍이 화려하게 든다.

　중국단풍: 단풍나무과. 학명(*Acer buergerianum*), Acer(들어간다, 갈라진다는 의미), buergerianum(일본에서 활동하던 식물채집가 Heinrich Buerger의 이름에서 유래), 다른 이름; 당단풍나무, 세뿔단풍, 세갈래단풍나무, 메시닥나무, 한약명; 계조축(鷄爪槭, 가지와 근피), 영어명; trident maple(삼지창 단풍나무). 전국에 조경수로 식재하며 중국이 원산지이다.

　낙엽활엽교목으로 수피는 황갈색으로 오래되면 너덜너덜하게 벗겨진다. 어린 가지에는 백색의 부드러운 털이 있으며 겨울눈은 난형으로 뾰족하다. 잎은 마주나며 윗부분이 3개로 갈라져서 오리발 모양을 보인다. 잎자루는 잎의 길이와 비슷하다. 어린나무의 잎은 더 깊게 갈라진다. 꽃은 담황색으로 4-5월에 산방꽃차례로 핀다. 열매는 8-9월에 성숙하며 프로펠러 모양의 시과로 두 개가 서로 평평하거나 직각보다 작은 예각으로 붙어 있다.

　산록 및 마을 인근에 풍치수, 가로수로 식재하고 공원수, 정원수로 심는다. 목재는 기구재, 가구재 등으로 사용된다.

(좌) 중국단풍; 잎이 나와 녹색으로 바뀌었다. 4월 하순
(우) 중국단풍; 오리발 모양의 중국단풍 잎이다. 4월 하순

(좌) 중국단풍; 단풍이 들기 이전의 중국단풍 나무. 9월
(우) 중국단풍; 중국단풍 시과 열매가 달렸다. 10월

(좌) 중국단풍; 중국단풍 열매와 잎. 10월
(우) 중국단풍; 단풍이 들기 시작하는 중국단풍 나무. 11월

(좌) 중국단풍; 나이를 먹은 나무일수록 수피가 너덜너덜해진다
(우) 중국단풍; 중국단풍의 화려한 단풍. 11월

참고: (좌) 복자기 단풍; 화려한 복자기 단풍, 남양주시 용암천 변. 11월
참고: (우) 공작단풍(세열단풍); 청와대 본관 앞의 공작단풍. 관상용으로 개발된 단풍 품종으로 잎이 7-11갈래의 갈래 조각이 다시 촘촘히 갈라진다. 가지가 우산 모양. 1월

중국 단풍나무를 지나 약 50m 정도 직진하면 우측에 층층나무 한 그루가 있다(층층나무; 6번에서 설명함).

(좌) 층층나무; 중국단풍 옆 층층나무 한 그루. 4월 하순
(우) 층층나무; 우산살처럼 층층으로 퍼져 나가는 가지 모양. 6월 초순

35. 느티나무

　길 우측에 어린 느티나무 여러 그루가 군락을 이루고 자라고 있다. 줄기 속이 누렇다는 황(黃)과 회화나무를 뜻하는 괴(槐)가 합쳐서 눗회나무 > 누튀나무 > 느티나무로 변화하였다. 시골의 마을 어귀에 서 있는 고목나무로 당산나무 또는 정자나무로 불리는 나무 중 대부분은 느티나무가 차지하고 있다. 현재 지자체에서 지정 및 관리하는 고목은 약 13,000그루 정도 되며 그중에서 느티나무가 약 7,100그루로 가장 큰 비율을 차지한다. 중국에서는 우리나라와는 달리 한자 괴(槐)를 회화나무에만 사용하고 있다.

　느티나무는 병충해가 거의 없어서 은행나무와 함께 오래 사는 나무로 알려져 있으며 전국적으로 느티나무 관련 전설이 수없이 전해지고 있다. 전북 임실 오수읍 의견(義犬) 이야기가 전해지고 있다. 낮술에 취하여 잔디밭에 주인이 깊은 잠이 들었을 주변에 들불이 번져 주인이 위험에 처하였을 때 개는 주변 연못을 들락거리면서 몸에 물을 적셔 주인을 구하고 지쳐 죽었다. 선비 주인은 개를 묻어주고 지팡이를 꽂아 두었는데 그 자리에 싹이 나서 큰 느티나무로 자랐다. 마을 사람들은 이 나무를 개의 화신이라 생각하여 개 나무라는 뜻으로 오수(獒樹)라 부르고 마을 이름도 오수라고 바꾸었다고 한다.

　신라 진평왕 때(611년) 찬덕(讚德)이라는 신라 장수는 현재의 충북 괴산 근처 가잠성(椵岑城)의 성주였다. 당시 백제군이 침입하여 성이 함락되자 느티나무에 부딪혀 죽었다. 그 후에 가잠성을 느티나무 괴(槐) 자를 써서 괴산이라 부르게 되었다고 한다. 현재 괴산군 일대에는 느티나무가 많고 괴산군의 보호수로 지정된 느티나무는 90여 그루에 이른다.

　목재로써 느티나무는 결이 곱고 황갈색이며 벌레가 먹지 않고 무늬도 아름다워 상급으로 평가되었다. 신라시대 임금의 관재(棺材)로써 천마총에도 사용되었으며 고려시대 목조 건물로 국보로 지정된 영주 부석사 무량수전의 기둥에도 사용되었다. 팔만대장경판을 보관하고 있는 해인사 법보전, 강진 무위사, 부여 무량사, 구례 화엄사의 사찰 기둥 등으로 사용되었으며 사찰에서 싸리나무로 만들었다고 하는 나무가 느티나무이다. 그리고 가정용으로 사용되는 탁자, 뒤주, 장롱, 궤짝 등의 제작에도 흔하게 사용되었다. 국수를 밀 때 쓰는 넓적 안반은 느티나무로 만든 것을 으뜸으로 친다. 그리고 물에 젖어도 잘 썩지 않아서 배를 만드는 데도 좋다. 나무를 태운 재는 도자기에 바르는 유약 재료로 쓰인다.

　느릅나무과에 속하는 다른 나무로 시무나무는 가지에 긴 가시가 많이 나 있으며 우리나라와 중국에만 있는 희귀종이다. 비술나무는 어린 가지가 아주 많은 것이 특징이며 가을에 잎이 지고 나면 잔가지가 흰색으로 변한다. 팽나무는 따뜻한 곳을 좋아하며 큰 고목은 남부지방에서 만날 수 있다. 특히 소금기 머금은 바람이 부는 바닷가에서도 잘 자란다. 팽나무를 흔히 '포구나무'라고도 하며 콩알만 한 열매는 익으면 단맛이 난다. 따라서 남쪽 바닷가의 노거수는 대부분 팽나무이다. 중요한 특징으로 팽나무는 잎 길이의 절반 위쪽만 거치가 있는 데 반하여 풍게나무는 잎의 위쪽 2/3 부분에 거치가 있다.

　옛날부터 마을 입구에 자리 잡은 정자나무로 널리 심는 나무는 느티나무를 비롯하여 팽나무, 은행나무, 왕버들(버드나무 중 가장 웅장하게 자라서 왕버들이라고 부른다) 등이 있다.

　느티나무: 느릅나무과. 학명(*Zelkova serrata*), Zelkova(코카서스 지역에서 자라는 나무의 토착어 Zelkoua에서 유래), serrata(잎에 톱니가 있다는 의미), 다른 이름; 규목(槻木), 괴목(槐木), 긴잎느티나무, 둥근잎느티나무, 한약명; 계유(鷄油, 잎), 영어명; Japanese zelkova, Saw-leaf zelkova, zelkova tree.

　전국의 산지 계곡부에 서식하며 중국, 일본, 대만, 러시아 등지에도 자생한다. 낙엽활엽교목으로 수피는 생육지에 따라 차이가 있으나 회백색 또는 회갈색이며 오래되면 비늘처럼 떨어진다. 잎은 어긋나며 장타원형 또는 난상 피침형으로 측맥은 8-15쌍이며 다른 느릅나무과의 잎이 좌우 비대칭인 것과 달리 잎의 아래쪽이 좌우 대칭에 가까운 것이 특징이다. 꽃은 4-5월에 잎이 나면서 피고 암수한그루이다. 수꽃은 지름 3mm 정도이며 수술은 4-6개이며, 암꽃은 지름 1.5mm 정도이며 암술대는 2개로 깊이 갈라지고 자방에 털이 있다. 열매는 5월에 성숙하며 지름 2.5-4mm의 일그러진 편구형 핵과이다.

　나무 간의 거리가 멀게 심으면 줄기가 곧게 자라지 않고 가지가 여러 갈래로 갈라지며 큰 목재를 생산하기 어렵다. 그리고 너무 촘촘하게 심으면 나무 간에 경쟁하여 말라 죽을 수 있다. 과거로부터 마을의 정자나무나 당산목으로 가장 많이 식재되어 전국적으로 고목이 많이 산재하고 있다. 분재, 공원수, 가로수로 이용된다.

　목재는 거대 규모의 사찰 건물, 마루판, 건축재, 가구재, 공예재 등으로 다양하게 사용되고 있다. 어린잎은 약용한다.

국가유산청 지정 천연기념물로는 강원도 삼척시 도계읍 도계리 긴잎느티나무(수령 1,000년 추정, 제95호) 등 19곳이 정부에서 관리하고 있다.

(좌) 느티나무; 길 우측 어린 느티나무 군락. 4월 초순
(우) 느티나무; 느티나무꽃은 자세히 관찰해야 작은 꽃이 보인다. 5월 초순

(좌) 느티나무; 자세히 관찰하면 꽃이 진 후 작은 열매가 보인다. 6월 초순
(우) 느티나무; 단풍이 들기 전의 느티나무 군락. 9월 초순

(좌) 느티나무; 단풍이 들기 시작하는 느티나무 군락. 10월 하순
(우) 느티나무; 느티나무 단풍 초기(황색)의 나무. 안양 중앙공원. 11월

(좌) 느티나무; 느티나무 단풍 후기(적색)의 나무. 안양 중앙공원. 11월
(우) 느티나무; 수령 250년 보호수. 전형적인 정자목. 경북 의성군 점곡면

느티나무; 수령 1,000년의 전북 부안 내소사 느티나무와 국보 고려 동종. 전북 부안군 내소사

36. 벚나무

느티나무 바로 맞은편의 둘레길 좌측에 7그루의 벚나무가 관찰된다. 아직 어린나무들이라 가지들은 굵지 않으나 벚나무의 특징을 잘 보여 주고 있다.

벚나무는 전국 도시의 공원과 도로변에 많이 식재되어 있기에 봄이면 다른 나무들이 겨울잠을 자는 동안에 가장 먼저 잎이 나기 전에 분홍색 꽃을 일시에 피워내어 삭막한 도심에 꽃 천지를 연출한다. 꽃이 일시에 피었다가 일주일 정도 지나면 일시에 져 버린다. 그리고 꽃이 질 때 꽃이 통째로 지는 것이 아니라 5장의 꽃잎이 한 장씩 떨어져 봄바람을 타고 비가 내리듯이 꽃비가 내리는 것을 흔히 볼 수 있다. 이른 봄 전국의 많은 도시에서 벚꽃 축제를 개최하고 있다.

은행나무나 느티나무가 천년을 충분히 사는 것과 달리 벚나무는 백 년 정도밖에 살지 못하는 단명의 나무이다. 이른 봄 일시에 꽃을 피우기 위하여 에너지를 소비하고 곤충류의 피해를 많이 입기 때문이라고 한다.

벚나무는 왕벚나무, 올벚나무(해발 500m 전후), 개벚나무, 산벚나무(해발 500-1,000m 지대) 등 다양한 자생종과 원예품종까지 합하면 수백 종에 이른다. 겹꽃이 피는 겹벚나무는 원예품종으로 개량된 것이다. 우리나라 가로수나 공원수로 많이 심고 벚꽃은 일본의 국화로 지정되어 있으며, 우리나라에서 주로 식재하는 벚나무는 왕벚나무(제주왕벚나무)이며 이 나무는 제주도 한라산과 전남 대둔산에 자생하고 있다. 왕벚나무는 산벚나무와 올벚나무의 자연 잡종으로 생긴 것으로 추정하고 있다.

벚나무 종류는 잎자루 중간에 꿀을 내보내는 작은 돌기가 2개 정도 있는데 밀선(꿀샘)이라 부르며 벌이나 나비보다는 개미와 같은 곤충들이 줄기를 타고 잎까지 올라와 꿀을 먹으면서 진딧물 등으로부터 잎을 보호해 주는 역할을 한다.

나무껍질이 보통 짙은 갈색이고 아주 반질반질하고 숨구멍 역할을 하는 피목이 줄기 옆 세로로 줄지어 발달하여 있다. 꽃은 흰색이나 분홍색이며 열매를 버찌라고 하고 큰 씨앗을 싸고 있는 과육을 먹을 수 있다.

벚나무는 나무의 조직이 조밀하고 너무 단단하지도 무르지도 않고 잘 썩지 않아 목판으로 만들어 글자를 새기기에 적당하여 팔만대장경판의 60% 이상이 산벚나무를 이용하여 제작하였다고 한다. 산벚나무는 꽃이 피고 잎이 나오는 벚나무들과는 달리 꽃과 잎이 거의 동시에 나는 것이 특징이다.

올벚나무는 다른 벚나무보다 꽃이 먼저 피는 종을 말한다. 전남 구례 화엄사 지장암의 올벚나무(천연기념물 제38호)가 유명하다. 최근 조경수로 많이 심는 능수벚나무가 있다. '능수'와 '수양'은 나뭇가지가 땅으로 처진 경우에 붙이는 접두사이다. 따라서 능수벚나무 또는 수양벚나무는 축축 늘어진 가지에 벚꽃이 피어 멋진 경관을 보여 준다. 이른 봄 창덕궁 낙선재 앞에는 초봄에 분홍빛 꽃을 활짝 피운 멋진 키 큰 능수벚나무 한 그루를 볼 수 있다.

벚나무와 같은 벚나무속에 속하는 귀룽나무는 계곡 가에 가면 흔하게 볼 수 있는 나무이다. 이름의 유래로는 줄기 껍질이 거북이(귀; 龜) 등처럼 생겼고 줄기와 나뭇가지가 용을 닮았다고 하여 귀룽나무라는 이름이 붙었다. 또 다른 설로는 구룡목(九龍木)이라는 한자에서 유래되었다고 하는데 여러 가지 설이 있다.

귀룽나무의 총상꽃차례는 뭉게뭉게 핀 흰 구름을 닮았다(북한명; 구름나무). 어린 가지를 꺾거나 껍질을 벗기면 좋지 않은 냄새가 난다. 특히 파리가 이 냄새를 싫어해서 파리를 쫓는 데 사용되기도 했다. 다른 나무보다 먼저 잎이 나기 때문에 이른 봄에 눈에 잘 띈다. 유사 품종으로 '개벚지나무'가 있다. '개벚지나무'와는 달리 화서의 밑에 잎이 달리고 잎 뒤에 선점(腺點)이 없다.

벚나무: 장미과. 학명(*Prunus serrulata*), Prunus(plum, 자두의 라틴명), serrulata(잎에 잔톱니가 있는), 다른 이름; 벚나무, 산벚나무, 참벚나무, 영어명; Japanese flowering cherry, Oriental cherry.

평북, 함남 이남의 낮은 산지에 자생하며 중국, 일본 등지에서도 자생한다.

낙엽활엽교목으로 수피는 암갈색으로 옆으로 벗겨지며 줄무늬 모양의 피목이 수평으로 길게 나타난다. 잎은 어긋나며 장타원형 또는 도란형이고 잎 가장자리에 겹톱니(겹거치)가 있다. 잎자루는 2-3cm이며 2-3개의 밀선(꽃밖꿀샘)이 있다. 꽃은 4월에 잎이 나올 때 동시에 꽃이 피고(올벚나무나 왕벚나무 등은 잎보다 먼저 꽃이 개화) 암수한그루이며 산방(산형)꽃차례에 2-5송이가 모여서 담홍색 또는 흰색으로 핀다. 꽃잎과 꽃받침이 각각 5장이고 암술 1개에 수술 여러 개가 있다. 열매는 6-7월경에 적색에서 흑색으로 익으며 핵과이며 원형이다.

정원수나 공원수, 가로수로 식재하며 목재는 건축재, 가구재, 조각재, 악기재 등으로 사용된다. 우리 옛 활인 국궁을 만드는 데에도 많이 사용되었다고 한다. 고려시대의 팔만대장경 경관 중

60% 이상이 산벚나무로 제작하였다고 한다.

제주 서귀포시 남원읍 신례리 왕벚나무 자생지와 해남 대둔산 왕벚나무 자생지(해남군 삼산면 구림리)는 천연기념물로 지정하여 보호하고 있다.

벚나무; 길 좌측(느티나무 맞은편) 7그루의 벚나무 군락이 있다. 4월

(좌) 벚나무; 벚꽃이 개화. 꽃잎 끝에 V자 모양의 홈이 파여 있음. 꽃자루가 길다. 3월
(우) 벚나무; 주홍 벚꽃과 벚꽃이 동시에 피었다. 남양주시 덕송천. 3월

벚나무: 벚꽃 만개. 안양 (구)농림축산검역본부 정원. 3월

(좌) 벚꽃과 목련의 동시 개화; 안양 (구)농림축산검역본부 정원
참고: (우) 산벚나무; 꽃과 잎이 동시에 나온다. 관악산. 4월

참고: (좌) 겹벚나무; 일반 벚꽃과 달리 꽃잎이 수십 장이다. 안양 중앙공원. 4월
참고: (우) 겹벚나무; 청송 주왕산 대전사 뜰의 겹벚꽃 개화. 뒤; 주왕산 응회암의 웅장함. 5월 초순

(좌) 벚나무; 다른 나무보다 일찍 낙엽 진 벚나무 단풍. 11월
(우) 벚나무; 일찍 단풍이 든 풍경. 11월

(좌) 벚나무; 잎의 밀선(꿀샘)이 개미를 유인하여 진딧물을 제거하는 기능
(우) 벚나무: 벚나무의 화려한 단풍. 남산한옥마을. 11월

(좌) 벚나무: 수피의 피목(皮目; 껍질 눈)이 수평으로 갈라진다
참고: (우) 세로티나벚나무(미국 귀룽나무); 잎이 난 후 꽃이 피고 벚꽃보다 늦게 개화한다. 꽃도 꼬리 모양 꽃차례로 특이함. 가로수로 많이 심는다. 목재생산용으로 도입. 남양주시 용암천. 5월

참고: (좌) 세로티나벚나무; 윤기 나는 열매가 꼬리 모양으로 달린다. 8월
참고: (우) 세로티나벚나무; 벚나무 수피는 수평으로 갈라지는 반면 세로티나벚나무는 세로로 불규칙하게 갈라진다. 8월

참고: (좌) 귀룽나무; 이른 봄 잎이 가장 먼저 나온다. 우측 뒤에 벚꽃이 보인다. 청와대 뒤 삼청공원 계곡. 4월 초순
참고: (우) 귀룽나무; 북한산 둘레길 양버들 다리 옆 계곡 전망대 앞. 4월 하순

참고: (좌) 귀룽나무꽃 개화. 북한산 둘레길 양버들 다리 옆 계곡 전망대. 4월 하순

참고: (우) 귀룽나무; 벚나무 잎과 유사하게 잎자루에 2개씩 밀선(꿀샘)이 있다. 청와대 뒤 삼청공원. 4월 초순

참고: 귀룽나무; 벚나무와 유사하며 벚나무와 달리 이른 봄 잎이 먼저 나고 꽃이 핀다. 의왕시 모락산. 5월

37. 메타세쿼이아

　조금 직진하면 4거리로 나누어진 도로의 좌측에 30m 정도 떨어져서 우뚝 서 있는 키 큰 메타세쿼이아 한 그루를 볼 수 있다. 그 옆으로 우측에 섬잣나무(일명 오엽송)가 많이 식재되어 있다.

　메타세쿼이아는 은행, 소철처럼 살아 있는 화석이라 불리는 나무로 중생대 백악기에서 신생대 제3기 층까지 살았던 나무로 빙하기 또는 해수면 상승으로 대부분 죽어서 화석으로만 확인되던 나무였다. 그런데 1941년 중국 양쯔강 지류에서 중국 산림공무원인 왕전(王戰)이 아주 키가 큰 나무들을 처음 발견하여 북경대학에 확인을 요청하였다, 이 나무의 화석은 1941년 일본 오사카대학 미키(三木) 교수가 일본(우리나라 포항에서도 확인됨)의 신생대 지층에서 많이 발견되던 새로운 식물을 메타세쿼이아로 학회에 보고(북미 대륙에서 큰 키 나무로 흔하게 자라는 세쿼이아와 유사하다는 것을 확인하고 접두어 메타(나중 또는 post의 의미)를 붙여 메타세쿼이아로 명명)한 나무와 동일한 것으로 확인되어 1946년「중국지질학회지」에 살아 있는 메타세쿼이아로 보고되었다.

　이 나무는 1950년대에 미국에서 증식되어 일본을 거쳐 우리나라에 도입되었으며 전남 담양의 가로수로 심어져서 담양 메타세쿼이아 길로 전국적으로 유명해졌다. 그리고 남이섬 메타세쿼이아 길, 대구 호산동 메타세쿼이아 숲(대구 호산 고교-호산 초교 1㎞ 거리), 대전 장태산자연휴양림 내의 메타세쿼이아 숲이 많이 알려져 있으며 현재 서울의 양재천과 월드컵 공원 내 하늘공원의 메타세쿼이아 길도 잘 알려져 있다. 이 나무는 전국의 가로수와 공원수 등으로 많이 식재되어 있어 이제는 도심에서도 아주 흔하게 볼 수 있는 나무가 되었다. 기타 메타세쿼이아 유명 유원지로 공주, 남이섬, 대부도 등이 이국적인 숲으로 많은 관광객을 유치하고 있다.

　이 나무는 물가에서 잘 자라는 나무라는 의미로 중국에서는 수삼(水杉)이라고 하며 북한에서도 수삼나무로 부르고 있다. 나무의 재질이 좋지 않아 목재로는 쓸 수 없고 펄프재 등으로 사용되고 있다. 침엽수이지만 낙엽이 지는 나무로 아주 빨리 자라며 키 35m 이상으로 높게 자라며 나무 모양은 원뿔 모양이고 잎은 마주나며 납작한 선형이며 복엽으로 소엽이 대칭으로 마주나는 것이 낙우송과 다르다. 가을에는 적갈색 단풍으로 멋진 풍경을 만든다.

　메타세쿼이아와 낙우송은 겉으로 보았을 때 매우 유사하여 구분하기 힘드나 메타세쿼이아는 암수딴그루이고 25-30년 정도 되어야 결실하고 낙우송은 암수한그루이며 수령 15년 정도 되어야 결실한다. 메타세쿼이아는 잎과 소엽이 모두 마주나나 낙우송은 잎과 소엽이 모두 어긋나는 것이 큰 차이다. 특히 낙우송의 경우 수중 또는 습지에서 생육하는 뿌리에 기근(氣根), 슬근(膝根, knee root), 가근(假根)이라는 돌기 또는 죽순 같은 뿌리가 땅 위로 솟아오른다. 서양에서는 이 뿌리를 무릎 모양이라 하여 '무릎 뿌리(knee root)'라고 한다.

포항 남구 동해면 금광리 국도건설 발굴조사에서 길이 약 10m의 나무화석이 발견되었으며 나자식물 중 측백나무과에 해당되는 것으로 알려졌다. 현재까지 알려진 바에 의하면 메타세쿼이아 또는 세쿼이아로 판단되며 향후 우리나라 최초의 나무화석 천연기념물로 지정될 가능성이 있다.

메타세쿼이아: 측백나무과. 학명(*Metasequoia glyptostroboides*), meta(후에), Sequoia(북미 지역에 많은 sequoia속 나무), 다른 이름; 수삼나무, 영어명; Metasequoia, Dawn red wood.

중국 양쯔강 인근이 원산지이며 우리나라 전국의 공원수와 가로수로 식재하고 있다.

낙엽침엽교목으로 원추형으로 자라며 키 35m, 흉고 직경 2m까지 자란다. 수피는 적갈색이며 세로로 얕게 갈라진다. 어린 가지는 녹색에서 갈색으로 변한다. 잎은 마주나며 좁은 피침상 선형이고 부드럽다. 암수딴그루이며 구화수는 2-3월에 핀다. 열매는 수령이 25-30년 되어야 결실하며 10월에 성숙하고 구과이다. 구과의 실편은 5-9개이다.

습기가 많은 사질 양토에서 잘 자라며 양성수이고 뿌리는 심근형이다. 수령이 25-30년 되어야 종자가 결실한다. 공원, 유원지, 관광지, 학교 등에 식재되며 기념수나 조림수로도 이용된다. 목재는 건축내장재, 가구재, 판재, 펄프재, 배 제조용 목재 등으로 이용되며 잎은 약재로 이용된다.

(좌) 메타세쿼이아; 암수딴그루로 잎은 마주나며 소엽도 마주난다. 25-30년 되어야 종자(구과)가 열린다. 4월
(우) 메타세쿼이아; 수형이 원추형으로 보인다. 7월

(좌) 메타세쿼이아; 잎과 소엽이 마주난다. 낙우송은 어긋난다. 7월
(우) 메타세쿼이아; 길게 늘어진 수구화수 확대 사진. 11월

(좌) 메타세쿼이아; 구과가 아닌 수구화수가 많이 달려있다. 숫나무. 11월
(우) 메타세쿼이아; 수피가 세로로 얇게 갈라진다. 12월

(좌) 메타세쿼이아; 암나무 열매로 나무 상부에 달림. 안양중앙공원. 1월
(우) 메타세쿼이아; 길게 늘어진 수나무의 열매. 안양중앙공원. 1월

(좌) 메타세쿼이아; 전남 담양 메타세쿼이아 가로수길의 여름 풍경
(우) 메타세쿼이아; 열매는 수령 30년 정도의 나무에 달린다. 안양중앙공원. 1월

참고: (좌) 낙우송; 메타세쿼이아와 유사하며 측백나무과. 암수한그루. 잎과 소엽은 어긋나기. 15년 정도 되어야 열매(구과)가 열린다. 홍릉수목원
참고: 낙우송; (우상) 낙우송의 기근(지표로 혹처럼 올라오는 뿌리). 홍릉수목원
참고: 낙우송; (우하) 잎은 메타세쿼이아와 달리 잎과 소엽이 어긋난다. 청와대

참고: 낙우송; 물을 좋아하는 낙우송은 물속에서도 자란다. 한택식물원

37-1. 섬잣나무

　메타세쿼이아 나무 앞쪽으로 조경용으로 식재한 여러 그루의 섬잣나무(일명 오엽송) 군락을 볼 수 있다.

(좌) 섬잣나무; 새로 연두색 순이 나와서 가지가 자란다. 4월 하순
(우) 섬잣나무; 가을이 되어 성장은 중지되었다. 11월

(좌) 섬잣나무; 길이가 짧은 다섯 개의 잎이 모여서 난다
(우) 섬잣나무; 지난해에 달린 구과가 성숙하였으며 잎 길이가 짧다. 9월

　오던 길을 뒤돌아가 다시 직진하면 좌측에 섬잣나무 여러 그루를 볼 수 있고 좌측에 '북한산 국립공원 둘레길' 효자농원 도움이라는 이정표를 볼 수 있다. 길 바로 앞쪽 우측에 묘지가 1기 있다.

섬잣나무 군락 앞에 서 있는 '북한산 국립공원 둘레길' 이정표

　바로 앞 우측에 묘지가 1기 있고 묘지 앞에 어린 백송(앞 31번에서 언급) 나무 한 그루가 최근 심하게 가지치기가 되어 있다.

　직진하면 길 우측 30m 정도 우측에 조금 오래된 소나무로 지면에서 어느 정도 높이에서 가지가 많이 나누어진 소나무(반송) 한 그루가 자리하고 있다.

37-2. 반송

　소나무의 한 품종으로 수형이 쟁반같이 생겨서 붙여진 이름이다. 일반 소나무는 외줄기로 올라와 자라는 것과 다르게 지면에서 낮은 높이에서 줄기가 여러 개로 갈라지는 특징이 있다. 반송은 수형이 아름다워 예로부터 선비들의 사랑을 받아 왔으며 전국적으로 천연기념물로 지정되어 보호되는 나무들이 전국적으로 많다. 현대에는 공원이나 정원의 조경수로 인기가 있다.
　대표적인 반송 천연기념물로는 문경 화산리 반송, 무주 삼공리 반송, 상주 상현리 반송, 구미 독동리 반송, 함양 목현리 구송, 영양 답곡리 만지송 등이 있다.

(좌) 반송: 홍릉수목원 정원 반송; 1892년생. 수령 약 130년
(우) 반송; 효자길 안내 터널형 아치 앞의 반송 한 그루. 11월

(좌) 반송: 청와대 녹지원의 반송; 수령 약 170년의 소나무
(우) 반송; 청와대 본관 앞 대로변 양측의 반송 군락

반송 바로 앞에 효자길 11구간임을 알리는 터널 모양의 목조 구조물을 지나게 된다. 바로 앞 주택 담장 주위에 식재한 어린 백송 여러 그루를 볼 수 있다. 이제 내리막 콘크리트 도로를 내려가서 차도에서 우회전하게 된다.

북한산 둘레길 10구간(내시묘역길)이 끝나고 11구간 효자길 시작 표지판

효자길 입구 표지판을 지나 우측 주택가 주변에 심은 어린 백송

38. 구상나무

도로변 인도 우측 축대 주변에 식재된 다수의 구상나무를 볼 수 있다.

그 아래로 식재된 철쭉이 여러 그루 있고 인도 옆에는 키 작은 주목을 다수 볼 수 있다.

구상나무는 한반도에만 존재하는 특산종의 나무로 주로 남부지방에 분포하며 한라산, 지리산, 덕유산, 가야산 등 해발 1,000m 이상의 산지에서 볼 수 있는 소나무과의 나무이다. 기후 온난화 등의 영향으로 우리 땅에서 점차 사라지고 있는 나무 종류의 하나이며 멸종위기종 지정 필요성이 제기되고 있다. 아득한 옛날 빙하기일 때는 산 아래 낮은 지대에서도 자라다가 기온이 높아지면서 온도가 낮은 해발고도가 높은 산지로 서식지가 이동하기 시작하였다.

구상나무는 1907년 제주도에서 발견되었는데 당시에는 분비나무나 가문비나무와 같은 종으로 알려졌다. 미국의 식물학자 윌슨(Wilson)은 1915년 제주도에서 최초로 구상나무를 채집하고 1920년 신종으로 보고하였다. 특히 분비나무와 구상나무는 매우 유사하나 분비나무는 솔방울의 비늘 끝이 일직선이고 구상나무는 뒤로 갈고리처럼 휜 것이 특징이다. 구상나무는 분비나무에서 파생된 종으로 구상나무 씨를 심으면 분비나무가 다수 나오는 것으로 알려져 있다. 분비나무는 중부 이북의 소백산, 치악산, 설악산 등 해발 700m 이상 아고산대 산지 능선부에 주로 분포한다.

구상나무는 어릴 때 원뿔 모양의 수형을 나타내고 잎이 부드럽고 향기가 좋아서 크리스마스트리로 인기가 높다. 1900년대 초 전국에서 채집된 구상나무는 유럽과 미국으로 보내졌으며 계속하여 원예품종으로 개량되어 전 세계적으로 보급되고 있다. 구상나무의 기공 조선은 다른 나무에 비해 유난히 희고 선명하여 멀리서 바라보면 수관 전체가 은록색으로 보여 그 아름다움과 신비감이 더하다. 최근 우리나라의 정원과 공원 등에 관상용으로 많이 심고 있다.

식물학자 윌슨은 이 나무를 제주 사람들이 쿠살낭이라 부르는 것을 보고 구상나무라는 이름을 지은 것으로 알려져 있다. '쿠살'은 성게, '낭'은 나무를 가리키는 것으로 구상나무의 잎이 성게 가시처럼 생겼다고 하여 제주도 방언으로 쿠살낭이라고 불렸다고 한다.

구상나무: 소나무과. 학명(*Abies koreana*), Abies는 전나무의 라틴어명, koreana는 한국을 의미함, 한약명; 박송실(朴松實, 씨), 영어명; Korean fir.

한국의 특산종으로 한라산, 지리산, 가야산, 덕유산, 거창 금원산 등 해발고도가 높은 산지 사면 및 능선부에 자생한다.

　상록침엽교목으로 수피는 밝은 회색으로 매끈하지만 오래되면 거칠게 갈라진다. 어린 가지는 처음에는 황색이지만 자색 또는 갈색으로 변한다. 잎은 길이 15-25mm로 선형이며 뒷면은 흰빛을 띤다. 끝이 요두로 오목하게 갈라져 있다. 열매는 9-10월에 녹갈색 또는 자갈색으로 익으며 구과는 길이 4-6cm의 원통형이다. 실편은 길이 9mm 정도이고 표면의 침상 돌기가 뒤로 젖혀진다.

　음수로 내한성이 매우 강하고 아 고산지대에 주로 자생하는 수종이며 겨울에 비교적 눈이 많은 지역에 주로 서식한다. 목재는 건축재, 기구재, 펄프재 등으로 사용된다.

구상나무; 축대 위에 여러 그루가 식재되어 있다. 아래는 왜철쭉 꽃이 피었다. 4월 하순

구상나무; 잎 길이가 15-25mm로 짧고 끝 가운데가 약간 함몰되어 있다.
전나무는 잎이 길이 4cm로 길고 끝이 바늘처럼 뾰족하다

(좌) 구상나무; 수형이 크리스마스 트리용 나무의 전형을 보여 준다. 9월 초순
(우) 구상나무; 지리산 정상 천왕봉 인근 구상나무 고목. 10월

(좌) 구상나무; 한라산, 지리산, 덕유산 등 고산지대에 서식하는 한국 특산종이다. 지리산 세석평전의 구상나무. 10월

(우) 구상나무; 안동 봉정사 입구

(좌) 구상나무; 청와대 본관 앞 별채동. 1988년 노태우 대통령 기념식수

참고: (우) 분비나무; 구상나무와 매우 유사. 만주 및 국내 아고산 지대 분포. 구상나무보다 잎이 길고 수평으로 퍼짐. 한택식물원. 5월 하순

38-1. 관성사(關聖祠) 소개

구상나무 축대가 있는 대로변을 따라 이동하면 관세농원 버스정류장 바로 앞에 중국의 삼국시대 명장 관우 장군을 숭모하여 제사하는 관성사(關聖祠) 사당이 있다. 조선시대 국가에서 모신 사당이 아닌 순수한 민간신앙 차원의 관우 사당이다.

관우장(자는 운장(雲長)을 따라 관우장으로 부름)은 삼국시대 촉한의 장군으로 장비(張飛), 유비(劉備)와 도원(桃園)에서 굳게 구국결의(救國結義)하고, 전공을 세운 지덕(智德)을 겸비한 용장으로 유명하며 적벽전(赤壁戰; 서기 208년)에서 조조를 대패하고 승전하여 백전백승의 성장(聖將)으로 당세에 존경과 추앙을 받았으나 손권(孫權)에게 모살(謀殺) 당하였다.

서기 219년 사후(死後) 무운(武運)과 복록장수(福祿長守) 수호신(守護神)으로 추앙받아 각지에 무묘(武廟)를 세웠다.

임진왜란 당시 선조 25년 서기 1592년 명(明)나라 원군이 조선에 파병되어 왜군(倭軍)을 물리침에 있어 성장 관우의 신령(神鈴)이 여러 번 나타나 많은 은덕을 입었다 하여 명나라 신종(神宗)의 제창으로 1598년 이후 한양의 두 곳에 관우묘(東廟, 南廟)를 세워 매년 음력 6월 24일 제를 지내고 있다. 그 후 고종 때에는 북묘와 서묘가 건립되는 등 전국 각지에 관우를 모시는 사당이 건립되었다.

이곳 관성사를 1955년에 창건한 전주 김씨 김은주(金銀珠)가 친정어머니께서 모시던 것을 이어받아 6.25 한국 전쟁, 1.4 후퇴 등을 겪으면서 제사를 지냈으며, 호국 수호와 복록장수 수호신으로 신봉(信奉)하여 후세(後世)에 남기고자 타의 도움 없이 사재로 정성과 혼신을 더하여 16,000평 대지에 조경, 관세제군님이 계시는 본전과 산신각과 칠성각을 창건하였으며 본전에는 옥관 도사님, 제갈공명 선생을 모셔 놓았다.

촉한의 무장이었던 관우가 전쟁의 신, 재물의 신, 무(武)의 신으로 추앙받은 것은 명·청대에 소설화된 나관중의 『삼국지연의』가 유행하면서부터이다. 그의 신상은 전쟁에서 나라와 백성을 보호하는 '전쟁의 신'인 장군상으로 제작되기도 하고, 유가의 충절과 의리를 실현한 도덕적이고 청렴한 관리의 모습으로도 그려지며, 불가에서는 가람신이자 관제보살(關帝菩薩)로, 상인들에게는 재복신으로 제작되고 숭배되었다.

(좌) 내부에 있는 관성사를 소개하는 관성사 입구의 설명 해설판
(우) 관성사 입구; 관세 비스타 행사장 입구를 통해 들어간다

(좌) 관성사; 내부로 들어가면 제일 안쪽에 관우 사당 관성사가 있다
(우) 관성사 뒤의 건물; 대로변 입구에서 본 산신각과 칠성각

39. 금송

　인도 우측에 관성사 표지판을 끼고 우회전하여 진입하면 관세 비스타(다양한 이벤트, 야외 결혼식 등을 위하여 대관) 내부로 들어가게 된다. 내부 커피숍 바로 앞에 원뿔 모양의 키가 큰 상록침엽수를 만나게 된다.

　금송(金松)은 소나무과가 아닌 금송과에 속하는 상록침엽수이다. 신생대(1-2천만 년 전) 때 북반구에 흔히 자생하였으나 현재에는 일본에만 남아있기 때문에 일본 특산종이다. 잎은 두 개가 붙어서 두껍게 나며 15-40개가 촘촘하게 돌려서 난다. 아름다운 잎과 수형으로 관상 가치가 뛰어나 전 세계적으로 심고 있다. 국내 남부지방의 정원과 공원에 관상수로 많이 식재되어 있다.

　일본서기에도 등장할 만큼 일본인들은 금송을 신성시해 왔으며 왕실의 상징으로 자리매김한 나무로 일본 어디에서나 볼 수 있다. 일제강점기 때 국가기관마다 기념식수로 식재하여 그 수가 급속히 증가하였으나 해방 이후에는 많이 베어졌다고 한다.

　1971년 발굴된 백제 25대 왕 무령왕(서기 462-523년)의 목관이 금송으로 밝혀져 당시에도 일본으로부터 관재(棺材)가 수입되었음이 확인되었다. 금송은 삼나무처럼 땅속이나 물속에서도 잘 썩지 않아 관재, 건축재 등으로 쓰이며 일본의 목조 문화재의 기둥으로 사용된 예가 있다.

　아이러니하게도 일본의 특산나무가 우리나라의 대표적인 기념관에 많이 심어져 있기에 나무 한 그루 심을 때에도 그 나무의 특성을 깊이 고려하여 식재하는 지혜가 필요하다. 아산 현충사, 도산서원, 금산의 칠백의총, 국립공주박물관 뜰에 식재된 금송은 일부 다른 지역으로 옮겨진 것으로 알려져 있다.

　금송은 개잎갈나무(히말라야시다; 히말라야 원산), 남양삼나무(아라우카리아; 호주 원산, 제주도 정원수)와 함께 세계 3대 미송(美松)으로 꼽히는 나무이다.

　금송: 금송과. 학명(*Sciadopitys verticillata*), 그리스어 scias, sciados는 우산을, pitys는 소나무를 의미, 우산 모양의 소나무를 말하며 짧은 가지가 우산살처럼 윤생(輪生)한 데서 기인함, verticillata는 윤생(돌려나기)을 의미함, 영어명; Umbrella pine, Japanese umbrella pine.

　일본 특산종으로 국내에는 공원수 및 정원수로 많이 심는다. 상록침엽교목으로 수피는 회갈색으로 세로로 길게 벗겨진다. 잎은 단지에서는 한 마디에 10-40개가 돌려서 난다. 선형으로 두 개의 잎이 합쳐져서 두꺼우며 뒷면에 홈이 파여있고 흰빛의 기공대가 있다. 열매는 2년 후에 성숙하며 길이 5-12cm이다. 종자의 양측에 날개가 있다.

음성수이며 난대성 기후에서 자라지만 경기도 지역에서도 월동이 가능하다는 보고가 있다. 종자와 삽목으로 번식시킨다. 목재는 수분에 대한 저항성이 강하며 일본에서는 목욕통으로 사용된다. 수피는 선박이나 물통의 틈새를 막는 용도로 사용된다.

(좌) 금송; 관성사 앞의 정원에 금송 한 그루가 우뚝 서 있다
(우) 금송; 잎은 한 마디에 10-40개 돌려나기. 충북 단양 구인사 경내

금송; 잎은 2개가 합쳐져서 두꺼우며 한 마디에 10-40개씩 모여 난다

40. 전나무

직진하여 관성사 입구로 들어가면 사당 출입문 양측에 각각 1그루씩 우뚝 솟은 키가 큰 2그루의 전나무를 볼 수 있다. 전나무는 소나무과의 상록교목이며 젓나무라고도 쓴다. 1960년대 서울대 이창복 교수는 전나무의 어린 열매에서 흰 젖이 나오므로 젓나무가 맞는다고 주장하였다. 그리고 우리의 옛 문헌에도 모두 젓나무로 나온다. 그러나 산림청의 국가생물종지식정보시스템에 따르면 전나무로 표기하고 있어서 이에 따르는 것이 맞는다고 본다.

조선시대 문헌에는 백두산 부근에 삼나무(杉樹)가 울창하게 자란다는 기록이 있다. 여기서 말하는 삼나무는 일본 삼나무가 아니라 전나무의 옛 이름이다. 전나무는 시베리아, 동유럽, 캐나다 등 한대 지방을 대표하는 나무이다.

전나무는 습기가 많고 땅이 깊은 계곡을 좋아하며 자기들끼리 모여 사는 경우가 많다. 그리고 경쟁에서 살아나기 위하여 직선으로 곧게 뻗은 줄기를 만드는 특징이 있다. 따라서 사찰이나 관공서의 웅장한 건축물의 기둥 재료로 많이 사용된다. 해인사 팔만대장경판 보관 건물인 수다라장, 양산 통도사, 강진 무위사의 기둥 등이 전나무로 만들어졌다.

전나무 숲으로 대표적인 곳이 오대산 월정사 입구의 전나무 숲으로 수백 년 된 전나무가 거대한 숲을 이루고 있다. 그 외에도 청도 운문사, 부안의 내소사 입구 등에서는 오래된 전나무 숲을 만날 수 있고 경기도 포천 광릉 수목원에서도 만날 수 있다. 아마도 사찰을 수리할 때 쓰기 위해서 심은 것으로 생각된다. 또한 전나무는 동서양 모두에서 크리스마스트리 나무로 즐겨 사용되고 있다.

최근에는 정원수나 가로수 등으로 많이 심고 있지만 음수성 수종으로 토양오염, 대기오염 등 공해에 취약하여 도심지에서는 생장이 불량해진다. 경기도 용인시의 시목으로 전나무를 지정하여 가로수로 많이 식재하지만 가로변의 전나무의 성장성이 별로 좋지 않다.

국내의 전나무 중 천연기념물(제495호)로 지정된 나무는 전북 진안 운장산 기슭의 '진안 천왕사 전나무'이다. 수령이 약 400년 된 나무로 전나무 특유의 웅장한 원뿔형 수형을 자랑하고 있다. 또한 합천 해인사 학사대 전나무(제541호)가 천연기념물로 지정되었으나 2019년 태풍 링링의 피해로 생물학적 가치를 상실하여 2020년 문화재 지정을 해제하였다.

직선으로 자라며 가지를 거의 수평으로 뻗는다. 잔가지는 아래부터 차츰 죽어서 떨어져 버린다.

습한 곳을 좋아하는 음수이다. 그리고 직근보다 측근이 발달하여 비바람에 잘 넘어진다. 목재의 속살은 황백색에 가깝지만 '백목(白木)'이라는 별칭을 붙일 정도로 거의 백색이다.

침엽수 중에서 구과(열매)가 당해 년에 성숙하는 종류는 전나무, 구상나무, 분비나무, 가문비나무, 잎갈나무, 주목, 측백나무, 화백, 편백, 솔송나무 등이다. 한편 2년에 걸쳐 구과가 성숙하는 나무는 소나무, 잣나무, 향나무, 노간주나무, 개잎갈나무, 비자나무 등이다.

전나무: 소나무과. 학명(*Abies holophylla*), Abies는 전나무의 라틴어명, holophylla는 잎이 둘로 갈라지지 않음을 의미, 다른 이름; 저수리, 젓나무, 영어명; Needle fir, Manchurian fir.

평안남도, 백두대간, 중부 이북의 높은 산지 능선이나 계곡부에 자생하고 있다. 상록침엽교목이며 수피는 암갈색이고 거칠다. 어린 가지는 회갈색이며 잎은 선형으로 길이 4cm, 끝이 뾰족하여 찌르는 잎이다. 열매는 원통형이며 10월에 성숙하고 길이 10-12cm, 지름 3-5cm이다.

음성수이며 중부 이북에 분포하며 내한성이 강하지만 내공해성, 내염성, 내건성은 약하다. 뿌리의 수직 분포는 심근형이다. 풍치수 및 조경수로 많이 심는다. 목재는 건축재, 펄프재로 쓰이며 가지, 잎, 송진은 약용한다.

(좌) 전나무; 관성사 입구 좌측 전나무. 수피가 거칠고 줄기 주변에 가지가 많다
(우) 전나무; 관성사 입구 우측 석등 뒤에 전나무가 서 있다. 7월 하순

전나무; 잎의 끝이 바늘처럼 뾰족하여 찌른다. 큰광대노린재 기생

(좌) 전나무; 수피가 암갈색이고 줄기가 수직으로 서 있다. 지리산 고산지대
(우) 전나무; 수피가 암갈색이고 표면이 거칠다. 지리산 고산지대. 10월

전나무와 소나무: 수피의 비교; 소나무(적색)와 전나무(암갈색). 지리산

41. 서양측백

　관세 비스타에서 나와서 길 건너편을 보면 '포시즌 어 데이'라는 이태리 식당이 넓게 자리 잡고 있으며 바로 옆에 창릉천이 흐르고 있다. 이 식당 정원에는 아프리카 짐바브웨 유래의 쇼나 조각 작품들은 많이 전시하고 있다.

　관성사를 관람하고 차도로 나와서 보도에서 우회전하면 보도 변 우측에 몇 그루의 어린 서양측백나무가 식재된 것을 볼 수 있다. 북미가 원산지로 측백나무과의 상록침엽교목으로 관상용 정원수로 널리 보급되고 있다. 성장 속도는 느리지만 15m까지 자라며 울타리용으로 쓰이는 정원수이지만 1,000년을 살 정도로 수명이 긴 나무이다.

　측백나무 잎은 앞뒤의 색깔과 모양이 거의 비슷해서 앞뒤가 없는 나무 즉, 겉 다르고 속 다르지 않은 군자의 나무라고 이야기한다. 예로부터 귀한 약재로 여겨 잎은 피를 멎게 하는 지혈제로 사용했으며 하혈할 때 잎을 삶아서 먹으면 좋다고 한다. 중국 주나라 때는 소나무는 왕의 능에, 왕족의 묘지에는 측백나무를 심었다. 우리나라 천연기념물 제1호는 1962년 지정한 대구시 동구 도동의 측백나무 숲이다.

　2020년 이후 우리나라에서는 서양측백의 원예품종의 하나인 에메랄드 그린이 많이 보급되고 있으며 이 수종을 크기가 4m 정도까지만 자라기 때문에 울타리용으로 인기가 많다. 건조한 환경에 약한 수종이기 때문에 정기적으로 물을 자주 주는 것이 중요하다.

　서양측백: 측백나무과. 학명(*Thuja occidentalis*), Thuja는 측백나무의 고대 그리스어 thyia 또는 thyon에서 유래, occidentalis는 서방의, 서부의 의미, 다른 이름; 서양누운측백나무, 영어명; American arbovitae, White cedar.

　대서양 연안, 미국 북부, 애팔래치아산맥, 캐나다 남부 등지에 자생하며 우리나라에서는 중부 이남 지방에 널리 식재한다. 상록침엽교목으로 수형을 원추형이며 수피는 적갈색으로 세로로 갈라진다. 비늘 모양의 잎으로 표면은 연녹색이고 뒷면은 황록색으로 향이 강하다. 구화수는 5월에 피며 암수한그루이고 암구화는 난원형, 수구화는 구형이다. 열매는 10-11월에 성숙하며 구과이고 바로 서서나며 난형 또는 장타원형이다. 기리 8-12mm이며 황갈색이다. 구형이며 표면에 다수의 돌출한 돌기 등이 있는 측백나무의 열매와는 쉽게 구별된다.

석회암지대에서 잘 자라며 천근성으로 강한 바람맞이에는 식재를 피하는 것이 좋다. 남부지방에서는 정원수와 풍치수로 많이 심고 울타리용으로 널리 사용된다. 목재는 재질이 우수하여 건축재, 가구재, 토목용으로 사용되며 잎은 향료 채취용으로 사용된다.

(좌) 서양측백; 출입구 담장 옆에 서양측백 나무가 서 있다. 4월 하순
(우) 서양측백; 난형 구과가 황색으로 성숙하기 시작하였다. 9월 초순

(좌) 서양측백; 잎은 측백과 유사하며 작년 열매(타원형)가 벌어진 상태. 4월
(우) 서양측백; 열매는 황색으로 타원형이며 성숙 단계이다. 9월 초순

(좌) 서양측백; 열매는 타원형이며 갈색으로 성숙되었다. 10월 하순

참고: (우) 측백나무; 측백나무 잎은 서양측백과 유사. 열매는 불규칙한 표면의 구형

참고: 실화백; 화백 가지가 가늘게 실처럼 아래로 처진다. 광화문광장 정원, 8월

밖으로 나가 도로변에 우측 울타리에 어린 전나무 2그루가 있으며 울타리 내에 다수의 목련 나무가 관찰된다.

(좌) 전나무; 도로변 우측 어린 전나무. 9월
(우) 전나무; 겨울눈은 돌려나며 달걀형으로 끝이 뾰족하다. 12월

울타리 내에 향나무 바로 옆에 주목을 볼 수 있다. 우측 보도 변에 울타리를 따라 목련 여러 그루가 관찰된다.

(좌) 자주목련; 대부분 백목련이지만 자주 목련도 몇 그루 있다. 4월 하순 개화
(우) 목련; 울타리 밖 인도 우측에 여러 그루의 목련 나무가 있다. 9월 초순

목련; 성숙해 가는 목련 열매. 9월 초순

42. 자작나무

　보도를 따라 약 150m 정도 직진하면 차도의 횡단보도를 지나서 50m 정도 더 직진하면 도로변 우측에 흰색 수피를 드러내고 있는 한 그루 자작나무를 볼 수 있다. 자작나무 껍질에는 기름기가 많아 불을 붙이면 '자작자작' 소리를 내며 탄다고 하여 자작나무라고 부르는 것으로 전해진다.

　자작나무는 우리나라의 북한 지방, 만주, 시베리아, 북유럽 등 북반부의 한대 지방에서 자생하는 나무로 현재 남한에 있는 자작나무는 모두 인공적으로 식재한 나무들이다. 대전 이남에 심으면 대부분 말라 죽는 것으로 보고되고 있다. 중남부 고산지대에 자생하는 자작나무와 수피가 비슷한 나무는 사스래나무(회백색 수피) 또는 거제수나무(갈백색 수피)이다. 자작나무는 한자로 백화(白樺)라고 한다.

　남한지역에서 제대로 자란 자작나무 숲을 보려면 강원도로 가야 한다. 강원도 인제군 원대리에 남한 최대 규모의 인공 식재된 자작나무 숲이 있어 전국적으로 관광객들을 모으는 유명 관광지가 되었다. 한대 지방을 배경으로 한 영화에서 주로 등장하는 자작나무 숲은 영화 '닥터 지바고'에서 연인을 태운 수레가 끝도 없이 펼쳐진 새하얀 눈 덮인 들판에 자작나무 숲을 달리는 장면으로 대표 될 수 있다.

　자작나무는 나무껍질로 유명하다. 백색의 껍질이 윤이 나며 얇게 벗겨진다. 이 껍질에 기름 성분이 많이 함유되어 있어 불을 붙이는 데 사용되며 결혼식을 올리는데 화촉을 밝힌다고 말하는데 이 화촉이 자작나무 껍질로 만든 초를 말한다. 이 나무껍질은 썩지 않아서 그림을 그리거나 글씨를 쓰는 데에도 사용하였으며 경주 천마총에서 발굴된 신라의 천마도 그림도 자작나무 껍질에 그린 것이다. 목재는 곧고 단단하며 벌레가 슬지 않아 오래 보존할 물건의 목재로 이용하였다. 도산서원의 문서를 찍은 목판은 자작나무로 만들었다고 한다.

　자작나무는 햇볕을 좋아하는 양수로 불이 난 지역 등에 가장 먼저 숲을 이룬 후에 토양을 비옥하게 만들고 가문비나무, 전나무 등이 자라나 자작나무보다 크게 자라면 이 나무들에 서식지를 넘겨주고 조용히 사라지는 나무이다. 수명이 100년 전후의 나무로 숲을 이루는 데 있어 대표적인 희생의 나무로 알려져 있다.

　사포닌 성분이 많아 약간 쌉쌀한 맛이 나는 자작나무 수액은 건강음료로 북한 지방에서는 귀한 손님에게 자작나무 수액을 대접한다. 그리고 자작나무 수액에서 자일리톨 성분을 추출한다. 자작나무 꽃가루는 알레르기를 유발한다. 추운 곳을 좋아하며 공해에 약하다. 따뜻한 곳에 사는 자작나무는 하얀 나무껍질에 검은 때가 묻은 것처럼 보인다.

북한의 산골에서는 남한의 산에서 보이는 참나무같이 자작나무를 아주 흔하게 볼 수 있다. 시인 백석이 1938년 함경도에서 쓴 시 '백화'를 소개한다.

백화(白樺)

백석

산골 집은 대들보도 기둥도 문살도 자작나무이다
밤이면 캥캥 여우가 우는 산도 자작나무이다
그 맛있는 메밀국수를 삶는 장작도 자작나무이다
그리고 감로 같은 단 샘이 솟는 박우물도 자작나무다
산 너머는 평안도 땅이 뵈인다는 이 산골은 온통 자작나무이다

자작나무 목재에는 다당체인 자일란이 함유되어 있으며 핀란드에서는 자일란을 추출 및 정제 등의 과정을 거쳐 자일리톨을 만들며 이것을 자작나무 설탕이라고 부른다. 천연 감미료 자일리톨은 충치 예방용 껌에도 사용된다.

자작나무: 자작나무과. 학명(*Betula platyphylla*), 국가생물종지식정보시스템에는 *B. pendula*로 기재되어 있다. Betula는 켈트어 betu에서 유래, platyphylla는 넓은 잎의 의미, 다른 이름; 붓나무, 영어 이름; Japanese white birch, East Asian white birch.

국내에는 주로 강원 이북 북한 지방, 중국, 일본, 러시아, 몽골, 유럽에 자생한다. 낙엽활엽교목으로 수피는 흰색이며 성목이 되면 얇게 벗길 수 있지만 자연적으로 벗겨지지 않는다. 어린 가지는 자갈색이며 기름샘이 있다. 잎은 장지에서는 어긋나고 단지에서는 3개씩 나온다. 삼각상 난형으로 예첨두이며 아심장저이고 가장자리에 복거치가 있다. 잎자루는 1-3cm, 측맥은 6-8쌍이다. 꽃은 4-5월에 피며 수꽃차례는 길게 아래로 늘어지며 암꽃차례는 단지 위에 곧게 서다가 열매가

되었을 때는 9월에 성숙하여 아래로 길게 드리워진다.

성장이 빨라 산불 등의 산림 교란지에 개척수로 식재하며 가로수, 정원수, 풍치수 등으로 많이 심는다. 극양수이고 천근성이며 전정을 싫어한다. 목재는 가구재, 조각재, 합판재, 펄프재 등으로 쓰인다. 수피와 새로 나온 잎은 약용하며 수액을 채취할 수 있다.

(좌) 자작나무; 녹색 잎이 나기 시작한다. 4월
(우) 자작나무; 흰색으로 매끈한 수피를 보인다. 4월

(좌) 자작나무; 삼각상 난형 푸른 잎으로 끝이 뾰족하고 복거치이다. 6월
(우) 자작나무; 긴 잎자루와 삼각형 모양의 잎과 원통형 열매이다. 6월

(좌) 자작나무; 단풍이 들기 시작하였다. 10월
(우) 자작나무; 아래로 길게 처진 수꽃차례와 위로 솟은 암꽃차례 그리고 지난해 달린 열매가 보인다. 5월

　직진하면 정면에 효자길 구간 안내표지판이 있으며 '밤골공원지킴터 1.5km' 표지를 따라 우측 산길을 따라 진입하게 된다.

(좌) 밤골공원지킴터(우측) 안내표지판
(우) 밤골공원지킴터(우측)를 가리키는 안내표지판

43. 물오리나무

　약 30m 경사로를 직진하면 좌측에 배수구와 도로에 인접하여 서 있는 한 그루의 어린 물오리나무를 볼 수 있다. 물오리나무는 자작나무과의 낙엽교목이다. 계곡이나 산지의 물기 많은 지역에서 주로 자란다고 물오리나무라고 부른다. 백두대간에 분포하며 우리나라 산림녹화 시기에 사방공사용으로 많이 식재하여 전국적으로 분포한다. 양수이며 내한성과 내건성이 우수하고 공기 중의 질소를 고정하는 능력이 있어서 척박한 산지에 조림용으로 많이 식재하여 땅이 비옥하게 하는 중요한 역할을 하였다. 바닷바람에는 약하고 대기오염에 대한 저항성은 보통 정도이다.

　생육 속도가 빠르고 습지나 척박지에서도 잘 자라기 때문에 녹음수, 자연 보존용, 사방용으로 도로변, 공원 등에 주로 식재한다. 껍질, 잎과 열매는 탄닌(tannin)을 함유하고 있어서 회색, 갈색, 흑색의 염색에 사용되고 있다. 수피는 색적양(色赤楊)이라 하여 약용한다.

　비슷한 이름의 나무로는 전국의 산지에 물이 많은 곳에 주로 분포하며 도로변에 오리 간격으로 심었다는 잎이 타원형이고 작은 오리나무, 높은 산지에 분포하는 둥근 타원형 잎의 두메오리나무, 그리고 일본에서 도입하여 남부지방 사방공사에 주로 사용한 긴 피침형 잎의 사방오리, 잎이 아주 작고 긴 타원상 바소꼴의 좀사방오리 등을 남부지방에서 흔히 볼 수 있다.

　물오리나무: 자작나무과. 학명(*Alnus sibirica*), Alnus는 고대 라틴어, sisbrica는 시베리아를 의미함, 국가생물종지식정보시스템에는 *A. incana*로 기재되어 있음, 다른 이름; 물갬나무, 털물오리나무, 산오리나무, 덤불오리나무, 털떡오리나무, 참오리나무, 한약명; 수동과(水冬瓜), 영어명; Manchurian alder.

　중부 이북의 백두대간 등 남한 산지에서 주로 자생하며 산림녹화 사업 이후 전국에 식재되었다. 중국(동북부), 일본, 러시아 등의 국가에서도 자생한다. 낙엽활엽교목으로 수피는 흑회색 또는 회갈색이며 어린 가지는 짙은 회색이다. 잎은 원형 또는 넓은 난형이며 넓은 설저이며 가장자리에 결각상 중거치가 있다. 6-8쌍의 측맥이 있다. 3-4월에 잎이 나기 전에 수꽃차례(미상꽃차례)는 길이 4-7cm로 길게 늘어지며 암꽃차례는 1-2cm로 장타원형이며 3-6개씩 수꽃차례 아래에 하늘을 향해 달린다. 열매는 9-10월에 성숙하며 길이 1.5-2.5cm 정도의 난상 구형이다.

　산골짜기 습기가 많은 곳에서 자라 자라지만 건조지에서도 생존한다. 목재는 땔감용으로 사용되나 뿌리는 질소고정 능력이 있어 척박한 토양의 지력 증진과 사방조림용으로 주로 사용된다.

(좌) 물오리나무; 입구 좌측 도랑 옆에 한 그루가 서 있다. 4월
(우) 물오리나무; 수꽃이 꼬리처럼 길게(미상화서, 꼬리꽃차례) 늘어져 있다. 자작나무과, 호두나무과, 오리나무속의 나무 등이 미상꽃차례. 관악산 관음사 입구. 3월 중순

(좌) 물오리나무; 물오리나무 잎. 북한산 영봉 코스 용덕사 입구. 6월
(우) 물오리나무; 잎은 어긋나며 넓은 달걀형이고 결각상 중거치가 있다. 용덕사 입구. 6월

   좌·우측 경사지에 참나무와 소나무가 다수 자생하고 있으며 우측 경사면에는 밤나무가 다수 있다.

(좌) 물오리나무; 수피는 회갈색이고 불규칙하게 갈라진다. 6월
(우) 물오리나무; 수피가 불규칙하게 갈라진다. 북한산 하루재 아래. 6월

43-1. 누리장나무(좌측 어린나무들)

등산로 좌측에 몇 그루의 어린 누리장나무 군락이 있다. 앞의 9번 항목에서 언급된 바 있어 상세한 설명은 생략한다.

누리장나무; 등산로 좌측에 군락을 이룬다. 9월

44. 작살나무

　둘레길 좌우에 키 작은 관목인 작살나무가 많이 분포하고 있다. 나뭇가지가 세 개로 갈라져 마치 물고기 잡는 작살처럼 생겨서 작살나무라고 부른다. 이 나무는 북한산 둘레길 여러 곳에 흔하게 관찰되는 관목이다. 특히 겨울철에 잎이 진 나무에서 작은 보랏빛 구슬 모양의 열매가 여러 개 모여서 달려있고 봄철까지 관찰된다. 마치 작은 자수정 빛깔의 구슬을 몇 개씩 모아서 달고 있는 모습이다.
　작살나무는 습기가 많은 개울가에서 다른 나무들이 자라지 않은 작은 공간을 점유하고 봄에는 좁쌀 크기의 눈에 잘 띄지 않는 연한 자주색 꽃을 피우고 여름에는 작은 열매를 준비하고 있다가 가을이 되면 연보라색의 작은 구슬을 내보인다.
　중국 사람들은 작살나무의 열매를 보라색 구슬 즉, 자주(紫珠)라고 불렀다. 일본 사람들은 무라사키시키부(紫式部)라 불렀으며 자주색을 의미한다. 일본의 고전 소설 '겐지 이야기'의 주인공 25세에 과부가 된 총명하고 아름다운 여인의 이름을 이 작살나무에 붙일 정도로 작살나무 열매를 사랑하였다.
　마편초과에 속하는 작살나무와 비슷한 관목으로 좀작살나무와 새비나무가 있다. 마편(馬鞭)은 말채찍을 뜻하며 이 과에 속한 나무들이 말의 채찍으로 사용하기 적합하게 생겨서 붙여진 이름이다. 좀작살나무는 열매 자루가 잎겨드랑이에서 조금 떨어진 부위에 달리는 것이 작살나무와 다르고 열매 크기가 작살나무보다 약간 작다. 새비나무는 잎 표면에 짧은 털이 있으며 주로 남부지방과 제주도 산지에서만 자란다.
　작살나무는 잎의 가장자리에 발달한 거치가 중반부를 넘어서까지 존재하지만, 좀작살나무는 잎의 가장자리에 발달한 거치가 중반까지만 있다. 좀작살나무 열매가 작살나무보다 작고 조금 더 촘촘하게 달린다. 작살나무로 목탄을 제조하면 어느 나무보다도 단단한 목탄을 만들 수 있다고 한다.
　작살나무: 마편초과. 학명(*Callicarpa japonica*), Callicarpa는 그리스어 callos(아름답다)와 carpos(열매)의 합성어이며 열매가 아름답다는 의미, japonica는 일본을 의미, 다른 이름; 송금나무, 조팝나무, 한약명; 자주(紫珠, 잎), 영어명; East Asian beautyberry, Japanese beautyberry, Japanese mulberry.

전국의 산지에 자생하며 일본과 중국에도 분포한다. 수고 2-3m의 낙엽활엽관목으로 가지는 삼지창처럼 원가지 옆에 양측으로 마주 보고 두 개의 가지가 나며 잎은 마주 보고 도란형 또는 장타원형이며 거치가 있다. 열매는 10월에 자주색으로 익으며 둥근 모양의 핵과로 지름 2-5mm이다.

그늘진 곳에서도 잘 자라지만 반그늘이 서식지로 더 좋다. 내한성, 내건성, 내공해성이 강하다. 열매가 아름다워 정원수로 많이 심는다. 보라색 열매가 달린 가지는 꽃꽂이 재료로 많이 사용된다.

작살나무; 작살 모양 가지 위에 잎이 무성하게 나 있다. 6월

작살나무; 나무줄기 및 가지가 물고기 잡는 작살처럼 생겼다. 6월

(좌) 작살나무; 작살나무꽃의 개화. 7월
참고: (우) 좀작살나무; 열매가 보랏빛 보석 모양으로 성숙하였고 잎과 열매 자루가 일정 거리 떨어져 있다. 10월

(좌) 작살나무; 성숙한 보랏빛 열매의 자루가 잎자루에 인접해 있다. 11월
(우) 작살나무; 작살나무 잎이 지고 성숙한 보랏빛 열매만 남아 있다. 12월

45. 병꽃나무

　등산로 좌·우측에 있는 관목으로 집단적으로 모여 있는 인동과의 병꽃나무를 볼 수 있다. 병꽃나무는 우리나라에만 자생하는 특산식물로 4-5월에 깔때기 모양 또는 긴 호리병 모양의 황록색 꽃이 피었다가 시간이 지나면 붉은색으로 변한다. 꽃과 열매가 병을 닮았다고 하여 병꽃나무라고 부른다는 설도 있다. 5월 초 전국의 산지에는 병꽃나무에서 개화하는 꽃을 만나게 된다.

　조선 후기 실학자 정약용이 편찬한 사전『물명고』에는 이 꽃을 비단을 두른 것처럼 아름다운 꽃이라 하여 금대화(錦帶花)라고 하였다. 일제강점기 일본 식물학자 나카이는 꽃이 목이 긴 병처럼 생겼다고 하여 병꽃나무로 명명하였다고 전해진다. 내음성, 내한성이 강하여 숲속에서도 잘 자라고 각종 공해에 강하여 공원, 정원 등의 조경에도 많이 사용된다. 잎을 데쳐서 나물로 먹을 수 있다.

　병꽃나무 속에는 다양한 나무들이 있으며 꽃의 색깔에 따라 구분한다. 붉은 꽃이 피는 붉은병꽃나무, 흰 꽃이 피는 흰병꽃나무, 처음에는 백색이었다가 점점 분홍색을 띤 후 옅은 붉은 색으로 변하는 삼색병꽃나무, 황록색 꽃이 피었다가 점차 붉어지는 병꽃나무 등 다양한 종류가 보고되고 있다.

　병꽃나무의 꽃은 2주 이상 오래 피어 있기에 한 나무에서 황록색 꽃과 붉은색 꽃을 동시에 볼 수 있다. 같은 기간에 피는 다소 화려한 진달래꽃이나 철쭉꽃 등에 가려서 사람들의 주의를 끌지 못하는 경우가 흔하다.

　병꽃나무: 인동과. 학명(*Weigela subsessilis*), Weigela는 독일의 화학자 Weigel에서 유래함, subsessilis는 다소 잎자루가 거의 없음을 의미, 다른 이름; 팟꽃나무, 골병꽃, 조선금대화, 명태취, 한약명; 고려양로(高麗陽櫨), 해선(海仙), 영어명; Korean weigela.

　한국의 전국산지에만 자생하는 한국 특산식물이다. 낙엽활엽관목으로 수고는 2-3m이다. 수피는 회갈색이며 작은 가지는 녹색이고 어린 가지는 회갈색이다. 잎은 마주나고 잎자루는 거의 없다, 잎은 도란형 또는 도란상 타원형이며 첨두 이고 작은 거치가 있다. 꽃은 5월에 피며 처음에는 황록색으로 피다가 나중에는 붉은색으로 변한다. 꽃받침은 선형으로 밑부분까지 갈라진다. 붉은병꽃나무는 중간 부위까지 갈라진다. 열매는 9월에 성숙하며 삭과로 길이 10-15mm이다.

　중용수로 계곡과 산록에 진달래, 철쭉 등과 함께 서식하거나 단일 군집을 이루기도 한다. 모래 흙을 좋아하며 척박한 양지에서도 잘 자란다. 내음성과 내한성이 강하여 숲속에서도 잘 자란다.

내염성이 강하여 바닷바람이 부는 해안지역에서도 잘 적응하며 각종 공해에도 강하여 도시의 조경용으로도 이용된다.

괴산 송덕리 미선나무 자생지, 남해 물건리 방조어부림, 소백산 주목군락, 고흥 외나로도 상록수림 등 천연기념물로 지정된 숲에서 주요 수종을 이루고 있다.

(좌) 병꽃나무; 병꽃나무의 황록색 꽃이 개화하였다. 4월
(우) 병꽃나무; 잎과 줄기가 마주나고 황록색 병꽃나무꽃이 개화하였다. 4월

(좌) 병꽃나무; 잎은 마주나고 양면에 털이 있으며 열매는 병 모양이다. 6월
(우) 병꽃나무; 열매가 병 모양으로 길게 달려 있다. 지리산. 10월

병꽃나무; 관목으로 수피는 회갈색이다. 지리산. 10월

참고: 붉은병꽃나무; 꽃은 연한 붉은색. 남양주시 예봉산. 5월

46. 쪽동백나무

　둘레길 우측에 어린 관목으로 잎이 아주 큰 쪽동백나무 여러 그루가 모여 있는 것을 볼 수 있다. 이 나무 바로 뒤쪽 경사진 언덕에는 키가 큰 팥배나무 2그루가 서 있다. 쪽동백나무는 낙엽 활엽의 중간키 정도의 나무로 이름 쪽동백의 쪽은 크기가 작다는 의미로 열매가 동백 열매 크기의 반 정도 되어 붙여진 이름이다. 접두어 쪽은 여러 가지 의미가 있으나 쪽배, 쪽문과 같이 작다는 의미로도 사용된다.

　동백기름은 옛 여인들의 인기 있는 머릿기름이었다. 그러나 동백나무는 남서해안 지역에서만 자라기 때문에 동백 열매 기름은 고가로 판매되어 양반댁에서나 사용할 수 있기에 중북부지역 여인들이나 서민들은 쪽동백나무 열매에서 기름을 짜서 사용하였다. 쪽동백 열매 기름은 독성이 강하여 머리에 생긴 이를 박멸할 정도였다고 한다. 물론 절대로 먹을 수 없는 기름이었다. 설익은 열매를 찧어서 냇물에 풀면 물고기들이 기절할 정도였다. 그리고 머릿기름 이외에도 호롱불 기름으로도 사용하였다.

　쪽동백나무는 때죽나무과에 속하는 나무로 꽃 모양은 때죽나무꽃과 유사하지만 때죽나무가 2-5개의 꽃이 모여서 피는 것과는 달리 쪽동백나무꽃은 20여 개의 꽃이 길게 꼬리 모양의 꽃차례를 만들어 아래로 쳐진다. 쪽동백나무꽃은 큰 잎 사이로 흰 뭉게구름처럼 피어오르는 것 같다고 하여 일본 사람들은 백운목(白雲木)이라고 하였다. 그리고 중국 사람들은 열매가 아름답게 열린다고 하여 옥령(玉玲)이라고 하였다. 둥근 열매 모양은 때죽나무와 거의 유사하지만 쪽동백나무는 잎이 둥글고 아주 큰 편이지만 때죽나무는 잎이 마름모꼴로 크기가 작다.

　쪽동백나무와 같은 때죽나무과에 속하는 때죽나무는 중부지방의 산지에서 많이 분포하고 있는 낙엽활엽아교목이다. 다만 북한산 지역에서 많이 볼 수 없는 수종이다. 이 나무의 푸른 열매를 으깨어 물에 풀면 물고기가 떼로 죽는다 하여 때죽나무라 하였다고 하며, 늘어져 달린 열매가 까까머리 스님 모습이라 떼중나무가 때죽나무로 변하였다고 한다. 덜 익은 열매의 독성분이 에고사포닌으로 과거에는 독화살의 제조에도 이용하였다고 한다. 꽃말은 겸손이다. 잎은 난형 또는 마름모꼴이며 크기가 4-8cm로 끝이 뾰족하고 잎 가장자리에 톱날 같은 거치가 있으나 없는 경우도 있고 크기가 쪽동백보다 훨씬 작다. 백두대간 서쪽에 전국적으로 분포하며 꽃은 흰색으로 5-6월에 잎겨드랑이에 2-5개가 모여서 아래로 종 모양으로 처진다. 영어로 Japanese snowbell이라 한다. 열매는 회백색으로 9월에 익으면 약용하며 길이 1.4cm 정도 되며 불규칙하게 갈라진다. 대기오염이 심한 서울의 남산과 대모산에서 아주 흔하게 관찰되는 수종이다. 중용수에 가까운 음성수이며 각종 병충해와 각종 공해에 강한 편이며 목재는 공예재로 쓰며 최근에 도시의 정원수로 많이 심는다.

쪽동백나무는 목재의 조직이 치밀하고 수피가 검은색이지만 속살은 우윳빛으로 색상의 대조가 뛰어나 소품 가구나 솟대를 만드는 데 많이 사용되었으나 최근에는 열쇠고리나 소품 장식을 만드는 데 주로 사용된다.

한약재, 향수 또는 에센셜 오일로 귀하게 사용되는 안식향(안식향, benzoin)은 중국이나 동남아 등지에서 주로 쪽동백나무나 때죽나무와 같은 종의 나무 수지(樹脂)에서 얻어진다.

쪽동백나무: 때죽나무과. 학명(*Styrax obassia*), Styrax는 그리스어 storax(안식향)을 생산하는 나무의 고대 그리스어, obassia는 일본어 '오오바지샤'에서 유래한 것으로 추정되며 백운목의 다른 이름을 의미, 다른 이름; 쪽동백, 정나무, 때죽나무, 물박달, 산아즈까리나무, 개동백나무, 왕때죽나무, 물박달나무, 한약명; 옥령화(玉玲花, 열매), 영어명; Fragrant snowbell, Fragrant styrax.

우리나라 전국의 산지에 자생하며 일본, 중국에서도 분포한다. 낙엽활엽아교목으로 수고 10m이며 수피는 회갈색으로 세로로 갈라지며 어린 가지는 녹색이다. 겨울눈은 잎자루로 싸여 있다. 잎은 어긋나며 크기 7-20cm로 원형 또는 광타원형으로 상반부에만 예리한 거치가 있다. 꽃은 백색으로 아까시꽃이 지는 시기인 5-6월에 피며 길이 10-20cm로 실에 꿰어 놓은 것 같이 총상꽃차례가 한 줄로 아래로 드리워져 달리며 은은한 향이 좋다. 종자는 지름 2cm 정도로 한약명은 옥령화라고 하며 달걀모양으로 9월에 익어 과피가 갈라지고 1cm 정도의 갈색 종자가 나타나며 약용, 머릿기름으로 쓰며 지방이 많아 야생조류의 먹이가 된다.

음수성에 가까운 중용수이며 뿌리는 천근성으로 습하고 배수가 좋은 곳에서 잘 자란다. 내한성이 강하고 바닷가에서도 잘 자라며 각종 병충해 및 공해에 강하여 도심에도 식재가 가능하여 정원수, 공원수로 심으며 목재는 목 공예재로 주로 사용한다.

(좌) 쪽동백나무; 관목으로 여러 그루가 모여서 자란다. 6월
(우) 쪽동백나무; 잎은 원형으로 매우 크고 거치는 상반부에만 있다. 6월

(좌) 쪽동백나무; 콩 모양의 열매가 달려 있다. 북한산 하루재 아래. 6월
(우) 쪽동백나무; 충영(잎에 진딧물 벌레집이 만들어져 열매 모양으로 변함)이 마치 매우 작은 바나나 모양을 하고 있다. 6월

(좌) 쪽동백나무; 잎과 열매, 큰 잎의 위쪽 1/2 부분에만 거치가 있다. 관악산. 8월
(우) 쪽동백나무; 열매가 크고 열매 자루가 짧다. 경북 의성 고운사 입구. 8월

(좌) 쪽동백나무; 5-7년 이상 된 나무에서 백색의 꽃이 총상꽃차례로 아래에서 위로 길게 차례로 서로 어긋나게 핀다. 의왕시 모락산. 5월
참고: (우) 때죽나무; 쪽동백나무와 같은 때죽나무과의 아교목으로 잎 크기가 작고 종 모양의 꽃이 빽빽하게 피었다. 한택식물원. 5월 하순

참고: (좌) 때죽나무; 때죽나무꽃이 낙화하여 눈과 같은 흰 종(snowbell)이 꽃길을 만들었다. 한택식물원. 5월 하순
참고: (우) 때죽나무; 흑갈색 수피와 긴 열매 자루에 달린 열매. 중랑구 망우산. 10월 초순

참고: (좌) 때죽나무; 긴 열매 자루의 열매와 꽃 모양의 충영. 관악구 낙성대. 9월 초순
참고: (우) 때죽나무; 긴 열매 자루에 달린 때죽나무 열매. 과천 청계산. 8월 중순

47. 일본잎갈나무

우측 경사지에 곧게 서 있는 키가 큰 일본잎갈나무 몇 그루를 볼 수 있다. 흔히 낙엽송이라고 부르는 나무로 상록수인 소나무처럼 생겼으나 가을이 되면 노랗게 단풍이 들고 낙엽이 지고, 봄에는 새잎으로 간다는 의미로 잎갈나무라는 이름이 붙여졌다. 리기다소나무와 같이 빨리 자라는 특성으로 산림녹화사업으로 우리나라에 도입한 일본잎갈나무는 모두 수입한 나무이다.

잎갈나무는 백두산과 개마고원 북쪽의 원시림을 이루는 대표적인 수종이며 이깔나무, 잇가나무 등으로 불리고 있다. 곧게 빨리 자라는 나무이지만 재질이 단단하여 건축재, 갱목 등으로 널리 사용된 적이 있었으나 잘 부러지는 단점도 있다. 남한에 있는 순수 우리나라 잎갈나무는 1910년경에 광릉수목원 내에 심은 30여 그루가 거의 전부이다.

폭설이 내리면 일본잎갈나무는 소나무나 잣나무에 비하여 쉽게 가지가 부러지는 것을 볼 수 있다. 봄에 자란 목질은 너무 무르고 가을에 자란 목질은 너무 단단하여 목재의 재질이 불균일한 것이 단점으로 목재의 용도가 거의 없어서 현재에는 거의 심지 않는 나무이다. 곧게 잘 자라는 성질 때문에 60-70년대에 나무 심기가 한창일 때 권장 수목 1순위였다. 전봇대나 철도 침목, 나무젓가락을 만드는 단골 재료였다.

열매 구과의 실편 끝이 뒤로 젖혀지면 일본잎갈나무, 뒤로 말리지 않고 직선이면 잎갈나무로 동정할 수 있다.

일본잎갈나무: 소나무과. 학명(*Larix kaempferi*), Larix는 켈트어 lar(풍부하다)에서 유래, 나무에 수지가 많다는 뜻, kaempferi는 독일의 박물학자 E. Kaempfer에서 유래, 다른 이름; 낙엽송, 청설이깔나무(북한), 락엽송, 영어명; Japanese larch.

일본이 원산지인 나무로 일본 중·북부 지역에서 자생하여 국내에는 해발 200-1,200m의 전국의 산지에 식재하였다. 낙엽침엽교목으로 수고 35m까지 자란다. 수피는 세로로 갈라지며 긴 인편으로 떨어진다. 어린 가지는 녹색에서 갈색으로 변하며 잎은 선형으로 편평하며 단지에 20-30개씩 모여서 나고 길이 2-3cm이다. 열매는 9-10월에 성숙하며 구과 실편 끝이 뒤로 젖혀진다.

강한 양수이며 생장이 빠르고 산복부 이하의 수분이 충분한 비옥한 땅이 적지이다. 뿌리는 천근성이다. 목재는 건축재, 펄프재로 사용되며 수지에서 테르펜유(생리활성 물질)를 채취한다.

(좌) 일본잎갈나무; 잎이 나기 이전의 곧게 뻗은 줄기. 3월 하순
(우) 일본잎갈나무; 침엽의 연한 녹색 새잎이 나기 시작하였다. 4월

(좌) 일본잎갈나무; 솔방울과 비슷하게 생긴 열매(구과). 3월 하순
(우) 전나무와 일본잎갈나무(우, 연두색); 북한산국립공원 우이동 입구. 6월

(좌) 일본잎갈나무; 하늘 향해 곧게 뻗은 줄기가 멋지다. 9월
(우) 일본잎갈나무; 주변 활엽수들에 단풍이 들었다. 10월

(좌) 일본잎갈나무; 홍천 백우산 일본잎갈나무 숲. 7월
(우) 일본잎갈나무; 과천 청계산 매봉. 8월

일본잎갈나무; 침엽의 녹색 잎이 진 겨울 일본잎갈나무, 12월

일본잎갈나무; 수직으로 뻗은 줄기. 용인자연휴양림. 10월 중순

48. 국수나무

 등산로 양측에 덤불 모양의 키 작은 국수나무 군락을 볼 수 있다. 전국의 산지 가장자리에 흔히 볼 수 있는 낙엽활엽의 관목으로 줄기를 잘라 껍질을 벗기면 가운데에 국수처럼 흰 목질이 나타난다고 하여 국수나무라 부른다. 과거 한자로는 소진주화(小眞珠花), 야주란(野珠蘭), 소미공목(小米空木)이라 불리었다. 소진주화는 꽃 모양이 작은 진주 같다는 의미이며, 야주란은 나무가 야생난 같다는 뜻이며, 소미공목은 꽃이 마치 작은 쌀이 하늘에 떠 있는 모양으로 붙여진 이름이다.

 국수나무 가지는 처음 자랄 때는 적갈색이지만 나이를 먹으면 흰색으로 변한다. 꽃은 작은 쌀처럼 원뿔 모양 꽃차례로 새 가지 끝에 40-80개 정도가 달린다. 꽃은 크기가 작으나 꿀이 많아 밀원식물로 심기도 한다.

 국수나무는 숲의 큰 나무 밑 등산로 길가에서 주로 자라기 때문에 '숲의 보초병'이라 불리며 산에서 길을 잃어버렸을 때 국수나무를 따라 이동하면 길을 찾을 수 있다고 알려져 있으며, 주변 나무들이 잎이 나고 그늘이 지는 시기를 피하여 4월에 일찍 잎이 나고 5월에 흰색 꽃을 피우고 열매를 맺는 생존 전략을 구사한다. 국수나무는 땅에서 줄기가 여러 개 함께 나와서 모여서 자라며 잎은 어긋나고 결각상의 톱니가 발달하고 주로 3갈래로 갈라진다.

 옛날에는 싸리를 대신하여 삼태기나 소쿠리를 만드는 데 많이 사용되었고 키 작은 덤불 식물이라 작은 새들이 안심하고 쉴 수 있는 서식처가 되기도 하였다. 또한 국수나무는 줄기와 잎을 잘라 30분 정도 끓여서 만든 염액은 매염제에 따라 다양한 색깔이 나오는데 특히 붉은빛이 잘 나온다고 한다.

 국수나무와 흰색 꽃과 잎 모양이 유사한 나도국수나무는 산에서 드물게 관찰되며 총상꽃차례로 국수나무의 원추꽃차례와 다르며 열매에 끈적거리는 긴 샘털이 있는 것이 다르다.

 국수나무: 장미과. 학명(*Stephandra incisa*), Stephandra는 그리스어 stephanos(관)와 andron(수술)의 합성어이며 수술이 관 모양으로 남는 것을 의미하며, incisa는 예리하게 갈라진 것을 의미하며 잎의 모양을 강조한 것이다. 다른 이름; 고광나무, 뱁새더울, 거렁방이나무, 영어명; Lace shrub, Cutleaf Staphanandra.

 우리나라 전국의 산야에 자생하며 중국, 대만, 일본에도 서식한다. 낙엽활엽관목으로 수고

1-2m이다. 잎은 어긋나며 삼각형 광난형 첨두, 아심장저이다. 꽃은 5-6월에 원추꽃차례로 어린 가지 끝에 달리며 꽃잎이 5개, 수술 10개, 암술 1개이다. 열매는 골돌과이며 8-9월에 성숙하며 털이 있다. 한 개의 골돌과 내에 1-2개의 종자가 있다.

　숲속의 음지에서도 잘 자라는 중성식생으로 내한성, 내건성, 내조성, 내공해성이 강하고 산골짜기 습기 있는 그늘진 곳에서 잘 자란다. 여름철에 가지 끝에 피어나는 흰색 꽃이 아름다워 공원 등에 조경수로 식재한다. 염료식물로 이용할 수 있다.

국수나무; 새봄을 맞아 연두색 잎이 푸르다. 4월

국수나무꽃; 꽃이 개화하여 흰 원추꽃차례가 가지 끝에 달렸다. 5월

국수나무; 꽃이 지고 작고 둥근 열매가 달렸다. 6월

국수나무; 나뭇가지를 꺾으면 내부에 국수 모양 흰 속이 보인다. 9월

국수나무; 가을을 맞아 황색으로 단풍이 들었다. 10월

49. 팥배나무

　좌측 이정표(포토 포인트 300m 이전)와 짧은 계단을 지나 좌측으로 이동하면 바로 왼쪽 언덕에 키 큰 팥배나무 몇 그루를 관찰할 수 있다. 이 나무의 열매는 팥을 닮았고 꽃은 배꽃을 닮은 흰색 꽃이 핀다고 하여 팥배나무라고 부른다.

　팥배나무는 우리나라 어디에서나 흔하게 볼 수 있는 나무로, 산의 계곡에서 등성이까지 어디서나 만날 수 있다. 늦봄에 초록색 잎을 배경으로 손톱 크기의 흰 꽃이 무리 지어 피어 있어 쉽게 눈에 띈다. 꽃에는 많은 꿀샘이 있어서 밀원식물로도 가치가 인정되고 있다. 잎은 가장자리가 불규칙한 이중톱니를 가지고 있고 10-13쌍의 뚜렷한 잎맥을 가지고 있고 잎맥의 간격이 균일하기에 일본 사람들은 '저울눈 나무'라고 부르기도 한다.

　녹음이 우거진 여름날에는 팥배나무는 숲속의 평범한 나무로 크게 눈에 띄지 않으나 가을에 서리를 맞아 잎이진 나뭇가지에 팥알 크기의 붉은 열매가 무수히 매달려 있는 광경을 보게 되면 사람들은 탄성을 지르게 된다. 파란 가을 하늘을 배경으로 긴 열매 자루에 달린 빨간 팥배 열매가 산새들을 유혹하고 겨울철 산새들에게 소중한 먹이가 되어 새들이 팥배나무 숲 조성에 중요한 역할을 한다. 이 열매는 약간 떫은맛으로 사람들이 식용하기는 적합하지 않다.

　팥배나무는 공해에 아주 강한 나무로 알려져 있으며 서울 도심 근교의 대기오염이 심한 지역의 산지에 크게 번성하고 있다. 대표적으로 서울 관악산의 남부순환로를 끼고 있는 산록부와 서울 강남 도심지 인근에 자리 잡은 대모산 등지에는 팥배나무 숲으로 천이되고 있다. 대모산에는 공해 저항성 수종인 팥배나무와 때죽나무가 숲의 주종으로 자리를 잡은 것을 쉽게 관찰할 수 있다.

　중국의 고대 역사서 '사기'에는 주나라의 재상 '소공(召公)'의 선정을 기리기 위하여 감당(甘棠)이라는 시를 지어 백성들이 그의 공덕을 기렸다는 기록이 있는데 이 감당이라는 나무가 팥배나무라는 설이 있으나 팥배나무의 중국 이름은 화추(花楸)로 감당과는 관련이 없다는 주장이 우세하다.

　목재는 비교적 무겁고 단단하여 잘 갈라지지 않는다고 한다. 그래서 각종 기구를 만들거나 마루를 깔고 건축재로도 이용한다. 또 참나무로만 만든다고 생각했던 숯도 팥배나무를 이용하여 만든다. 나무껍질과 잎으로 붉은색을 내는 염료를 얻을 수 있고 어린잎은 삶아서 나물로 먹거나 차를 끓여 마신다고 한다.

팥배나무는 장미과의 마가목속(팥배나무, 마가목 등)에 속하는 나무이며 장미과의 기타 속으로 사과나무속(아그배나무, 야광나무, 능금나무, 사과나무), 배나무속(산돌배나무, 참배나무, 돌배나무, 콩배나무), 산사나무속(산사나무, 이노리나무, 아광나무, 미국산사나무), 벚나무속(복사나무, 매실나무, 자두나무, 살구나무, 개살구나무, 벚나무, 귀룽나무 등) 등이 있다.

팥배나무: 장미과. 학명(*Sorbus alnifolia*, 국가생물종지식정보시스템에서는 *Aria alnifolia*로 기재됨), Sorbus는 고대 라틴어로 '마가목'을 뜻하지만 떫다는 의미의 켈트어 sorb에서 유래함, alnifolia는 오리나무, 즉 Alnus의 잎과 닮았다는 의미이다. 다른 이름; 산매자나무, 물앵도나무, 물방치나무, 왕팥배나무, 팟배나무, 둥근팟배나무, 팟배, 왕잎팟배나무, 왕잎팟배, 긴팟배, 참팟배나무, 둥근잎팟배나무, 달피팟배나무, 벌배나무, 한약명; 수유과(水榆果, 열매), 영어명; Alnifolia mountain ash, Korean mountain ash.

우리나라 전국의 산지에 자생하며 중국, 극동 러시아, 일본 등지에도 분포한다. 낙엽활엽교목으로 수피는 회갈색 또는 흑갈색으로 매끈한 편이며 어린 가지는 흑자색 또는 홍자색으로 광택이 있다. 잎은 어긋나며 광난형으로 불규칙한 복거치가 있다. 8-10쌍의 측맥이 가장자리까지 비스듬히 평행하게 뻗어 있다. 꽃은 5-6월에 어린 가지 끝에 산방꽃차례로 열리며 꽃받침과 꽃잎은 각각 5개이다. 열매는 9-10월에 황홍색으로 익으며 길이 8-10mm이다.

햇빛을 좋아하는 양수로 산 능선부 건조지에서도 잘 자란다. 나무 전체를 덮는 열매가 아름다워 정원수, 관상수, 가로수로 많이 심고 밀원 자원으로 이용된다. 목재는 가구재, 공예재로 사용되며 열매는 수유과라고 하여 약용한다.

좌측으로 오르는 길(밤골지킴터 방향)을 표시하는 이정표

(좌) 팥배나무; 오르막길 좌측에 서 있는 몇 그루의 팥배나무. 4월
(우) 팥배나무; 매끈한 수피를 보여 준다. 4월

(좌) 팥배나무; 꽃은 배꽃 모양이며 잎은 복거치이다. 4월
(우) 팥배나무; 열매는 팥 모양, 꽃은 배꽃 모양, 잎은 복거치이다. 7월

(좌) 팥배나무; 매끈한 수피와 팥 모양의 익은 열매. 관악산. 10월
(중) 팥배나무; 팥 모양의 붉게 익은 열매. 10월
(우) 팥배나무; 겨울날 파란 하늘 배경의 팥배나무 열매

    팥배나무를 지나면 바로 아래 길 좌측에 어린 누리장나무 몇 그루가 있는 것을 볼 수 있다. 가을철에는 붉은 꽃받침 위에 놓인 보라색 보석을 볼 수 있다.

누리장나무; 팥배나무 아래의 관목 누리장나무 열매. 10월

50. 개암나무

팥배나무 바로 아래 둘레길 내리막길 좌측에 어린 개암나무 몇 그루를 볼 수 있다. 개암나무는 열매가 밤과 유사하지만 밤보다는 못하다는 의미로 '개밤'나무로 불리다가 '개암'으로 바뀌었다고 한다. 전북지역에서는 개암을 '깨금', 경상도에서는 '깨암'이라고 부르는데 모두 고소한 맛이 느껴지는 이름들이다. 이 나무의 열매를 진자(榛子)라고 부르며 '본초강목'에는 희고 두꺼운 신라의 개암나무를 최상으로 소개하고 있다. 영어에서도 개암나무를 헤이즐(hazel), 열매를 헤이즐넛(hazel-nut)이라고 한다. 개암에서 추출한 향을 첨가한 커피를 헤이즐넛 커피로 부르며 인기리에 판매되고 있으며 제과점에서도 널리 사용한다.

우리나라 전래 동화 중에서 '도깨비방망이'라는 것이 전해지고 있다. 가난한 소년이 개암 열매를 따다가 밤이 깊어 산속 집에서 하룻밤 묵으려고 들었다. 그 집에 도깨비들이 몰려와 방망이를 두드리며 각종 재물이 나오는 것을 보던 중에 개암 열매를 깨물자 '딱' 소리가 나서 도깨비들은 놀라서 방망이를 두고 달아나자 소년은 그 방망이를 들고 내려와 부자가 되었다는 이야기이다.

과거의 문헌에는 고려시대 제사에서 상의 맨 앞줄에 놓았다는 기록이 있으며 '조선왕조실록'에도 제사 과일로 등장하다가 임진왜란 이후에 사라진 것으로 알려져 있다. 중국 고전에서도 개암 열매를 작은 밤 모양을 닮아 소율(小栗)이라고 기록하고 있다. 켈트족은 개암나무가 마법을 지니고 있다고 믿어 축제나 제의(祭儀)에 개암나무를 사용했다는 기록이 있다.

개암은 단백질과 당분이 풍부하여 맛이 고소하고 지방이 많아서 기름을 짜서 식용유로 이용하기도 하였다. 개암나무는 열매와 잎의 형태에 따라 개암나무, 참개암나무, 물개암나무 등으로 구분한다. 우리나라 산에는 개암나무보다 잎끝이 뾰족한 참개암나무가 더 많이 분포한다고 한다고 한다.

작은 잎처럼 생긴 받침 잎(총포)으로 과실의 밑부분을 둘러싸고 있어 마치 착 달라붙은 타이즈를 입은 발레리나가 크래식 튀튀를 입고 발레를 하는 미녀의 볼기에서 흘러내린 각선미를 연상하게 한다.

북부지방의 풍습에 따르면 결혼 첫날밤 신방에 개암 기름으로 불을 켜는데 그러면 귀신과 도깨비들이 얼씬 못 한다고 한다. 그리고 개암은 고소하고 껍질이 단단하여 밤, 땅콩, 호두, 잣, 은행과 함께 정월대보름에 부럼으로 깨물었다.

개암나무: 자작나무과. 학명(*Corylus heterophylla*), Corylus는 그리스어 corys(투구)를 의미하며 열매를 싸고 있는 소 총포(작은 받침 잎)의 형태에서 유래함, heterophylla는 잎의 모양이 다른 것을 의미하는 이엽성(異葉性)을 나타냄, 다른 이름; 개암나무, 난티잎개암나무, 물개암나무, 깨금나무, 난퇴물개암나무, 쇠개암나무, 한약명; 진자(榛子, 열매), 영어명; Siberian filbert, Sieberian hazel.

전국의 산지에 자생하며 중국(중북부), 일본(규슈 이북) 등에서도 분포한다. 낙엽활엽관목으로 수고 2-3m이다. 수피는 회갈색으로 불규칙하게 갈라진다. 잎은 어긋나며 난원형으로 절두이며 끝이 뾰족하며 6-7쌍의 측맥이 있다. 개암나무는 이른 봄 3월경 다른 나무보다 먼저 꽃을 피운다. 꽃은 3-4월에 잎이 나기 전에 피며 수꽃차례는 길이 3-7cm로 전년도 가지 끝에서 아래로 늘어진다. 암꽃은 2-6개가 모여 달리며 적색의 겨울눈 인편 밖으로 나온다. 열매는 8-9월에 성숙하고 종 모양의 포가 감싸고 있다. 견과는 지름 1-2cm로 난형 또는 구형으로 위쪽에 털이 촘촘하게 생긴다.

양지바르고 습기가 적당한 비옥한 땅에 잘 잘 자라며 양수성이다. 열매를 진자(榛子) 또는 헤이즐넛(hazelnut)라고 부르며 식용 또는 약용한다.

(좌) 개암나무; 이른 봄 잎이 나기 전에 활짝 핀 수꽃 이삭. 3월 하순
(우) 개암나무; 팥배나무 아래 둘레길 좌측에 개암나무 관목이 모여 있다. 어린 가지에는 수꽃 이삭이 늘어져 있다. 3월 하순

(좌) 개암나무; 길게 늘어진 수꽃 이삭과 가지 아래 붉은 암술대. 4월 초순
(우) 개암나무; 잎은 어긋나며 난원형 절두로 끝은 뾰족하다. 4월

(좌) 개암나무; 몇 그루가 모여 길 좌측에 서 있다. 6월
(우) 개암나무; 전형적인 절두 모양의 개암나무 잎. 6월

(좌) 개암나무; 둥근 열매를 종 모양의 포가 감싸고 있다. 7월
(우) 개암나무; 수꽃눈은 꽃이삭 모양을 갖추고 겨울을 난다. 9월

개암나무; 관목으로 군락을 이루어 자라고 있다. 9월

참고: 병물개암나무; 열매 두 개가 맞대어 붙어 있다. 홍릉수목원. 9월

50-1. 아까시나무

약 20m 전면에 좌·우에 아까시나무 고목 여러 그루를 볼 수 있다. 자세한 나무 소개는 앞의 4번에 기재되어 있다.

(좌) 아까시나무; 봄을 맞아 다소 늦게 잎이 나온다. 4월 하순
(우) 아까시나무; 가을철까지 푸른 잎을 유지하고 있다. 9월

51. 생강나무

　아까시나무들을 지나 목재 다리를 건너기 전에 좌우로 키 작은 생강나무 여러 그루를 볼 수 있다.
　이른 봄 산에서 잎이 나기 전에 먼저 노란 꽃을 피워 가장 먼저 봄이 왔음을 알려 주는 아교목이 생강나무이다. 산수유꽃과 비슷한 시기에 유사한 모양의 꽃을 피워 사람들은 생강나무꽃을 산수유꽃으로 혼동하지만 산수유는 인가 주변에 사람이 심은 나무로 산에서 자생하는 생강나무와는 완전히 다른 나무이다.
　생강나무의 어린잎은 생으로 쌈을 싸서 먹으면 맵고 짠맛이 나서 쌈장 없이도 먹을 수 있다고 한다. 나물로 무쳐 먹거나 찹쌀가루나 녹말가루에 묻혀 튀겨 먹기도 한다. 이른 봄의 노란 꽃은 따서 차로 사용하기도 한다. 가을철에는 잎은 노란 단풍으로 물이 들어 노란색으로 시작하여 노란색으로 마감하는 나무이다.
　잎과 어린줄기를 문지르면 생강(生薑) 냄새가 나기에 생강나무라는 이름이 붙여졌다. 이 냄새는 식물이 만들어 내는 향기로써 정유(精油)라고 부르며 잎에 정유가 가장 많고 다음으로 줄기이며 꽃에는 정유가 없다. 민간에서는 생강나무를 약으로 사용하기도 하였다. 산후조리, 배 아플 때, 가래 제거에 이 나무의 가지를 달여 마셨다고 한다. 조선 말 이익이 집필한 백과사전류인 『성호사설(星胡僿設)』에는 생강나무를 아해화(鵝孩花, 일명 거위 새끼 꽃)라고 부르며 노란 꽃은 거위 새끼의 털처럼 보들보들하고 향기는 생강 냄새와 흡사한데 봄이 오면 다른 꽃보다 제일 먼저 핀다고 하였다.
　생강나무속으로 분류되는 비목나무, 감태나무, 털조장나무(전남지방 산지, 꽃이 생강나무꽃과 유사, 잎은 장타원형) 및 생강나무 등은 모두 암수딴그루이다. 생강나무 열매는 노랗게 달렸다가 차차 빨갛게 변하고 완전히 크면 검은빛을 띠어 색 변화가 무척 다양하다. 동양의학에서는 생강나무와 메추리알은 산후조리(산후풍) 치료의 최고 명약으로 사용하고 있다.
　노란 꽃이 황매를 닮았다고 하여 황매목(黃梅木)이라 부르며 잎은 중국단풍을 닮았다고 하여 삼첨풍이라 부른다. 가을이 되면 콩알 크기의 작은 새까만 생강나무 열매에서 기름을 짜서 동백기름처럼 여인들의 머릿기름으로 사용하였다. 남해안 지역과 제주 등지의 해안에 자라면서 겨울에 붉은 꽃이 피는 동백나무 열매에서 짜는 동백기름은 고가여서 양반댁 부인들이 주로 사용하였고 서민 여인들과 기후가 추운 지역이라 동백나무가 자라지 않는 중·북부 지역의 거주민들은 생강나무 기름을 주로 머릿기름으로 사용하였다.

강원도와 함경도 지방에서는 생강나무를 동백기름을 짤 수 있는 나무라 하여 지역 고유 방언으로 동백나무(동박나무) 또는 산동백나무라 불렀다. 강원도 춘천 출생의 소설가 김유정의 단편소설 '동백꽃'에서 말하는 그 꽃은 사실은 생강나무꽃을 말한다.

김유정의 대표전인 단편소설 '동백꽃'에서는 1930년대 산골 마을에 사는 사춘기 소년(소작농의 17세 아들)과 소녀(마름의 딸)의 풋풋한 사랑을 강원도 사투리와 순우리말을 이용하여 묘사하고 있다. 사랑의 감정에 둔감한 주인공 '나'와 나를 좋아하는 여자 주인공 '점순'과의 티격태격하는 로맨스를 동백꽃을 매개하여 낭만적으로 표현하고 있다. 아래에 그 일부를 옮겨 본다.

"그리고 뭣에 떠다 밀렸는지 나의 어깨를 짚은 채 그대로 퍽 쓰러진다. 그 바람에 나의 몸뚱이도 겹쳐서 쓰러지며, 한창 피어 흐드러진 노란 동백꽃 속으로 폭 파묻혀 버렸다. 알싸한, 그리고 향긋한 그 냄새에 나는 땅이 꺼지는 듯이 온 정신이 고만 아찔하였다."

한편, 강원도 정선아리랑에서는 생강나무 열매를 동박(동백)이라 부른다. 강원도 정선 북면 여량리에 있는 아우라지 강을 사이에 두고 서로 만나지 못하는 임에 대한 간절한 그리움을 '정선아리랑'에서 담고 있다. 아래에 정선아리랑 가사의 일부를 옮겨 본다.

눈이 올라나 비가 올라나
억수 장마 질려나
만수산 검은 구름이 막 몰려온다
(후렴)
아리랑 아리랑 아라리요
아리랑 고개고개로 넘어간다
아우라지 뱃사공아 배 좀 건네주게
싸리골 올 동박이 다 떨어진다
(후렴)

아리랑 아리랑 아라리요

아리랑 고개고개로 넘어간다

떨어진 동박은 낙엽에나 쌓이지

사시장철 임 그리워서 나는 못 살겠네

생강나무: 녹나무과. 학명(*Lindera obtusiloba*), Lindera는 스웨덴의 식물학자 Johann Linder에서 유래, obtusiloba는 잎의 끝부분이 둔한 모양을 말함, 다른 이름; 개동백나무, 동백나무, 아구사리, 아귀나무, 생나무, 새양나무, 아기나무, 황매목, 단향매, 영어명; Japanese spice bush.

전국산지의 아고산 이하의 지역에 자생하며 일본, 중국 등지에서도 분포한다. 낙엽활엽관목으로 수고 3m이며 수피는 짙은 회색(흑회색)이고 일년생 가지는 황록색이다. 잎은 어긋나며 넓은 난원형이나 흔히 많은 수의 잎의 경우 3-5개의 결각이 생긴다. 꽃은 황색으로 3월에 잎보다 먼저 피며 암수딴그루이다. 꽃자루가 없는 산형꽃차례로 많은 꽃이 모여서 핀다. 열매는 1cm 길이의 열매자루가 있으며, 9-10월에 청색에서 적색, 흑색으로 성숙하며 둥근 모양으로 지름이 7-8mm이다.

산록의 건조지 및 그늘진 곳에서도 잘 자라며 내조성이 강하여 바닷가에서도 잘 자란다. 다른 나무와 화합성이 강하여 참나무, 소나무 숲에서도 생육이 양호하다. 열매에서 짠 기름을 머릿기름으로 사용한다. 생강나무의 봄 새잎으로 돼지고기를 구워 먹을 때 싸서 먹거나 나물로 무쳐 먹을 수 있다.

(좌) 생강나무; 아까시나무를 지나 길 좌우에 생강나무꽃이 피었다. 3월 하순
(우) 생강나무; 이른 봄 산에서 가장 먼저 꽃을 피우고 산수유꽃과 달리 꽃자루가 없고 산형꽃차례로 꽃이 뭉쳐서 핀다. 관악산. 4월

(좌) 생강나무; 꽃자루 없이 모여서 꽃이 핀다. 관악산. 4월
(우) 생강나무; 꽃이 지고 생강나무 열매가 커지고 있다. 잎에는 녹나무속의 특징인 3개의 뚜렷한 엽맥인 3 대맥(大脈)이 뚜렷하다. 4월

(좌) 생강나무; 잎에 결각이 있는 모양과 없는 모양이 혼재되었다. 5월
(우) 생강나무; 열매가 조금씩 커지고 있다. 6월

(좌) 생강나무; 목재 다리 앞에 좌우로 여러 그루의 나무가 있다. 9월
(우) 생강나무; 열매가 익어 붉은색에서 검은색으로 변한다. 9월

(좌) 생강나무; 샛노란 단풍이 화려하게 보인다. 11월
참고: (우) 산수유; 꽃자루가 길고 개별꽃은 분리되어 있다. 관악산. 4월

IV. 숲 해설 1: 산성 입구 - 국사당(밤골농원) 구간

52. 리기다소나무

　목조다리 가운데 지점에서는 우측으로 북한산의 정상 봉우리들(인수봉, 만경대, 백운대)을 가까이서 볼 수 있으며 다리를 건너면 정면으로 수피가 검은색을 띤 리기다소나무 군락을 볼 수 있다.

　원산지가 미국인 리기다소나무가 일본을 통하여 도입되어 1960-1970년대 산림녹화 과정에서 전국의 산지에 식재되었다. 이 소나무는 비료 성분이 거의 없는 척박한 산지에서 잘 자라기에 국가에서 적극적으로 장려하여 심게 되었으며 현재 전국 산지에 있는 리기다소나무는 모두 사람들이 심은 것이다.

　우리나라 소나무는 잎이 두 개씩 모여서 나는 반면 리기다소나무는 잎이 세 개씩 모여서 나기에 북한에서는 '세잎소나무'라고 부른다. 잎이 매우 억세고 줄기 여기저기(밑동 포함)에 맹아(萌芽)라는 작은 새싹들이 나와서 줄기를 털북숭이처럼 보이게 한다. 특히 주변 환경이 나쁘면 줄기에 맹아가 많이 나온다고 한다. 또한 다른 소나무에 비하여 수피가 검은색이고 솔방울이 많이 열리는 것이 특징이다. 그리고 나이에 비하여 줄기 지름이 작고 옹이가 매우 많아 건축재나 펄프재 등으로 사용될 수가 없어서 지금은 그 역할을 끝내고 잘려 나가 다른 나무로 빠르게 대체되고 있다. 한자 이름은 미국삼엽송(美國三葉松), 강엽송(剛葉松), 경엽송(硬葉松) 등으로 불린다.

　리기다소나무: 소나무과. 학명(*Pinus rigida*), Pinus는 켈트어 pin(산)에서 유래하였으며, rigida는 잎이 딱딱하다(억세다)는 의미임, 다른 이름; 세잎소나무, 삼엽송, 영어명; Pitch pine.

　미국 북동부 대서양 연안이 원산지이며 우리나라에는 도입되어 산림녹화를 위하여 전국에 조림하였다. 상록침엽교목으로 맹아력이 매우 강하여 줄기에서 맹아가 많이 나온다. 수피는 흑갈색이며 어린 가지는 연한 갈색이다. 잎은 3개(간혹 4개)가 비틀려서 모여 나며 구화수는 5월에 핀다. 열매는 다음 해 9월에 성숙한다. 구과는 수년 동안 가지에 달려 있다.

　양수이며 내한성과 내건성이 강하여 척박지, 건조지, 습지 등에도 잘 적응한다. 우리나라 산지에 있는 리기다소나무는 1914년경 종자를 들여와 양묘한 것이 최초이며, 1970년대 대규모 조림사업 당시에 식재된 것이다. 목재의 재질은 별로 좋지 못하여 사방사업 및 연료용으로 사용된다.

(좌) 리기다소나무; 수피가 흑갈색이고 잎은 3개씩 모여 나고 줄기에 맹아가 많이 생긴다. 잎은 3개씩 모여서 난다(3엽송). 4월
(우) 리기다소나무; 소나무와 달리 수피가 검은색을 보인다. 9월

리기다소나무; 검은 수피와 대비되는 활엽수들은 단풍이 들고 있다. 11월

52-1. 졸참나무

　목재 다리 끝 좌측에 졸참나무 한 그루가 서 있다(앞 12번 자료 참조). 다리 가운데에서 우측을 보면 북한산의 인수봉, 만경대, 백운대의 정상부 암봉들을 볼 수 있다.

졸참나무; 다리 끝 좌측에 졸참나무 한 그루가 있다. 9월

(좌) 졸참나무; 뾰족한 탄환 모양의 졸참나무 도토리. 9월
(우) 졸참나무; 각두에 싸인 졸참나무 열매 도토리. 10월

(좌) 목조다리 가운데에서 우측으로 근접하게 보이는 인수봉 정상
(우) 목조다리에서 근접하게 보이는 만경대 정상

53. 청미래덩굴

　리기다소나무 군락 내 오솔길 옆 우측에 청미래덩굴이 있다. 청미래덩굴은 북한산을 포함하여 중부지방 어느 산에서나 흔히 볼 수 있는 백합과의 낙엽성 덩굴나무이다.

　지방마다 다양한 이름으로 불린다. 경상도에서는 망개나무, 전라도에서는 맹감나무, 명감나무 등으로 불린다. 충북 및 경북 일부 지방의 계곡부에 자라는 갈매나무과의 아교목으로 암적색 타원형 열매가 달리는 망개나무(속리산과 주왕산에 자생하며 멸종위기종으로 보호)와 구별해야 한다. 기타 산귀래(山歸來, 남편이 산에서 돌아오게 한 나무를 의미), 우여량(優餘糧, 요깃거리로 넉넉함을 의미), 신기량(新奇糧, 산에 있는 기이한 양식을 의미), 전유량(傳留糧, 신선이 남겨 준 양식을 의미), 그리고 땅속줄기의 뿌리 부분에 생긴 큰 혹에 흰 가루 같은 전분을 포함하고 있어 토복령(土茯苓, 사포닌 함유, 강장 강정제)이라 하여 매독 치료용 약재, 해독제 및 구황식물로 사용되었다.

　청미래덩굴은 원형에 가까우나 끝이 뾰족한 두꺼운 가죽질의 윤기 나는 잎이 어긋나며 줄기에 갈고리 같은 가시가 있고 덩굴손이 있어 산속 원숭이도 꼼짝 못 하게 한다는 나무라고 하여 일본인들은 '원숭이 잡는 덩굴'이라고 부른다. 어린잎은 따다가 나물로 먹으며 떡을 싸서 찌면 달라붙지 않고 잘 쉬지 않으며 잎의 향기가 배어 독특한 맛이 난다. 시골장에서 소리치면서 팔던 '망개떡(쌀로 반죽한 납작한 떡에 팥소를 넣어 청미래덩굴 잎으로 싸서 쪄낸 떡, 경남 의령에서는 향토 음식으로 관광 상품화함)'은 청미래덩굴 잎으로 싼 떡을 말한다.

　청미래덩굴은 암수딴그루로 5월에 황록색의 우산 모양의 꽃이 피었다가 초록색 동그란 열매가 열려 가을에는 빨갛게 익는다. 이 열매를 지역에 따라 '명감', '맹감', '망개'라고 부른다. 익은 열매 속에는 황갈색 씨앗과 푸석푸석하지만 약간 달콤한 육질이 들어 있다. 메마른 열매는 겨울을 지나서 봄까지 달려 있다. 이러한 열매 달린 덩굴은 꽃꽂이 재료로 인기가 높다. 비슷한 식물로 백합과의 청가시덩굴이 있다. 이 나무는 잎이 어긋나고 긴 타원형이며 녹색 줄기에 직선형 가시가 많고 열매는 둥근 모양으로 흑색으로 익는다.

　청미래덩굴과의 같은 속에 속하는 덩굴나무로 청가시덩굴이 있다. 이 나무는 잎끝이 세모꼴이고 줄기에 가시가 많고 열매는 검게 익는다.

　청미래덩굴: 백합과. 학명(*Smilax china*), Smilax는 그리스어로 상록가시를 의미함, china는 중

국을 의미, 다른 이름; 망개나무, 명감나무, 명감, 좀청미래, 매발톱가시, 섬명감나무, 종가시나무, 좀명감나무, 청열매덤불, 팔청미래, 맹감나무, 멜랭기낭, 한약명; 토복령(土茯苓, 뿌리), 발계(菝葜, 뿌리), 영어명; Wild smilar, East Asian greenbrier, Chinaroot.

전국의 산지에 자생하며 중국, 미얀마, 필리핀, 태국, 베트남, 대만, 일존 등에 분포한다. 낙엽활엽덩굴성 관목으로 줄기는 마디에서 굽어 자라며 수피에 갈고리 같은 가시가 있다. 잎은 어긋나며 광타원형으로 잎자루는 7-20mm이고 턱잎이 변한 한 쌍의 덩굴손이 있다. 암수딴그루로 꽃은 황록색이며 우산 모양 꽃차례는 잎겨드랑이에 달리고 5월에 핀다. 열매는 지름 1cm 정도로 둥글며 9-10월에 적색으로 성숙하며 명감 또는 망개라고 한다. 뿌리(덩이뿌리) 근경은 길게 옆으로 뻗으며 육질이 딱딱하고 불규칙하게 휘어지며 드문드문 수염뿌리가 난다.

햇볕이 잘 들거나 반 그늘진 곳, 물이 잘 빠지는 산성 토양이 적합하다. 내건성, 내조성이 강하나 야생목 이식은 거의 불가능하다. 생장이 빠르며 건조한 환경에 강하다.

(좌) 청미래덩굴; 잎은 어긋나며 둥글고 광택이 있고 가죽질이며 덩굴손이 있다. 4월
(중) 청미래덩굴; 가을까지 푸른 잎을 보여 준다. 10월
(우) 청미래덩굴; 잎은 지고 열매는 장과로 붉게 익었다. 12월

54. 철쭉

　목재 다리를 건너면 바로 우측에 팥배나무 몇 그루와 리기다소나무 집단 서식지를 지나면 길 좌측에 철쭉나무들의 군락을 볼 수 있다. 철쭉은 양과 관련이 깊은 나무이다. 중국 명나라 때(16세기) 이시진이 집필한 약초서인 『본초강목(本草綱目)』에서는 척촉화(躑躅化)는 양이 잘못 먹으면 죽기 때문에 양척촉(羊躑躅)이라고 했다는 기록이 있다. 양척촉(독성이 있어 양이 먹기를 머뭇거린다는 뜻)에서 양이 탈락하여 척촉으로 쓰이다가 철쭉으로 바뀐 것으로 전해진다.

　철쭉과 관련된 오래전 이야기는 『삼국유사』의 수로부인 이야기이다. 신라 최고의 미인 수로부인이 성덕왕 때 강릉 태수로 부임한 남편 순정공을 따라 바닷가 낭떠러지에 핀 철쭉꽃을 원했으나 아무도 나서지 않았다. 이때 암소를 끌고 지나가던 늙은이가 그 꽃을 꺾어 '헌화가(獻化歌)'라는 가사까지 지어 바친 것으로 전해진다.

　철쭉은 전국 어느 산에서나 만날 수 있는 나무로 진달래가 지고 난 5월경에 진달래와는 달리 잎과 동시에 꽃이 피는 것이 특징이다. 철쭉과 진달래는 같은 진달래과에 속하는 관목으로 비슷한 종류의 꽃이 피기에 일반인들이 구분하기에 힘들다고 호소한다. 먼저 진달래는 이른 봄(3-4월)에 잎보다 먼저 자홍색 꽃이 피는 특징이 있으며 잎은 장타원상 피침형이다. 그리고 철쭉은 진달래보다 늦게 5-6월에 잎과 꽃이 동시에 나며 분홍색 꽃이 피고 잎이 둥글며(도란형) 돌아가며 모여서 나는 특징이 있으며 지역에 따라서 연달래(진달래가 시들 즈음 연달아 핀다는 의미 또는 진달래꽃보다 연한 색의 꽃이 핀다는 의미)라고 부르기도 한다. 한편 꽃이 진분홍색이고 4-5월에 피며 잎이 긴 타원형이면 산철쭉이다. 산철쭉으로 물이 많은 계곡에 피는 종류를 수달래라고 부르기도 하며 청송의 국립공원 주왕산의 수달래 축제가 유명하다. 한편 만병초는 울릉도 및 지리산 이북의 높은 산지 능선 및 정상부에 분포하며 잎은 장타원형이고 가지 끝에 뭉쳐나며 꽃은 7월에 백색 또는 연한 황색으로 피며 10-20개가 가지 끝에 달린다.

　그리고 철쭉의 한 종류로 일본에서 자라는 철쭉(사스끼철쭉)을 개량한 원예품종을 우리나라와 중국에서는 영산홍(映山紅) 또는 왜철쭉으로 부르고 있으나 일본에서는 사용하지 않는 이름이다. 강희안의 『양화소록』에 따르면 조선 초 세종 시대에 일본에서 철쭉을 조공으로 보내왔다는 기록이 있다. 이 영산홍이 조선왕조실록과 선비들의 문집에 많이 등장한다. 영산홍은 꽃이 작고 화려하며 영산홍을 가장 좋아한 임금은 연산군으로 알려져 있다. 영산홍은 4-5월에 꽃이 피고 겨울에 잎이 지는 진달래와 철쭉과 달리 잎이 작고 장타원형이며 겨울에도 잎이 지지 않고 남아있는 특징이 있다. 꽃이 붉은색이 기본이지만 분홍색, 흰색 등이 있으며 붉은색을 영산홍, 보라색을 자산홍이라고도 부른다. 설악산과 대관령 지역에는 흰 꽃이 피는 흰철쭉이 자생한다.

철쭉나무를 이용하여 만든 지팡이를 '척촉장'이라고 부른다. 또한 목공예 조각 재료로도 사용되나 정원을 아름답게 가꾸는 관상수로서 가장 인기가 높다. 철쭉의 꽃받침 주변으로 끈끈한 액체가 나오며 벌레들이 이 점액질로 곤욕을 치른다. 5월은 온갖 벌레들이 기승을 부릴 때라 새순을 갉아먹는 벌레들을 막기 위한 것이라 한다. 또한 철쭉꽃에는 그라야노톡신(Grayanotoxin)이라는 독소가 함유되어 있는데 이는 꽃을 먹는 애벌레의 중추신경을 마비시키는 신경독이다.

지역적으로 보면 오대산 선재길 냇가, 주왕산 계곡에 핀 진한 분홍색 철쭉은 산철쭉이며 일명 수달래라고 부른다. 지리산의 바래봉에 피는 진분홍 철쭉은 산철쭉이며 세석평전에 피는 연분홍 철쭉은 철쭉이다. 중부지방과 소백산에 피는 꽃은 철쭉이다. 진달래꽃으로 유명한 곳은 여수 영취산, 강화 고려산, 대구 비슬산, 창녕 화왕산 등이며 꽃을 먹을 수 있다고 하여 참꽃이라 부르며 철쭉은 먹을 수 없다고 하여 개꽃이라고 부른다.

철쭉과 관련된 수로부인 설화를 배경으로 철쭉의 특징을 산문 형식의 시로 잘 요약한 손병흥 시인의 시 '철쭉꽃'을 싣는다.

철쭉꽃

손병흥

신라 서라벌의 절세미인이었던 수로부인(水路夫人) 앞에
어느 노인(老人)이 천길 벼랑 위에 홀로 만발한 꽃을 꺾어
그윽한 눈빛과 함께 무릎을 조아리면서 바쳤다고 알려진
걸음을 멈추고 아름다움에 취해 머뭇거리게 한다는 의미
옛날엔 척촉화(躑躅化)로도 불리어졌던 연분홍빛 철쭉꽃

아름다운 여인 한마디에 바쳐진 사랑의 즐거움이란 꽃말

진달래 질 무렵 온통 산기슭 수놓은 설화 속 향가 이야기
서정 시가로 전해 내려오는 헌화가 가사에도 있는 것처럼
험준한 절벽 위의 꽃을 꺾어 오게 했다는 위대한 매력 그 자태
먹지 못해 개꽃이라고 불렀던 진달래목 진달래과 낙엽관목

철쭉: 진달래과. 학명(*Rhododendron schlippenbachii*), Rhododendron은 그리스어 rhodon(장미)과 dendron(수목)의 합성어로 적색 꽃이 피는 나무라는 의미, schippenbachii는 1854년 한국 식물을 처음으로 수집한 독일의 해군제독 B. A. Schlippenbach의, 다른 이름; 철쭉나무, 함박꽃, 개꽃나무, 철쭉꽃, 참철쭉, 영어명; Royal azalea, Smile rosebay.

전국의 산지에 자생하며 중국에도 분포한다. 낙엽활엽관목으로 수고 2-5m이다. 수피는 회색이며 잎은 어긋나고 가지 끝에 4-5개씩 뭉쳐나고 넓은 도란형이다. 꽃은 연한 분홍색으로 잎과 동시에 4-5월에 핀다. 화관은 깔때기 모양이며 꽃잎 윗부분에 적갈색 반점이 있다. 열매는 삭과로 장타원상이며 길이 1.5cm로 털이 있으며 10월에 익는다.

음수로 산성의 비옥한 토양을 좋아하며 내한성과 내조성은 강하나 내건성은 약하다. 정원이나 공원 등의 조경용으로 이용된다. 진달래와 달리 꽃은 독성이 있어 식용할 수 없다. 흰철쭉은 철쭉과 특성이 같으나 백색 꽃이 핀다.

강원도 정선군 여량면 고양리·여양리·봉정리 반론산 철쭉나무 자생지(수령 200년 추정) 및 울산 울주군 가지산의 산정부에 위치한 철쭉나무 군락(수령 100-450년의 40여주 철쭉 노거수 및 다수의 철쭉 군락)도 천연기념물로 지정되어 있다.

(좌) 철쭉; 잎과 함께 연한 분홍색 철쭉꽃이 개화하였다. 4월
(우) 철쭉; 잎과 꽃이 동시에 나온다. 남양주 서리산 철쭉동산. 5월

철쭉; 덕유산에 철쭉 군락지가 있으며 철쭉꽃이 개화하였다. 5월 하순

(좌) 철쭉; 도란형 모양의 잎이 5개 모여 나며 열매는 장타원형 삭과이다. 8월
(우) 철쭉; 익은 열매는 겨울에 세로로 5조각으로 갈라져 살짝 벌어진다. 진달래 열매는 4-5 조각으로 활짝 벌어진다. 6월

55. 개옻나무

  등산로 좌측에 어린 개암나무 여러 그루가 있고 바로 다음 내리막길 목재 계단 앞 우측에 어린 개옻나무 1그루를 볼 수 있다. 옻나무와 생김새가 유사하지만 채취하는 옻의 양이 적고 품질이 떨어진다고 개옻나무라고 하고 북한에서는 '털옻나무'라고 한다.

  개옻나무는 전국의 산야에서 아주 흔하게 볼 수 있는 낙엽활엽소교목으로 옻나무는 소엽의 수가 9-13개, 개옻나무는 13-17개이다. 바로 구분하기 어렵다면 야외에 사람이 심은 나무는 옻나무, 산야에서 자연적으로 자라는 나무는 개옻나무라고 판단해도 무리가 없다. 특히 옻나무는 씨앗이 발아하여 뿌리를 내리는 데 3년이 걸린다고 하여 재배하기 힘든 나무로 알려져 있다. 참깨, 밤나무와 상극이라 함께 심지 않았다. 옻나무를 심는 방법으로 옻나무 열매가 막 열릴 때 따서 마른 풀에 불을 붙여 그 불에 살짝 볶아 꺼내 심으면 곧 싹이 튼다고 한다.

  개옻나무는 작은 가지와 잎자루는 붉은 갈색을 띠며 꽃차례, 열매는 겉에 황갈색 털이 많이 나는 것이 특징이며 가을철 양지쪽에서 볼 수 있는 진홍색 단풍나무는 대부분 개옻나무와 붉나무이다. 그리고 옻나무 잎은 누렇게 단풍이 들고 열매의 둥근 표면이 매끈한 것이 특징이다. 옻을 잘 타는 사람은 산야에서 옻나무와 접촉을 피해야 하며 옻나무나 개옻나무 모두 옻이 오르니 주의해야 한다.

  개옻나무: 옻나무과. 학명(*Rhus trichocarpa*, 국가생물종지식정보시스템에는 *Toxicodendron trichocarpum*으로 기재), Rhus는 그리스어 옛 이름 rhous가 라틴어화 된 것, trichocarpa는 털이 있는 열매를 의미, 다른 이름; 개옷나무, 새옷나무, 털옻나무, 영어명; Bristly-fruit lacquer tree, fruit lacquer tree.

  전국의 산야에 자생하며 일본과 중국에도 분포한다. 낙엽활엽소교목으로 수고 7m이다. 수피는 회갈색 또는 회백색을 띤다. 어린 가지는 붉은색이며 짧고 부드러운 털이 밀생한다. 잎은 어긋나며 기수우상복엽으로 소엽은 13-17개이며 난형 또는 난상 장타원형으로 뒷면에 털이 많다. 잎자루는 약간 붉은색을 띠며 가을에는 붉게 단풍이 든다. 꽃은 암수딴그루이고 5-6월에 피며 황록색이다. 잎겨드랑이에 원추꽃차례가 달리며 황갈색 털이 있다. 열매는 10월에 황갈색으로 익으며 편구형 핵과이다. 겉에는 가시 같은 털이 촘촘하게 나 있다.

  중용수로 척박한 건조지에서도 잘 자란다. 수액은 도료 또는 약용하며 어린잎은 식용 또는 약용한다. 독성이 있어 접촉하면 피부염을 일으킬 수 있어 이용에 주의해야 한다.

(좌) 개옻나무; 잎은 어긋나며 잎자루는 약간 붉은색을 띤다. 6월
(우) 개옻나무; 잎은 기수우상복엽이며 소엽의 수는 13-17개이다. 6월

(좌) 개옻나무; 잎은 13-17개의 소엽으로 구성되어 있으며 난상 장타원형이고 거치는 없다(일부 2-3개 거친 거치). 잎자루는 붉은색이다. 6월
(우) 개옻나무; 가을에 노란색으로 멋지게 단풍이 들었다. 10월

참고: (좌) 옻나무; 수피는 암회색으로 세로로 갈라진다. 홍릉수목원. 6월
참고: (우) 옻나무; 소엽은 7-17개이며 난상 타원형이며 거치가 없고 잎자루는 녹색이다. 심지 않으면 자연적으로 자라지 않는다. 홍릉수목원. 6월

56. 산초나무

　나무계단이 나타나고 끝나는 지점 좌측 5m 거리에 원줄기 밑동에서 6개 줄기로 갈라진 팥배나무를 볼 수 있다. 목조 데크 길 중간 우측 골짜기에 산초나무가 있으며 그 앞에 포토존 표지판이 있다. 목조 데크 길 가운데 졸참나무 2그루가 서 있다.

　산초나무는 향이 나는 운향과의 관목으로 열매껍질에서 강한 향기가 나는 나무를 한자로는 초(椒)라고 하며 산에서 자라는 초라는 의미에서 산초(山椒)라고 한다. 산초나무는 소엽이 13-21개로 구성된 기수우상복엽으로 초피나무(소엽 9-19개, 중부 이남 지역에 분포)와 수형, 잎, 열매가 아주 유사한 운향과에 속하는 나무이다. 경남지방에서는 민물고기가 육류의 비린내 등을 제거하기 위하여 향신료로 초피(椒皮)나무의 종자를 갈아 만든 초피(제피, 조피, 쟁피, 죄피) 가루를 넣어서 먹는다. 산초나무는 전국적으로 분포하고 있으며 열매나 잎 등에 향이 있으나 초피나무에 비하여 약하고 열매는 기름을 짜서 약재로 주로 사용한다.

　산초나무는 전국의 산지에서 자라며 가시는 줄기에 어긋나게 달려 있고 6월에 꽃이 피지만 초피나무(9-19개 소엽), 개산초(3-7개 소엽, 잎자루에 날개, 상록수), 왕초피(제주도, 7-13개 소엽, 가시 밑부분이 넓다)는 가시가 마주나고 주로 남부지방에서 자라며 꽃은 5-6월에 피는 것이 큰 차이점이다.

　중국요리 중에서 오향장육 등을 만드는 데 첨가하는 다섯 가지 향신료가 산초(초피), 회향, 팔각, 계피, 정향 등을 말한다. 소고기나 돼지고기에 다섯 가지 향신료와 간장을 첨가하여 만든 요리를 말한다. 산초나무 열매를 통째로 말려서 가루 낸 것은 민물고기 요리의 비린내를 없애주고 음식이 쉽게 상하는 것을 막아 주며 음식에 특유의 향기를 첨가하기 위하여 향신료로 사용한다. 특히 산초나무 열매는 디스토마 예방약의 제조 원료로 사용된다. 산초나무 잎과 씨앗은 약으로 쓰고 잎은 장아찌를 담가 먹으며 씨앗에서는 기름을 짜서 식용한다.

　산초나무는 열매나 잎에 향기가 있지만 초피나무보다는 훨씬 약하다. 그리고 초피나무는 봄에 꽃이 피지만 산초나무는 무더위가 한창인 여름에 꽃이 핀다. 벌에 쏘이거나 모기에 물렸을 때 산초나무 잎이나 열매를 빻아서 소금에 비벼 붙이면 통증이 금방 사라진다. 또한 산초나무에 함유된 '산시올'은 마취 효과와 살충효과가 있는 물질로 이가 아플 때 산초나무 열매껍질을 씹으면 나아진다. 그래서 서양에는 치통 나무(toothache tree)라고 불린다. 산초나무를 집 둘레에 심으면 짙은 향기 때문에 모기가 꼬이지 않는다. 호랑나비의 애벌레는 산초나무 잎을 먹고 자란다. 그리고 기타 운향과에 속하는 귤나무, 탱자나무, 황벽나무 등의 잎을 먹는다.

산초나무: 운향과. 학명(*Zanthoxylum schinifolium*), Zanthoxylum는 그리스어 xanthos(황색)와 xylon(목재)의 합성어, schinifolium은 옻나무과 중 Schinus속의 잎과 같다는 의미, 다른 이름; 분지나무, 산추나무, 상초나무, 초피나무, 재피나무, 한약명; 야초(野椒, 과피), 애초(崖椒, 열매), 영어명; Peppertree prick-lyash.

전국 산지에 자생하며 중국, 대만, 일본 등의 국가에도 분포한다. 낙엽활엽관목으로 수고는 3m이다. 수피는 회갈색이며 가시가 남아 있고 어린 가지에는 가시가 어긋나게 난다. 잎은 어긋나며 기수우상복엽이고 소엽은 13-21개이며 타원상 피침형으로 둔한 거치가 있다. 꽃은 산방꽃차례로 담녹색으로 7-8월에 피며 암수딴그루이다. 열매는 삭과로 10월에 적갈색으로 익으며 종자는 검은 색이다.

전국의 산야에 흔하게 자라며 내한성이 강하고 양수의 나무이다. 토양은 가리지 않으나 내염성이 약하여 해변에서는 잘 자라지 못한다. 종자에서 기름을 짜며 식용으로 먹을 수 있으며 민간에서는 산초기름을 기침을 잘 멎게 하는 약으로 사용한다.

(좌) 산초나무; 가시는 어긋나며 잎은 13-21개의 소엽이 있다. 초피나무는 가시가 마주난다. 6월
(우) 산초나무; 암수딴그루이며 꽃은 담녹색으로 산방꽃차례이다. 7월

(좌) 산초나무; 작고 둥근 열매가 모여서 달려 있다. 8월
(우) 산초나무; 열매가 익어 안에 검은 씨앗이 있다. 용인자연휴양림. 10월

(좌) 산초나무; 노랗게 단풍이 들었다. 11월
(우) 졸참나무; Y자 모양의 졸참나무가 포토존 앞에 있다. 4월

포토존 안내판; 데크 길 가운데 우측에 있다. Y자 졸참나무 아래

56-1. 개옻나무

포토존 표지 바로 지나서 좌측에 어린 키 작은 개옻나무가 한 그루가 서 있다(앞 55번 자료 참조).

개옻나무; 단풍이 노랗게 물들었다. 11월

57. 노린재나무

　포토존 표지 반대편(좌측) 약 3m 거리에 키 3m 정도의 노린재나무 1그루가 중심 줄기가 약간 기울어진 상태로 서 있다. 노린재나무도 전국의 산지에서 아주 흔하게 볼 수 있는 관목의 하나이다. 늦은 봄에 숲속 큰 나무 밑에 하얀 둥근 털 모양의 꽃이 핀 노린재나무에서 은은한 향기를 맡을 수 있다. 이 나무를 한자로는 황회목(黃灰木)으로 부르며 태우면 노란색의 재가 나오고 그 잿물을 황회(黃灰)라고 부르며 천연염료로 물을 들일 때 염색이 잘 되게 하는 매염제(媒染劑)로 사용되었다. 과거 천연물감으로 직물의 물을 들일 때 매우 중요한 자원식물로 조선의 황회를 이용한 염색 기술은 일본까지 수출하였다는 기록이 있다. 특히 제주도의 섬노린재나무를 일본인들은 탐라단(耽羅檀)으로 불렀다. 그러나 지금은 명반이나 타닌 등 좋은 매염제가 개발되어 사용되기 때문에 쓸모가 없는 나무가 되었다. 처음에는 노란재나무로 부르다가 후에 노린재나무로 변하였다고 한다.

　나무를 매염제로 사용한 이유는 유황을 함유한 명반을 얻기 어려웠기 때문이라고 한다. 따라서 중국에서는 산에서 구할 수 있는 명반이라는 뜻으로 산반(山礬)이라고 한다. 『본초강목』에는 산반을 운향(芸香), 정화(椗花), 자화(柘花), 창화(瑒花), 춘계(春桂), 칠리향(七里香) 등으로 기술하였다. 이러한 이름은 모두 노린재나무꽃에서 나오는 향기를 강조한 것이다. 중국에서는 서적의 좀을 없애기 위해서 노린재나무를 사용하였다.

　노린재나무는 큰 나무 아래에서 넓게 수평으로 가지를 뻗어 잎들이 평평하게 퍼져서 자라는 특징이 있다. 가을이 되면 열매가 익어가기 시작한다. 열매가 짙은 푸른색이면 노린재나무, 검은색을 띠면 검노린재나무(남부 및 제주지역), 푸른색이 너무 진하여 거의 검은색을 띠면 섬노린재(한라산 지역, 잎이 길고 날카로운 거치), 그리고 제주지역에서 자생하는 상록 관목으로 타원형 흑색 열매가 열리는 검은재나무와 사철검은재나무 등으로 구분한다.

　노린재나무: 노린재나무과. 학명(*Symplocos chinensis*), Symplocos는 그리스어로 '결합한'의 의미로 수술의 기부가 붙어 있음을 의미, chinensis는 중국을 의미, 영어명; Chinese sweetleaf, Asian sweetleaf.

　전국 산지에 자생하며 중국, 대만, 일본 등의 국가에도 분포한다. 낙엽활엽관목 또는 아교목으로 수고 1-5m이다. 수피는 회갈색이며 어린 가지에 털이 있다가 없어진다. 잎은 어긋나며 도란형 또는 타원형이며 가장자리에 잔거치가 있으나 뚜렷하지 않다. 꽃은 구형의 방사형으로 흰색이고 5월에 피며 새 가지 끝에 원추꽃차례로 달리며 향기가 있고. 열매는 9월에 진한 푸른색(벽색)으로 성숙하고 끝에 꽃받침이 남아 있다.

중용수이며 소나무 아래에서 국수나무, 진달래, 철쭉 들과 함께 자생하며 내음성, 내한성, 내건성, 내공해성이 강하다. 꽃은 관상용 가치가 높고 방향성이 있으며 개화기간이 길어 조경용수로 사용된다. 정원수로 식재하고 목재는 가구재로 사용되며 가지와 잎은 약용한다.

노린재나무; 목재 데크 좌측에 줄기가 굽은 한 그루가 있다. 4월

노린재나무; 가지 끝에 긴 수술이 모여서 둥근 흰 꽃이 핀다. 5월

(좌) 노린재나무; 잎은 어긋나며 타원형이고 열매가 자란다. 7월
(우) 노린재나무; 가을이 되어 열매가 벽색으로 익었다. 9월

(좌) 노린재나무; 수피는 세로로 길게 갈라진다. 9월
(우) 노린재나무; 노린재나무 잎에 기생하는 큰광대노린재. 서울 망우산. 10월.

57-1. 큰광대노린재

　큰광대노린재(*Poecilocoris splendidulus*)는 노린재목에 광대노린재과에 속하는 곤충으로 대한민국, 중국, 일본, 대만 등지에 분포한다. 길이는 보통 17-20mm이고 금녹색을 띠는 바탕에 빨간색 줄무늬가 있어 '광대'노린재라는 이름이 붙었다. 겹눈은 어두운 갈색이며, 더듬이는 5마디인데 2마디가 가장 짧고 푸른 남색 광택을 띤 검은색이다. 앞가슴등판의 옆가장자리와 배의 둘레는 황백색이다. 등의 화려한 무늬는 딱지날개가 아닌 작은방패판(소순판)인데, 작은방패판(소순판)이 커서 등판 전체를 덮는 구조이기에 날개는 옆구리에서 맥가이버칼의 칼날처럼 편다.

　주로 숲이나 수풀이 무성한 곳에 서식하고 식물의 즙액을 먹는다. 회양목, 등나무, 참나무, 식나무, 층층나무, 노린재나무의 열매 등에서 채집할 수 있다.

　몸에 신맛이 나는 독성물질을 저장하는데 포식자로부터 몸을 보호하는 역할을 한다. 한번 포식자가 광대노린재를 먹어 맛을 보면 그 뒤로는 다시 먹지 않으려 한다고 한다. 이 독성물질은 노린재가 죽어도 몸에서 빠져나가지 않는다.

　낙엽 밑에서 유충으로 월동하고 5월 즈음에 성충이 된다. 성충은 짝짓기 후 알을 잎에 나란히 낳는데, 알집 하나에 알 14개 정도가 있다. (나무위키 인용)

58. 노간주나무

　데크 길 거의 끝나 가는 지점 바로 우측에 상록침엽수 노간주나무 2그루를 볼 수 있다. 산에서 우뚝 솟아 키 큰 향나무 비슷한 나무를 만나면 십중팔구는 노간주나무이다. 원래 이름은 노가(老柯)나무였으며 열매를 노가자(老柯子)라고 부르다가 노간주가 되었다고 한다.

　암수가 다른 나무로 열매는 두송자(杜松子) 또는 두송실(杜松實)이라 부르며 약으로 사용되고 서양에서는 '주니퍼 베리'로 부르며 요리에 사용되는 향신료이며, 솔향이 나고 진토닉의 진(gin)을 만드는 원료로 사용된다. 콩알 크기의 열매는 한 해 건너 다음 해 10월에 검붉게 익는다. 주니퍼 베리(juniper berry)는 노간주나무의 과명 juniperus에서 따온 이름이다. 완전히 익기 이전의 열매를 따서 소주에 담아 1개월 정도 지나면 노간주 술인 두송주(杜松酒)가 된다. 따라서 노간주나무를 두송목(杜松木) 또는 노송나무라고도 부른다.

　목재는 물에 잘 썩지 않아 선박재로 사용되고 가지는 아주 유연하여 부러지지 않고 질기기에 나무를 불에 살살 구우면 간단히 동그랗게 휠 수 있다. 이렇게 둥글게 모양이 굳어진 것을 소코뚜레로 사용하였다.

　옛 문헌에 노간주나무 옆에 있는 배나무(사과나무, 모과나무)는 모두 죽는다는 이야기가 있다. 노간주나무는 향나무와 마찬가지로 녹병균(붉은별무늬병)의 중간 기주로 작용하기 때문이다. 노간주나무에는 해변, 좀, 평강, 서울 등의 접두어가 붙는 품종이 있으며 해변노간주는 줄기가 누워서 자라며 잎이 조밀하게 달리는 특징이 있어 산림청이 정한 '희귀 및 멸종위기 식물'에 포함된다.

　노간주나무는 양지바른 땅이면 척박한 토양에서도 잘 자라고 특히 석회암지대를 좋아하기에 충북 단양 등지에서 회양목과 함께 쉽게 볼 수 있는 수종이다. 강원도 정선군 임계면 골지리(문래리)에서 자라는 노간주나무는 수령 약 350년에 이르는 보호수이다.

　노간주나무: 측백나무과. 학명(*Juniperus rigida*), Juniperus는 고대 라틴명, rigida는 딱딱하다는 의미, 다른 이름; 노가주나무, 노가지나무, 노간주향, 한약명; 두송실(杜松實, 익은 열매), 영어명; Needle juniper, Temple juniper.

　전국 해발 1,100m 이하의 지역 및 건조한 산지 및 석회암지대에 자생하며 일본, 중국 등의 국가에도 분포한다. 상록침엽교목으로 수고 3-10m이다. 수피는 갈색으로 세로로 찢어져 벗겨진다. 잎은 침상으로 3개씩 돌려난다. 끝은 예리하고 딱딱한 가시 모양이며 횡단면은 V자 형이다. 암수딴그루이며 열매는 구형으로 다음 해 10월에 남청색 또는 흑색으로 익는다.

충남 서해안의 햇볕이 잘 드는 건조한 산야 지역에서 잘 자라고 석회암지대에서도 잘 자란다. 정원수 및 생 울타리용으로 식재하며, 목재는 선박재, 건축재, 가구재로 사용된다. 가지가 유연하며 잘 썩지 않아 소코뚜레 등 농기구를 만드는 데 사용된다. 열매는 두송실이라고 하여 약으로 이용된다. 노간주나무 열매 기름인 두송유(杜松油)는 통풍, 류머티즘 관절염, 근육통, 견비통, 신경통에 특효약이라고 한다.

경남 합천군 봉산면 권빈리에 있는 수령 약 500년의 노간주나무는 합천군 보호수로 지정되어 있으며, 강원도 정선군 임계면의 수령 약 350년의 노간주나무도 보호수로 지정되어 있다.

(좌) 노간주나무; 데크 길 우측에 침엽수 2그루가 서 있다. 7월
(우) 노간주나무; 암나무에서 열매가 열린다. 관악산. 10월

59. 일본목련

　　노간주나무에서 좌측 앞쪽 3m 정도 떨어진 거리에 한 그루의 일본목련을 볼 수 있다. 일본목련은 일본이 원산지인 목련을 의미하며 목련과의 나무로 꽃은 목련꽃과 유사하나 5월에 길이가 40cm 정도의 매우 긴 잎이 난 후에 상당히 강한 향기가 나는 꽃이 피는 특징이 있다. 일본에서는 이 나무의 잎에는 향기가 있고 살균작용 성분이 있기에 떡이나 주먹밥을 싸는 재료로 이용되고 있다. 이 나무는 일제강점기에 우리나라로 도입되어 조경용으로 널리 심고 있으며 우리 주변 산록부에서 자생하는 나무들을 쉽게 볼 수 있다.

　　일본에서는 '호오노키(朴木)'라고 하는데 나무껍질의 생약명이 후박(厚朴)이다. 초기에 이 나무를 수입한 사람들이 일본 생약명을 이 나무에 붙여 후박나무로 잘못 알려지게 되었다. 후박나무는 남해안, 울릉도, 제주도에서 자라는 난대성 상록활엽수로 남쪽 해안도서 지방에서 아름드리로 자란 나무들을 흔하게 볼 수 있으며 잎이 두껍고 모여 나며 흑자색 열매의 열매 자루가 붉은색을 띠는 특징이 있다. 울릉도에서는 과거에 약용으로 붉은 후박나무 껍질로 엿을 만들어 먹던 후박엿은 이제 사라지고 세월이 흐르면서 호박엿으로 바뀌게 되었다.

　　무소유의 법정 스님이 수필집 『버리고 떠나기』에 송광사 불일암 앞에 후박나무를 심고 가꾼 이야기가 나오며 사후에 스님은 그 후박나무 아래에 수목장으로 묻혔다. 이 나무는 상록활엽수의 후박나무가 아니라 낙엽활엽수인 일본목련이다.

　　우리나라 울릉도와 제주도를 비롯한 남해안 도서 지역 바닷가와 낮은 산에 상록수로 자라는 후박나무가 있다. 5-6월이면 새 가지에 황록색 꽃이 피고 7-8월에 흑자색 열매가 익으면 새들이 이 나무에 모여 열매를 따 먹는다. 이 나무는 수명이 길고 해풍에도 잘 견디기에 남해안 지역 정자나무로 심거나 가로수나 공원수로 많이 심고 있다. 후박나무 껍질은 감기나 근육통 치료제로 이용되고 있다. 한편 일본목련의 나무껍질은 위를 튼튼하게 하거나 오줌을 잘 나오게 하는 한약재이다. 한때 사람들이 두 나무를 혼동하여 남쪽 바닷가에 자라는 후박나무 껍질을 벗기기도 하였다.

　　김춘수 시인의 시 '가을을 나며'에서도 후박나무(사실은 일본목련)에 대한 묘사를 볼 수 있다.

　　후박나무는 잎을 몇 개 달고 있지 않다. 몇 개 남지 않은 잎들은 안으로 말리어 오그라들고 파삭파삭 흙빛이 되어 있다.

(중략)

잎이 거의 다 지고 초라한 몰골로 겨울을 기다리며 서 있다.

지금 막 후박나무 두 그루가 보이지 않는 먼 곳을 바라고 한 발짝 발을 뗀 듯하다.

몇 개 남은 잎들이 바람에 떨고 있다.

일본목련: 목련과. 학명(*Magnolia obovata*), Magnolia는 프랑스 몽펠리대학 식물학자 Pierre Magnol에서 유래, obovata는 '계란을 엎어 놓은'이라는 뜻으로 꽃잎과 잎이 엎어놓은 계란을 닮았다는 의미, 다른 이름; 떡갈후박, 왕후박, 황목련(북한명), 한약명; 후박(厚朴, 수피), 후박엽(厚朴葉, 잎), 영어명; Whiteleaf Japanese magnolia, Japanese bigleaf magnolia.

일본이 원산지이며 중국에도 분포하고 중부 이남의 공원수 및 정원수로 심고 있으며, 수도권 지역 산의 산록부에 자생하는 것을 흔히 볼 수 있다. 낙엽활엽교목으로 수고 20m이며 수피는 회백색 또는 회색이며 매끈하고 피목이 많다. 잎은 어긋나지만 가지 끝에 모여 나며 도란상 장타원형으로 길이 20-40cm이며 뒷면은 흰빛을 띠며 가는 털이 있다. 꽃은 황백색으로 잎이 난 다음 5-6월경에 가지 끝에서 핀다. 길이 15cm의 강한 향기를 가진 꽃이 피며 꽃잎은 6-9개이다. 열매는 집과로 길이 10-20cm이며 원뿔형이며 10-11월에 적색으로 익으면 칸칸이 갈라지면서 장타원형 붉은색 씨앗이 드러난다.

양수에 가까운 중용수이며 정원수, 풍치수, 가로수로 심고 목재는 재질이 연하면서도 치밀하고 뒤틀림이 없어서 칼집, 가구재, 조각재로 사용한다. 수피와 잎은 약용한다.

(좌) 일본목련; 일반인들이 후박나무(상록수)로 잘못 알고 있다. 4월
(우) 일본목련; 수령 10년 정도 되어야 목련 유사한 꽃이 핀다. 7월

(좌) 일본목련; 도란상 장타원형의 큰 잎이 가지 끝에 모여서 난다. 7월
(우) 일본목련; 길쭉하고 표면 요철이 있는 열매가 달려 있다. 관악산. 7월

(좌) 일본목련; 고양시 흥국사 뒤 노고산에 다수 자생한다. 5월
(우) 일본목련; 관악구 신림동 낙성대 강감찬 장군 사당 정원. 9월

(좌) 일본목련; 10-15년 수령 이상의 나무에서 직경 15cm의 황백색 꽃이 피고 강한 향기를 발산. 의왕시 오매기 마을. 5월
참고: (우) 후박나무(녹나무과 상록수) 가로수; 흑자색 열매. 남해안. 8월

60. 진달래

　바로 앞 작은 등산로 우측에 낙엽성 키 작은 나무인 진달래 나무들이 모여 있는 것을 볼 수 있다. 진달래는 한국이 원산지로 우리나라 어느 산에서나 흔하게 관찰할 수 있는 나무이며 중국, 극동 러시아, 일본 등의 국가에서도 자생한다. 철쭉을 먹을 수 없다고 하여 개꽃, 진달래는 먹을 수 있다고 하여 참꽃으로 부르기도 한다. 진달래라는 말의 어원은 접두어 진(眞)에 달래(들꽃)가 붙은 형태로 보고 있다. 진달래꽃은 전통적으로 한국의 봄을 상징하는 꽃으로 널리 알려져 있으며, 꽃의 색깔에 따라 연한 분홍색의 연(軟)달래, 표준색의 분홍빛 진(眞)달래, 아주 진한 색은 난(蘭)달래라고 부르기도 한다. 백색 꽃이 피는 것을 흰진달래라고 한다. 작은 가지와 잎에 털이 있는 것을 털진달래(한라산 고지대 자생)라고 하며 바닷가와 높은 산에서 주로 자란다. 열매가 가늘고 긴 것은 한라산 진달래라고 한다. 열매가 작고 꽃도 작으며 한라산 정상 부근에서 자라는 것은 제주 진달래라고 한다.

　진달래속의 나무는 대부분 관목이며 진달래(4월 개화), 참꽃나무(5월 개화, 전남, 경남, 제주), 흰참꽃나무(잎 양면에 털, 지리산, 가야산), 만병초(상록, 7월 백색/황색꽃 개화, 백두대간 아고산, 울릉도 등 자생, 많은 병을 치유한다는 의미), 꼬리진달래(상록, 6-8월 개화, 흰꽃, 총상화서, 경북, 충북, 강원), 산진달래(반상록, 제주도), 철쭉(4-5월 개화, 전국 산지), 산철쭉(진달래와 철쭉꽃이 진 다음 개화, 전국 계곡), 백철쭉(흰철쭉, 흰색 꽃, 한반도·만주·우수리 원산), 영산홍(일본 원산, 원예품종, 붉은 꽃), 자산홍(일본 원예종, 분홍꽃) 등 다양한 수종들을 볼 수 있다.

　진달래꽃은 산에서 봄이 오는 소식을 가장 먼저 알려 주는 꽃으로 진달래는 비옥한 땅이 아닌 척박한 지역에서 대부분 식물이 싫어하는 산성 토양에 적응하여 강인한 생명력으로 자신들의 세상을 만들어 살고 있다. 반 음지식물로 소나무나 참나무 아래에서 자라지만 양지에서도 잘 자란다. 지난 몇십 년 동안 산림녹화로 땅이 기름지게 되고 소나무 숲이 참나무 숲으로 바뀌면서 진달래가 차지했던 땅이 다른 식물이 들어와 살게 되어 진달래는 차츰 서식지가 줄어들게 되었다.

　매년 3월에서 4월 사이에 전국 여러 곳에서 진달래 축제가 열리고 있다. 대표적으로 강화 고려산, 여수 영취산(여수 공단의 심한 대기오염에도 불구하고 집단적 서식), 창원 천주산, 부천 원미산, 대구 비슬산 등에서 진달래 축제가 열린다. 충남지역에는 당진시 면천면 아미산 진달래 군락지가 유명하다. 진달래는 중국 연변 조선족 자치주의 주화, 경기도 수원시와 중국 연길시의 시화이기도 하다.

옛사람들은 삼월 삼짇날 경치 좋은 곳에 가서 진달래화전 등의 음식을 먹고 술을 마시며 봄에 피는 꽃을 구경하는 행사인 답청(踏靑) 또는 상화(賞花) 놀이를 즐겨하였고 이때 시를 짓고 재미있는 놀이도 하였다. 이때 빠질 수 없는 꽃이 진달래꽃이었다.

진달래꽃은 술을 담그는 재료로도 중요하게 사용되었다. 고려시대 개국공신인 복지겸 장군(면천 복씨의 시조)의 고향 충남 당진시 면천면에는 진달래꽃을 첨가하여 발효시킨 한국 전통주의 하나인 두견주(국가무형문화재 제86-2호)를 생산하여 전국 유명 백화점 등에 납품하고 있다. 두견주에 관련된 설화에 따르면 복지겸 장군의 건강이 나빠져 고향인 면천 지역에서 휴양하였으나 건강이 회복되지 않았다. 그의 딸 영랑(影浪)이 인근 아미산(당진시 최고봉의 산)에 올라 100일 기도를 드렸는데 마지막 날 꿈에 신선이 나타나 '아미산에 활짝 핀 두견화와 찹쌀로 술을 빚되, 반드시 안샘(과거 면천초등학교 구내에 있던 샘)의 물로 빚어 100일이 지난 다음 아버지께 마시게 하고, 뜰에 두 그루의 은행나무를 심어 정성을 드려야 나을 수 있다'고 얘기해 주었고 그 말대로 술을 빚어 복지겸 장군의 건강을 회복하였다고 한다. 당시 심은 과거 면천초등학교(당진시 면천면 성상리) 구내의 면천 은행나무 두 그루는 수령 약 900년으로 추정되며 충남도 기념물로 지정되어 관리되고 있다.

동요 '고향의 봄'에도 복숭아꽃 살구꽃과 함께 아기 진달래가 등장한다. 진달래꽃을 한자로는 두견화(杜鵑花)로 부르며 중국 전설에 두견새가 울어서 피를 토한 자리에서 피었기에 붙여진 이름이다. 두견새는 귀촉도(歸蜀道), 불여귀(不如歸), 망제혼(望帝魂), 자규(子規), 두견, 소쩍새, 접동새 등으로 불린다. 봄밤에 슬피 우는 새인 두견새는 전설에서 멸망한 촉나라로 돌아갈 수 없는 망제(望帝)의 한이 서린 새로 두견새가 밤새 울며 흘린 피가 땅에 떨어져 붉은 진달래꽃이 되었다고 한다. 조선의 대표적인 화가 신윤복은 혜원풍속도첩(蕙園風俗圖帖)에 봄의 정경을 많이 담았는데, 특히 진달래꽃을 자주 등장시켰다. 우리 문학에 두견새는 김소월의 '접동새', '봄이 오면', '산 너머 남촌에는', 서정주의 '귀촉도'와 '국화 옆에서', 조지훈의 '낙화', 이조년의 시조 '다정가' 등 무수한 시의 소재로 사용되었다. 최근 가수 마야(MAYA)는 김소월의 '진달래꽃' 시를 이용하여 일부 가사를 추가하여 대중가요로 '진달래꽃'을 불러 대중의 인기를 끈 바 있다.

진달래 줄기로 숯을 만들어 이 숯 물로 삼베나 모시를 물들이면 화학 염료로는 도저히 흉내 낼 수 없는 푸른 빛 도는 회색 물이 든다고 한다. 산림보호정책의 성공으로 숲이 우거지면서 진달래가 터전을 마련할 양지바른 땅이 줄어들어 진달래 개체수가 상당히 감소하고 있다.

이원수 작사, 홍난파 작곡의 동요 '고향의 봄'에는 우리들의 고향 산골 어디에서나 피는 진달래꽃이 등장한다.

나의 살던 고향은 꽃피는 산골
복숭아꽃 살구꽃 아기 진달래
울긋불긋 꽃 대궐 차리인 동네
그 속에서 놀던 때가 그립습니다

진달래에 대한 한국인들의 감정은 참으로 애틋하다. 한국의 정서를 대표하는 시인 중의 한 사람으로 김소월을 들 수 있으며 소월의 대표 시 중의 하나가 '진달래꽃'이다.

진달래꽃
김소월

나 보기가 역겨워
가실 때에
말없이 고이 보내 드리오리다
영변에 약산
진달래꽃
아름 따다 가실 길에 뿌리오리다
가시는 걸음걸음
놓인 그 꽃을
사뿐히 즈려밟고 가시옵소서
나 보기가 역겨워

가실 때에는
죽어도 아니 눈물 흘리오리다

　토속적인 내용을 주제로 한 시를 주로 써 왔던 시인 미당 서정주의 대표 시 중의 하나인 '귀촉도'는 '한'의 정서와 연관하여 사랑하는 이의 죽음으로 인한 깊은 슬픔을 노래하고 있다.

귀촉도(歸蜀道)
　　　　　　　　　　　　서정주

눈물 아롱아롱
피리 불고 가신 임의 밟으신 길은
진달래 꽃비 오는 서역 삼만 리
흰 옷깃 여며 여며 가옵신 임의
다시 오진 못하는 파촉(巴蜀) 삼만 리

신이나 삼아 줄 걸 슬픈 사연의
올올이 아로새긴 육날 메투리
은장도 푸른 날로 이냥 베어서
부질없는 이 머리털 엮어 드릴 걸

초롱에 불빛, 지친 밤하늘
굽이굽이 은핫물 목이 젖은 새
차마 아니 솟는 가락 눈이 감겨서
제 피에 취한 새가 귀촉도(歸蜀道) 운다
그대 하늘 끝 호올로 가신 임아

　한편, 진달래꽃은 4월 비극의 현장과도 관련하여 언급되고 있는 꽃의 하나이다. 북한산 언저리

서울시 강북구 수유동에 있는 국립 4.19 묘지의 기념탑 앞부분에는 민주주의를 향한 저항을 노래한 신동엽 시인의 시가 새겨져 있다.

> 해마다 4월이 오면
> 접동새 울음 속에
> 해마다 4월이 오면
> 봄을 선구하는 진달래처럼
> 민족의 꽃들은 사람들 가슴마다
> 되살아 피어나리라
> (아래 생략)

진달래: 진달래과. 학명(*Rhododendron mucronulatum*), Rhododendron은 그리스어 rhodon(장미)와 dendron(수목)의 합성어, 적색 꽃이 피는 나무라는 뜻으로 처음에는 협죽도의 이름이었음, mucronulatum은 끝이 날카로운 이라는 의미로 잎의 모양 때문에 붙여졌다고 함, 다른 이름; 진달내, 진달래나무, 참꽃나무, 왕진달래, 한약명; 영산홍(迎山紅, 꽃), 영어명; Korean rhododendron, Korean rosebay, azalea.

전국의 산지에 자생하며 중국, 내몽골, 극동 러시아, 일본 등에서도 분포한다. 낙엽활엽관목으로 수고 2-3m이다. 수피는 회색으로 평활하다. 잎은 어긋나며 장타원상 피침형이며 거치가 없다. 꽃은 자홍색 또는 연한 홍색으로 잎이 나오기 전인 4월에 핀다. 화관은 깔때기 모양이며 10개의 수술대가 있고 암술대는 수술보다 길며 꽃받침이 끈적이지 않는다. 열매는 삭과로 원통형이며 10월에 성숙하고 열매는 4-5갈래로 갈라져 활짝 벌어진다.

음수로 양지에서도 잘 자란다. 꽃은 먹을 수 있으며 술(당진시 면천면 두견주, 전통주)을 담근다. 잎이나 뿌리는 혈액순환을 촉진하는 약으로 사용한다. 꽃은 약용한다.

영남알프스 산군의 하나인 가지산(청도군 운문면 신원리, 해발 1,240m) 진달래 노거수는 가지산 중봉 해발 1,100m 고지에 있는 한국에서 가장 큰 진달래 나무(철쭉나무 군락지 내)로 천연기념물로 지정되어 있다. 북한 지역에는 천연기념물인 상록활엽관목 꼬리진달래 군락지(평안북도 피현군 하단리)가 지정되어 있으며 6월 초에 꽃이 피고 45일간 피는 것으로 알려져 있다.

진달래; 둘레길 곳곳에 소나무 아래에는 진달래꽃이 피었다. 3월 하순

진달래; 깔때기 모양의 꽃 끝부분이 5갈래로 나뉨. 3월

(좌) 진달래; 꽃이 먼저 핀다. 수원 광교산. 4월
(우) 진달래; 진달래 군락지로 진달래 축제 개최. 강화도 고려산. 3월

(좌) 진달래; 꽃이 지고 장타원형 잎이 촘촘히 모여 난다. 7월
(우) 진달래 잎(좌)과 철쭉 잎(우)이 동시에 분포한다. 7월

(좌) 진달래; 장타원형의 잎이 촘촘히 어긋난다. 10월
참고: (우) 만병초; 상록 진달래. 울릉도 및 백두 대간 아고산 지대. 한택식물원. 5월 하순

61. 산철쭉

　낮은 오르막 언덕길 좌측 벚나무와 층층나무가 밀착하여 자라는 곳 좌측에서 약 3m 떨어진 곳에 북한산 지역에서 볼 수 없는 홍자색 꽃이 피는 산철쭉(개량 원예종 왜철쭉으로 의심됨) 몇 그루를 볼 수 있다. 산철쭉은 꽃이 진분홍색(홍자색)이고 4-5월에 피며 잎과 꽃이 동시에 나고 잎이 긴 타원형이고 어긋나거나 마주난다. 산철쭉으로 물이 많은 계곡에 피는 종류를 수달래라고 부르기도 하며 청송의 국립공원 주왕산의 수달래 축제가 유명하다. 한편, 철쭉은 진달래보다 늦게 5-6월에 잎과 꽃이 동시에 나며 분홍색 꽃이 피고 잎이 둥글며(도란형) 돌아가며 모여서 나는 특징이 있으며 지역에 따라서 진달래 다음으로 꽃이 피고 꽃 색깔이 진한 홍자색 철쭉보다 연하다고 연달래라고 부르기도 한다. 현재 철쭉 원산지로 보고된 북한산을 포함하여 경기지역 산에는 산철쭉은 거의 없고 대부분 철쭉이 분포하고 있다. 겹산철쭉은 경기도 이북 지역에서 자라며 꽃잎이 겹으로 핀다.

　전국적으로 철쭉 축제가 매년 개최되지만 대부분 축제는 철쭉 축제가 아닌 산철쭉 축제이다. 철쭉 축제라고 부를 수 있는 철쭉 자생지는 영주 소백산, 울산 가지산, 이천 설봉산, 정선 두위봉, 남양주 축령산/서리산, 지리산 세석평전과 노고단 정상부(바래봉/뱀사골은 산철쭉), 설악산 소공원/비선대 및 오색약수터/흘림골, 덕유산 향적봉/중봉, 오대산 진고개/노인봉 등지를 말할 수 있다.

　전국의 대표적인 산철쭉 자생지로는 가야산 남산제일봉, 월악산 송계계곡, 다도해 섬, 내장산, 계룡산, 속리산 문장대/천왕봉, 지리산 뱀사골/달궁계곡/바래봉, 치악산 비로봉 등의 산지 지역이다.

　영산홍(暎山紅) 또는 자산홍은 원예종으로 '사쓰끼철쭉'을 대표 종으로 '품종 개량한 일본 산철쭉 무리'를 말하며 일본에서는 영산홍이라는 이름을 거의 쓰지 않는다.

　산에 핀 산철쭉을 보며 어린 시절 고향의 추억과 어머니와 외할머니를 떠올리는 손해일 시인의 '고향 산철쭉'을 싣는다.

고향 산철쭉
　　　　　　　　　　　손해일

연지곤지

어머니 열여덟 새악시 적
꽃가마 타고 넘은
철쭉고개는
불붙는 듯 철쭉으로
꽃바다였는데

외할머니 뵈오려
어머니 손잡고
종종걸음 치던 날은
찌르르뚜르르
풀벌레 소리마저
어린 나를 설레게 했는데

지금도 봄이면
미나릿강 새움이 돋고
산철쭉 흐드러져
하늘로 하늘로
꽃불을 터뜨리는데

하루를 두고도 열흘을 사시는 어머니
주름살 골진 이랑
육자배기 자지러진
소쩍새 울음

내 속가슴 허방에사
진홍의 꽃물만 흥건히 고여
철쭉 빛깔 시를 쓴다

산철쭉: 진달래과. 학명(*Rhododendron yedoense f. poukhanense*), Rhododendron은 진달래와 같은 속명으로 그리스어 rhodon(장미)와 dendron(수목)의 합성어, 적색 꽃이 피는 나무라는 뜻이며, yedoense는 일본 에도(江戸, 도쿄의 옛 이름)를 의미, 변종인 poukhanense는 '북한엔세'로 서울의 '북한산'을 의미한다. 1972년 산철쭉의 학명을 붙인 학자는 일본인 수기모토와 야마자키다. 다른 이름; 개꽃나무, 물철쭉, 영어명; Korean azalea.

전국의 산지 능선 및 하천에 자생하며 일본에도 분포한다. 낙엽활엽관목으로 수고 1-2m이다. 어린 가지에는 갈색 털이 있고 끈적끈적한 액이 있다. 잎은 어긋나거나 마주나고 좁은 장타원형 또는 도피침형이다. 거치가 없고 양면에 갈색 털이 누워있다. 꽃은 홍자색으로 4-5월에 피며 깔때기 모양이며 내면에 짙은 반점이 있고 꽃받침이 끈적인다. 열매는 삭과로 난형이며 9월에 성숙하고 진달래처럼 활짝 벌어지지 않는다.

반 음수로 토양 수분이 충분한 곳에서는 잘 자라며 건조하면 말라 죽는다. 이식이 쉽고 맹아력이 강하다. 번식을 위하여 종자를 파종하거나 꺾꽂이로 증식한다. 공원 등지에 조경용으로 식재한다. 꽃은 혈압강하제로 쓰이나 독성이 강하여 먹으면 두통, 구토를 일으켜 위험하다.

(좌) 산철쭉; 산철쭉꽃은 북한산에서는 거의 볼 수 없다. 4월
(우) 산철쭉; 잎과 꽃이 동시에 나며 잎은 장타원형이다. 4월

산철쭉; 꽃은 홍자색으로 깔때기 모양의 윗부분에 짙은 반점이 있다. 고양시 노고산. 5월

산철쭉; 청송 주왕산 인근에 피는 산철쭉(일명 수달래). 주왕산. 5월

61-1. 벚나무

언덕길 오르막 좌측에 7개 가지로 나누어진 벚나무 1그루와 벚나무 가지 사이에 층층나무 1그루가 섞여서 자라고 있다.

(좌) 벚나무와 층층나무의 공존; 약간 오르막길 좌측. 7월
(중) 벚나무와 층층나무 공존; 층층나무 잎은 7-10쌍의 측맥이 있다. 7월
(우) 벚나무와 층층나무 공존; 벚나무 수피에 가로로 긴 피목이 있다. 7월

62. 덜꿩나무

　원효봉으로 오르는 등산로 이정표 바로 앞 언덕 끝 우측에 키 작은 낙엽활엽수인 덜꿩나무 몇 그루가 모여 있는 것을 볼 수 있다. 산과 들에 서식하는 들꿩들이 좋아하는 열매라고 하여 들꿩나무라 부르다가 덜꿩나무로 변화된 것으로 추측한다. 덜꿩나무는 인동과의 나무로 중부 이남의 야산에서 흔히 볼 수 있다. 수고 약 2m 정도로 자라는 낙엽활엽관목으로 보통 줄기는 여러 개로 갈라져 포기를 이루고 자란다. 잎은 타원형으로 잎의 끝이 뾰족하게 나온 것이 특징이며, 마주나고 앞뒷면으로 성모가 밀생하고 잎자루가 거의 없으며 잎자루 아래에 턱잎이 있는 것이 특징이다. 어린잎은 나물로 먹을 수 있고 잎과 줄기는 한방에서 구내염이나 가려움증 치료 약재로 사용한다.

　덜꿩나무와 아주 유사한 나무로 가막살나무가 있다. 이 열매는 산새들이 잘 먹는 열매로 '까마귀의 쌀나무'가 가막살나무로 변화하였다고 한다. 가막살나무(수피는 검은색에 가깝다)는 꽃과 열매가 덜꿩나무와 아주 유사하나 잎이 원형에 가깝게 넓고 잎자루가 길며 턱잎이 없는 것이 차이점이다. 덜꿩나무가 가막살나무보다는 꽃이 일찍 피는 특성이 있다. 이와 유사한 나무로 산가막살나무가 있다. 이 나무는 백두대간의 높은 산지에 자라는 특징이 있다. 덜꿩나무나 가막살나무 모두 꽃과 열매가 아름다워 아파트 단지나 공원, 산책로 등지에 많이 식재하고 있다. 최근에는 라나스덜꿩나무라는 원예 개량종을 많이 식재하고 있다. 다른 이름으로 미국덜꿩나무, 서양덜꿩나무, 상록덜꿩나무, 털설구화 라나스 등으로 불린다. 라나스덜꿩나무 4-5월에 흰색 꽃이 모여서 평평하게 피는 산방꽃차례로 꽃은 양성화 주변에 5개의 무성화(가짜 꽃, 장식화)가 피는 것이 특징이다.

　잎에 다수의 결각이 있는 가새덜꿩나무는 잎의 크기가 작고 주로 제주도 지역에 분포한다. 그리고 개덜꿩나무는 중부지방과 제주도에 자라며 잎이 원형에 가깝고 크기가 대형이다.

　덜꿩나무: 인동과. 학명(*Viburnum erosum*), Viburnum lantana(인동과 가막살나무속의 관목)의 옛 이름, erosum은 잎 가장자리의 고르지 않은 톱니를 의미, 다른 이름; 털덜꿩나무, 긴잎덜꿩나무, 긴잎가막살나무, 가새백당나무, 한약명; 선창협미(宣昌莢迷, 줄기와 잎, 중국 호북성의 지명), 영어명; Leather-leaf viburnum, Erosum viburnum, Japanese arrowwood.

　중부 이남의 산지에서 자생하며 중국, 일본 등지에도 분포한다. 낙엽활엽관목으로 수고 2m 정도이다. 수피는 회색-회갈색으로 불규칙하게 갈라진다. 어린 가지에는 성모가 밀생하고 겨울눈은 난형으로 끝이 뾰족하고 2-4개의 눈비늘조각으로 싸여 있다. 잎은 마주나며 타원형으로 치아상 거치가 있다. 잎자루는 2~6mm로 아주 짧고 턱잎이 있는 것이 가막살나무와 구분되는 특징의 하나이다. 꽃은 흰색으로 4-5월에 피며 가지 끝에 복산형꽃차례로 핀다. 열매는 9-10월에 붉게 성숙하고 핵과로 난상 원형이다.

볕이 적당하게 드는 숲 가장자리에 자라며 보습성과 배수성이 좋은 사질 양토에서 잘 자란다. 내조성과 내공해성은 보통이다.

덜꿩나무; 관목으로 수피는 회갈색이며 여러 그루가 모여 있다. 4월

(좌) 덜꿩나무; 개화 직전이며 잎은 타원형 점첨두로 턱잎이 있다. 4월
(우) 덜꿩나무; 꽃은 백색으로 복산형꽃차례로 달린다. 4월

(좌) 덜꿩나무; 잎은 타원형 점첨두로 잎이 길고 줄기는 회갈색이다. 6월
(우) 덜꿩나무; 난형 열매가 자라고 잎자루가 매우 짧고 턱잎이 있다. 6월

(좌) 덜꿩나무; 난상 원형의 열매가 붉게 성숙하였다. 10월

참고: (우) 덜꿩나무 라나스; 열매와 잎이 덜꿩나무와 유사한 원예종. 한택식물원. 5월 하순

참고: (좌) 털설구화 라나스; 덜꿩나무 개량 원예종. 한택식물원. 5월 하순

참고: (우) 가막살나무; 덜꿩나무보다 넓은 잎과 긴 잎자루가 특징이며 줄기가 검다. 용인자연휴양림. 10월

참고: (좌) 가막살나무: 단풍 및 성숙한 열매. 홍릉수목원. 11월

참고: (우) 산가막살나무; 열매가 커지고 있다. 홍릉수목원. 5월

63. 물푸레나무

　이정표 언덕길을 내려가는 계단이 나타나며 바로 우측에는 '북문(1.8km)' 이정표가 서 있고 내리막길 바로 우측 덜꿩나무들 옆에 물푸레나무 3그루가 모여서 자라고 있다. 물푸레나무는 '물을 푸르게 하는 나무'라는 의미로 어린 나뭇가지를 꺾어서 껍질을 벗긴 후 물에 담그면 물이 푸르게 변하는 것을 볼 수 있다. 한자로는 수청목(水青木) 또는 수정목(水精木)이다.

　옛날 서당에서 사용한 물푸레나무 어린 가지로 만든 회초리는 서당 어린이들에게는 공포의 대상이었으며 농사용 도구로 도리깨 등을 만드는 데 사용하였으며, 눈이 많이 내리는 강원도 산간 지역에서는 눈에 빠지지 않도록 하는 덧신 설피를 만드는 재료로도 유용하게 사용되었다.

　고려시대나 조선시대에 죄인을 처벌할 때 쓰는 곤장을 주로 물푸레나무로 제작하였다. 물푸레나무 곤장이 너무나 심한 고통을 주어 죄인의 자백을 유도하기 위해 유용하게 쓰였으며 버드나무나 가죽나무를 대체하여 사용하였다는 기록이 있다. 고려말에는 수청목공사(水青木公事, 이른바 '물푸레나무 공문 사건') 이야기가 전해진다. 물푸레나무로 만든 몽둥이를 관아의 공문에 빗대어 표현한 것으로, 고려 우왕 때 권신들이 물푸레나무 몽둥이로 백성들을 위협하여 백성들의 재물을 마구 빼앗는 도구로 많이 사용되었음을 말한다. 이 나무의 목재는 탄력과 내구성을 갖추어 현재에는 야구방망이를 비롯한 운동기구를 만드는 데 많이 사용되고 있다.

　북유럽신화에는 물푸레나무가 세계수(世界樹, 이그드라실)로 등장한다. 세상의 중심에 물푸레나무가 존재하며 다양한 생명체가 이 나무를 근거로 태어나고 살아갔으나 종국에는 거인 스루트가 던진 화염에 싸여 이 우주수(宇宙樹, cosmic tree)가 죽게 되어 지구 종말이 된다는 이야기가 전해 올 정도로 고대 인류와 이 나무는 절대 뗄 수 없는 불가결의 관계였던 것을 강조하고 있다.

　물푸레나무는 암수딴그루로 잎은 복엽이며 작은 잎이 광난형으로 5-7개로 구성되어 있고 뒷면 잎맥을 따라 누런 털이 나며 가운데 끝에 있는 작은 잎(정엽)이 가장 크기가 크다. 그리고 당 해에 자란 가지에서 꽃대가 나온다. 어린나무의 수피는 매끈하고 흰색의 얼룩무늬가 관찰되며 늙은 나무의 수피는 세로로 갈라진다. 비슷한 나무로 들메나무는 작은 잎의 숫자가 7-13개이며 잎의 크기가 모두 같고 장타원상으로 작년 가지 끝에서 꽃대가 나온다. 그리고 들메나무는 줄기에서 가지가 거의 나지 않고 수직으로 곧게 자라는 특성이 있다. 물들메나무는 지리산 특산종으로 산지 계곡부에 자생하며 작은 잎은 5-9개로 장타원형이다. 수간이 곧게 자라 용재수로 유용하게 사용된다. 쇠물푸레나무는 물푸레나무와 거의 유사하지만 잎이 작고 좁으며 끝이 뾰족하다.

물푸레나무의 재질이 우수하여 사람들이 목재로 베어 사용하였기에 현재 민가 주변에 오래된 물푸레나무는 거의 볼 수 없고 민가와 멀리 떨어진 깊은 산속에서 많이 관찰된다. 이 나무의 영어명이 Korean ash로 물푸레나무가 한국 원산임을 알려주고 있다.

오규원 시인의 '한 잎의 여자'에서 물푸레나무를 소재로 사용하고 있다.

한 잎의 여자
오규원

나는 한 여자를 사랑했네
물푸레나무 한 잎같이 쬐그만 여자,
그 한 잎의 여자를 사랑했네
물푸레나무 그 한 잎의 솜털,
그 한 잎의 마음,
그 한 잎의 영혼,
그 한 잎의 눈,
그리고 바람이 불면 보일 듯 보일 듯한
그 한 잎의 순결과 자유를 사랑했네
(이하 생략)

물푸레나무: 물푸레나무과. 학명(*Fraxinus rhynchopylla*), Fraxinus는 서양물푸레나무의 라틴 옛 이름, rhynchopylla는 부리 같은 잎을 의미, 다른 이름; 쉬청나무, 떡물푸레나무, 광능물푸레나무, 민물푸레나무, 심목, 진피수, 백심목, 수청목, 청피목, 한약명; 진피(秦皮, 수피, 안약 재료로 사용), 영어명; East Asian ash, Korean ash.

전국의 산지에 자생하며 중국, 일본 등지에도 분포한다. 낙엽활엽교목으로 수피는 백색 가로무늬가 있고 오래된 나무의 수피는 세로로 갈라진다. 잎은 마주나며 복엽으로 소엽은 5-7개이며 정엽(가장 끝의 가운데 소엽)이 제일 크고 아래 잎은 점차 작아진다. 광난형으로 뒷면 주맥에 갈색 털이 밀생한다. 암수딴그루이지만 양성화도 섞여 있다. 5월에 꽃이 피며 새 가지 끝에 원추꽃차례로 달리며 양성화는 적색을 띤다. 열매는 9월에 성숙하며 시과로 길이 2-4cm이다.

산복 이하의 비옥 적윤지나 계곡부 통기성이 양호한 석력 토양에서 잘 자라며 하천변이 조림 적지이다. 목재는 물리적 성질이 매우 우수하여 악기, 운동 용구 등의 재료로 적합하고 가구재나 총대 등으로 사용된다. 수피는 기관지염이나 장염, 눈병 등을 치료하는 데 사용된다.

천연기념물로 지정된 파주 무건리 물푸레나무(경기 파주시 적성면 무건리 465번지)는 수령 약 150년으로 추정되며 과거 마을의 정자목 구실을 하였으나 현재에는 사격장으로 변하였다. 화성 전곡리 물푸레나무(경기 화성시 서신면 전곡리 140-2번지)는 수령 350년으로 추정되며 노거수이지만 수세가 좋다. 목재의 재질이 우수하여 어느 정도 자라면 잘라 농기구 만드는 재료로 사용되었으나 지금까지 온전히 살아남을 수 있었던 것은 이 나무가 오랜 기간 주민들에게 신앙의 대상이 되었기 때문이다.

(좌) 이정표; 언덕 우측에 밤골지킴터 방향 및 산성 북문 표시 이정표
(우) 이정표 옆 둘레길 우측에 북문 방향의 등산로 입구가 보인다

(좌) 물푸레나무; 이정표 앞 우측에 세 그루가 모여 있다. 계단 우측. 6월
(우) 물푸레나무; 잎은 마주나고 5-7개의 소엽으로 구성되어 있다. 6월

(좌) 물푸레나무; 계단 우측에 여러 그루가 모여 있다. 7월
(우) 물푸레나무; 소엽 중에서 중간의 정엽이 가장 크다

(좌) 물푸레나무; 가을의 물푸레나무로 수피는 세로로 갈라진다. 10월
(우) 물푸레나무; 열매는 시과로 길이 2-4cm이다. 관악산. 겨울

(좌) 물푸레나무; 수피가 세로로 갈라진 고목. 지리산. 10월
(우) 물푸레나무; 오대산국립공원 계방산의 물푸레나무 수피(흰 얼룩). 1월

(좌) 물푸레나무; 수피가 세로로 갈라지고 백색의 가로무늬가 있다. 줄기에서 가지가 많이 나누어지고 소엽은 5-7개이다. 한택식물원. 5월 하순

참고: (우) 들메나무; 수피가 밋밋하고 세로로 골이 지고 줄기가 곧게 자라며 가지가 거의 생기지 않는다. 소엽은 7-13개이며 소엽은 장타원상 피침형이며 긴 점첨두이다. 한택식물원. 5월 하순

64. 오리나무

　내리막 계단 중간지점에 참나무 2그루가 서 있다. 약간 굵은 줄기의 좌측 나무는 신갈나무, 약간 가는 줄기의 우측 나무는 졸참나무이다. 계단이 거의 끝나는 지점 우측에는 어린 노린재나무 한 그루를 볼 수 있다. 계단 끝나는 곳에서 약 100m 정도 직진하면 짧은 목조다리가 나타난다. 목조다리 건너기 바로 전 좌측에 1m 정도의 거리에 키 큰 오리나무 1그루가 서 있다.

　오리나무는 주로 물기가 많으며 기름진 토양에서 잘 자라는 자작나무과의 나무로 인접한 곳에 계곡이 있어서 수분이 많은 지역임을 알 수 있다. 이 나무는 한자로 오리목(五里木)이라 하여 옛사람들은 오리마다 심어서 이정표로 삼았기에 오리나무로 불렀다고 한다. 비슷한 이름의 20리에 한 번씩 만나는 나무라고 하여 스무나무라고 부르다가 시무나무로 변한 느릅나무과의 시무나무는 어린 가지에 10cm 정도의 큰 가시가 있는 것이 특징이다.

　오리나무는 비중이 0.5 정도로 매우 단단하고 빨리 자라기에 농기구 만드는 데 유용하여 조기에 벌목하여 사용하기에 농가 주변에서 이 나무를 찾기가 쉽지 않다. 서울 양재동 대모산에 자리한 헌릉에는 넓은 오리나무 숲이 잘 보존되어 있다. 묘지 주변의 물을 잘 흡수하도록 심었으며 다른 조선왕릉 주변에 오리나무를 자주 볼 수 있다.

　전통혼례식에서 전안례(奠雁禮)를 위하여 신랑이 가지고 가는 나무 기러기는 오리나무로 만든다. 한 나무에 잎이 나기 전에 이른 봄에 암꽃과 수꽃이 가까운 거리에 달리기에 신랑 신부가 오랫동안 행복하게 살라는 의미이다. 가볍고 연하면서도 잘 터지지 않는 목질로 지팡이, 지게, 연장 자루, 그릇 제작도 쓰였다. 안동지역의 전통 하회탈을 제작하는 데에도 사용되었으며 배의 재료뿐만 아니라 나막신, 악기, 가구재, 칠기의 연결부위에 사용하는 작은 목심(木心) 등에도 사용되었다. 최근 국가유산청 문화유산보존과학센터에서 수행한 과학적인 분석 결과에 따르면 하회탈은 오리나무가 아니라 버드나무로 제작하였다고 한다(경향신문, 2024. 07. 18).

　오리나무는 염료의 원료로도 사용되었다. 껍질이나 열매를 삶은 물에 매염제로 석회수를 조절하여 적갈색에서 흑갈색까지 다양한 색을 얻을 수 있었으며 이러한 색은 열매에 타닌 성분이 들어 있기 때문이다. 오리나무의 한자 이름인 적양(赤楊)은 이 나무에서 붉은 물감을 얻을 수 있는 데서 유래하였다. 옛사람들은 어망 등 물고기를 잡는 도구를 이 물을 들여 사용하였다.

오리나무는 뿌리혹박테리아가 뿌리에 공생하여 공기 중의 질소를 고정하는 능력이 있어서 아주 척박한 땅에서도 자라서 토양을 비옥하게 만들기에 비료목이라고도 부른다. 오리나무 중에서 우리나라 산에서 흔히 볼 수 있는 넓고 둥근 타원형 잎의 물오리나무와 높은 산지에서 자라는 둥근 타원형 잎의 두메오리나무(잎은 넓은 난형, 열매는 타원형, 울릉도와 강원도 설악산 이북)가 있다. 또한 일본에서 들여와 사방공사에 많이 심은 사방오리나무(잎은 좁은 피침형, 열매는 넓은 타원형), 사방오리나무보다 잎, 열매, 나무의 크기가 작은 좀사방오리나무 등이 있다.

청동기시대나 삼국시대 초기의 유적지에서 나온 나무를 분석해 보면 오리나무가 반드시 발굴된다. 그 이유는 이 나무가 습기 많은 땅을 좋아하여 농경지 부근에서 자라기 때문이다. 오리나무 숯은 화력이 강해 대장간의 풀무 불용 숯으로 사용했다. 뿌리와 수피를 삶아 먹으면 간 해독작용이 있고 복수가 찼을 때나 늑막염에 효과가 좋다.

한국인의 정서를 대표하는 김소월 시인의 시 '산'은 삼수갑산 높은 고개에 있는 오리나무에 앉은 새를 통해서 돌아갈 수 없는 고향을 그리워하는 시인의 애틋한 마음을 노래하고 있다.

산(山)

김소월

산새도 오리나무
위에서 운다
산새는 왜 우노, 시메 산골
영(嶺) 넘어가려고 그래서 울지

눈은 내리네, 와서 덮이네.
오늘도 하룻길
칠팔십 리
돌아서서 육십 리는 가기도 했소

불귀(不歸), 불귀, 다시 불귀,

삼수갑산(三水甲山)에 다시 불귀

사나이 속이라 잊으련만

십오 년 정분을 못 잊겠네

산에는 오는 눈, 들에는 녹는 눈

산새도 오리나무

위에서 운다

삼수갑산 가는 길은 고개의 길

오리나무: 자작나무과. 학명(Alnus japonica), Alnus는 고대 라틴어의 오리나무를 의미, japonica는 일본 원산을 의미함. 다른 이름; 물오리나무, 잔털오리나무, 오리목, 섬오리나무, 너른잎잔털오리나무, 물감나무, 유리목, 적양, 십리절반오리나무, 한약명; 적양(赤楊, 수피), 영어명; Japanese alder.

전국 산야의 비옥한 습지에 주로 자생하며 극동 러시아, 일본, 중국 등지에도 분포한다. 낙엽활엽교목이며 잎은 어긋나고 장타원상 난형이며 둔한 거치가 있다. 꽃은 2-4월에 잎보다 먼저 피며 암수한그루이다. 수꽃차례는 4-9cm로 가지 끝에서 아래로 늘어지고 암꽃차례는 장타원형으로 수꽃차례 바로 아래 달린다. 열매는 10-11월에 성숙하며 타원형이고 길이 1.5-2cm이다.

습기를 좋아하는 수종으로 비옥한 하천 유역이나 계곡, 호숫가 등지에 심는다. 양수이지만 음지에서도 잘 자라며 대기오염에 강하고 바닷가에서도 잘 자란다. 생장 속도가 빠르고 수명도 길다. 목재는 가구재, 조각재, 악기재, 토목용재, 선박재로 이용되며 수피와 열매는 염료와 타닌을 얻는 데 사용한다.

경기도 포천시 관인면 초과리의 추정 수령 230년의 오리나무가 2019년 국내 유일의 오리나무 천연기념물로 지정되었으나 2024년 7월 내린 기록적인 폭우와 강풍으로 쓰러져 천연기념물에서 해제되었다.

(좌) 신갈나무와 졸참나무; 계단 옆 좌측과 우측. 7월
(우) 노린재나무; 계단 아래 우측 Y자 모양의 어린나무. 7월

(좌) 오리나무; 목조다리 좌측의 오리나무의 수피는 세로로 갈라진다. 4월
(우) 오리나무; 목조다리 좌측에 곧게 뻗은 1그루 오리나무. 4월

(좌) 오리나무; 잎은 어긋나며 잎자루가 길고 열매는 타원형이다. 7월
(우) 오리나무; 열매가 익어 가고 있다. 9월

(좌) 오리나무; 수꽃눈은 겨울을 난다. 겨울·봄에 흔히 볼 수 있다. 9월
(우) 오리나무; 겨울을 나는 오리나무 수꽃눈을 흔히 볼 수 있다. 12월

 그 바로 뒤에 도로에서 좌측 3m 정도 거리 계곡에 키 큰 물푸레나무 1그루가 서 있다. 앞에 기술한 63번 물푸레나무보다는 더 오래된 상당히 큰 물푸레나무를 볼 수 있다.
 작은 목조다리를 건너면 도로 좌측 계곡에 큰 물푸레나무, 그 아래 어린 층층나무 1그루, 도로 우측에 키 큰 상수리나무 2그루가 서 있다. 약 50m 정도 직진하면 좌측으로 농장을 둘러싼 철제울타리가 나타난다. 울타리 우측에 어린 물푸레나무와 노린재나무가 있다. 철제울타리가 끝나며 하천 제방 우측에 식재된 주목이 여러 그루 있다.

(좌) 물푸레나무; 오리나무 바로 옆 좌측에 한 그루 서 있다. 9월
(우) 층층나무; 목조다리 건너 좌측 1그루, 우산살 모양 가지. 7월

(좌) 상수리나무; 우측 두 그루가 인접해서 서 있다. 수피의 붉은색 홈이 특징. 9월
(우) 주목; 작은 개천 제방 위의 식재된 주목 여러 그루. 7월

(좌) 주목; 개천 제방 위에 식재된 주목 여러 그루의 덜 익은 열매. 7월
(우) 주목; 개천 제방 위의 식재된 주목 여러 그루의 열매가 익어 감. 9월

박태성 묘 입구 도로; 사유지로 일반인의 통행을 제한하고 있음

박태성 정려비 - 밤골공원지킴터 구간

64-1. 박태성 정려비

박태성 묘 입구를 지나서 작은 다리를 건너면 차도 방향으로 나가는 길이 있으며 이 도로 입구에 박태성 정려비가 서 있고 고양시에서 세운 박태성 정려비 안내문이 있다. 그리고 효자 박태성과 호랑이에 관한 이야기도 소개하고 있다. 효자 박태성으로 인하여 경기도 고양시 효자동뿐만 아니라 서울의 청와대 옆 효자동 이름이 생기게 되었다.

조선 말기의 효자 박태성 선생은 본래 서울 효자동에 살았는데, 품성이 온화하고 부모에 대한 효성이 극진하였다. 선생은 부친이 세상을 떠나자 묘를 이곳 덕양구 효자동에 모시고, 매일 같이 새벽에 일찍 일어나 묘를 참배한 후 입궐하여, 부모를 추모하는 그 정성이 매우 지극하였다. 선생은 비가 오나 눈이 오나 3년을 하루같이 묘소를 참배했는데, 참배 길에서 만난 호랑이도 그의 지극한 효심에 감동한 듯 그를 등에 태워 모셨다는 일화가 지금까지 전해 오고 있다.

선생의 빼어난 효행은 조정에까지 알려져 그의 행적을 기려 후세에 귀감으로 삼기 위하여 조선 고종 30년(1893, 계사) 이곳에 효자비를 세우고 포상하였다고 한다.

이 비의 규모는 높이 117cm, 폭 41.5cm, 두께 12cm이며 비문은 회손 박윤묵이 썼다.

이곳에서 약 300m 떨어진 곳에 박태성 선생의 묘와 그의 부친묘가 위치해 있다. 정려비는 고양시 향토문화재 제35호로 지정되어 있다.

또한 고양시에서는 '박효자와 호랑이'라는 안내판을 설치하여 박태성 선생의 효행을 설명하고 있다. 그 내용을 옮겨 보면,

"옛 조선조 고양 땅에 박태성이라는 유명한 효자가 살고 있었다. 그는 아버지 박세걸이 병으로 세상을 뜨자 장례를 치른 후 오랜 기간 시묘를 했고, 이후에도 하루도 거르지 않고 북한산 기슭에 있는 아버지의 묘를 찾아 아침 문안을 드렸다. 아버지 묘를 찾아가려면 무악재와 박석고개를 넘어야 했는데, 이곳은 무시무시한 인왕산 호랑이가 사는 곳이었다.

어느 추운 겨울날, 그날도 어김없이 아버지 묘를 찾아 무악재 고개를 넘는데 인왕산 쪽에서 호

(좌) 박태성 정려비; 조선 효자 박공 태성 정려지비. 고양시 향토문화재
(우) 박태성 정려비 설명문; 고양시 향토문화재 제35호

랑이가 한 마리 불쑥 나타나 길을 막았다. 그런데 호랑이는 으르렁거리기는커녕 태성을 향해 자시 등에 올라타라는 시늉을 하였다. 태성이 올라타자 호랑이는 달리기 시작해 아버지 묘 앞에 섰다. 그 이후로 40여 년간 매일 무악재 고개에는 호랑이가 기다리고 있다가 아버지 묘까지 데려다주고 데려오기를 계속하였다. 박태성의 효성에 호랑이도 감동한 것이었다.

세월이 흘러 박태성도 늙어 세상을 떠났다. 박태성의 상여가 지나가는 길에 늙은 호랑이가 '어흥' 하며 큰 소리로 울었다. 그리고 얼마 뒤 박태성의 무덤 앞에 쓰러져 죽은 호랑이가 발견되었다. 사람들은 박태성과 호랑이의 기가 막힌 우정에 탄복해 박태성의 무덤 곁에 호랑이를 묻어 주었고, 박태성의 제사를 지내려 올 때면 호랑이 무덤에도 제사를 지냈다."

이 이야기는 덕양구 효자동의 유래가 되었으며, 지금도 고양시 동쪽 북한산 아래 제청말 마을에는 박태성과 아버지 박세걸, 그리고 박태성을 지극정성으로 모시고 지킨 인왕산 호랑이 석상과 묘가 함께 있다.

박태성과 호랑이 전설 설명문

다시 북한산 둘레길 방향으로 거슬러 올라가면 효자길 구간 이정표가 서 있다. 좌측 방향은 '밤골공원지킴터', 우측 방향은 '북한산성탐방지원센터'를 가리키고 있다.

조금 더 가면 '박태성정려비앞' 이정표를 볼 수 있다.

(좌) 박태성 정려비 앞의 이정표; 직진하면 밤골공원지킴터를 만난다
(우) 박태성 정려비 앞의 이정표; 밤골공원지킴터는 0.7km 전방에 위치함

65. 사위질빵

박태성 묘지로 들어가는 도로 입구 우측(다리 건너서)에 식재된 여러 그루의 주목이 있고 그 주변에 미나리아재비과의 사위질빵 덩굴을 볼 수 있다. 그리고 박태성 정려비 바로 앞에도 사위질빵 덩굴을 볼 수 있다. 낙엽성 다년생 덩굴 식물인 사위질빵은 마치 1년생 풀처럼 보이지만 아래쪽에 있는 나무 모양의 굵은 덩굴을 보면 목질부가 있어 다년생 덩굴임을 알 수 있다.

질빵은 짐을 질 때 사용하는 멜빵으로 사위 멜빵을 말한다. 장모가 사위에게 힘든 짐을 지우지 않기 위하여 줄기가 약한 사위질빵 덩굴로 멜빵을 만들어 주었다는 이야기가 있다. 사위질빵은 전국 어디에서나 흔하게 자라는 덩굴나무로 잎자루마다 3개의 결각상 거치가 있는 잎이 달리는 3출엽 식물로 잎은 마주난다. 여름에서 가을까지 꽃이 피는 취산꽃차례로 아이보리색 꽃이 피며 가을에는 작은 크기의 솜뭉치 같은 긴 털이 있는 열매가 달린다.

사위질빵과 비슷한 모양의 덩굴 식물로 할미밀망이 있으며 잎은 마주나고 잎에 2-3개의 결각상 거치가 있고 5출엽이 특징이다. 잎에 결각상 거치가 없는 종으로 위령선(중국 원산 관상용 덩굴나무, 자주색꽃), 종덩굴(5-7개 소엽, 종 모양 꽃), 으아리(3-7개 소엽, 난형 잎) 등이 있다. 할미밀망과 으아리 모두 백색 꽃이 피며 꽃받침 조각(모두 4-5개)이 사위질빵보다 넓은 편이다. 지름 5-10cm의 큰 꽃이 피고 잎은 긴 타원형으로 3출엽인 큰꽃으아리가 있다.

사위질빵의 뿌리는 백근초(白根草)라고 하여 요통과 중풍에 효험이 아주 우수한 약재로 알려져 있다. 북한에서는 '질빵풀', 서양에서는 '처녀의 은신처(Virgin's bower)', '시월의 으아리(October clematis)'라고 한다.

사위질빵: 미나리아재비과. 학명(*Clematis apiifolia*), Clematis는 덩굴을 의미하는 그리스어 clema에서 유래하며, apiifolia는 '샐러리 비슷한 모양의 잎'을 의미한다. 다른 이름; 질빵풀, 질빵으아리, 한약명; 여위(女萎, 뿌리), 영어명; Aoiifolia virgin's bower.

전국의 산야에 자생하는 다년생 덩굴 식물로 중국, 일본 등지에도 분포한다. 낙엽활엽만목(덩굴나무)로 길이 3m이다. 수피는 세로로 능선이 생긴다. 어린 가지에는 잔털이 있다. 잎은 3출복엽이며 소엽은 난상 피침형이며 결각상 거치가 있다. 꽃은 백색에 가까우며 7-9월에 피고 취산꽃차례 또는 원추꽃차례로 달리며 표면에는 잔털이 있다. 열매는 9월에 성숙하며 씨는 작은 모양(수과)으로 담갈색 털이 있는 암술대가 달려 있다.

    전국 각지의 숲 가장자리나 들판에 자라며 내한성이 강한 양지식물로 내음성과 대기오염에 대한 저항성은 약하다. 유독성 식물이지만 식용, 약용, 관상용으로 사용된다. 울타리용으로 심으면 여름 동안에 많은 꽃을 볼 수 있으며 환경이 좋지 않은 곳에서도 잘 견디기에 조경 또는 보안시설의 은폐용으로 많이 사용된다. 염료로 사용할 수 있으며 뿌리는 여위라 하여 약용한다.

(좌) 사위질빵; 사위질빵꽃은 흰색 반구형이며 잎은 3출엽이다. 4월
(우) 사위질빵; 주목 위의 덩굴을 이룬다. 잎은 3출엽. 7월

(좌) 사위질빵; 잎은 마주나며 3출 복엽이다
(우) 사위질빵; 꽃이 지고 열매가 열린다. 9월

(좌) 사위질빵; 작은 솜덩어리 모양의 구형의 흰 열매가 달린다. 11월
(우) 사위질빵; 겨울철 열매는 흰색 솜 같다. 12월

참고: (좌) 으아리; 미나리아재비과의 덩굴나무. 마주나는 3-7개의 소엽. 줄기는 겨울에 말라 죽는다. 홍릉수목원. 5월 하순
참고: (우) 으아리; 3출엽의 덩굴나무. 한택식물원. 5월 하순

　박태성 정려비 표지판 바로 앞에는 은행나무 몇 그루가 서 있다. 이 나무에 대해서는 뒤의 67번에서 자세하게 소개하고자 한다.

은행나무; 출입 점검 게이트 앞에 단풍이 든 나무가 있다. 10월

65-1. 상수리나무, 갈참나무, 밤나무, 덜꿩나무

박태성 정려비 표지를 지나 직진하면 박태성 정려비 - 국사당 구간(박태성 정려비 앞 밤골공원 지킴터 0.7km) 이정표에 진입하는 구간의 둘레길 통행인 출입 점검 게이트를 지나면 고목의 참나무 군락이 나타난다. 좌측에는 주로 상수리나무들이 관찰되고 우측 간이 쉼터 정자 바로 옆에 오래된 갈참나무 한 그루를 볼 수 있다. 이 지역 나머지 참나무 종류는 굴참나무 또는 상수리나무 종류이다. 이 나무는 앞의 14, 15에서 자세하게 언급되어 있다.

(좌) 상수리나무; 입구 좌측의 상수리나무가 군락을 이룬다. 7월
(우) 갈참나무; 쉼터 정자 바로 옆에 갈참나무 한 그루. 긴 잎자루가 특징

직진하면 우측에 큰 상수리나무 한 그루가 있고 좌측에 밤나무 한 그루를 만나게 된다. 밤나무를 지나 오르막길을 20m 정도 올라가면 길 좌측에 전신주가 있고 바로 앞에 몇 그루의 키 작은 관목이 모여 있는 것을 볼 수 있다. 이 나무들이 앞의 62번에서 소개한 덜꿩나무이다.

(좌) 상수리나무; 참나무 군락 우측 끝에 한 그루. 수피의 파인 홈이 적색. 7월
(우) 밤나무; 상수리나무 맞은편(좌측)에 밤나무가 한 그루 서 있다. 7월

덜꿩나무; 오르막길 좌측에 관목 몇 그루가 모여 있다. 11월

　직진하여 약간의 경사로를 오르면 소나무가 많은 길을 지나게 된다. 이 길 주변에 진달래, 철쭉, 노간주나무, 산초나무 등을 관찰할 수 있다.
　오르막 내리막이 있는 길을 따라 약 300m 정도 계속 직진하면 국사당 앞 출입 등산객 수를 측정하는 게이트가 나타난다.

65-2. 작살나무와 개암나무

 국사당 앞 등산객 계수기 게이트 우측에 여러 그루의 관목이 모여서 자라며 가지가 물고기 잡는 작살과 같이 생긴 작살나무이다.

(좌) 등산객 수 측정용 게이트
(우) 작살나무; 게이트 우측의 작살나무 군락. 9월

(좌) 작살나무; 잎자루 부근에 작은 열매가 모여서 달린다. 9월
(우) 개암나무; 게이트 좌측의 개암나무 군락과 잎. 9월

게이트 좌측에는 여러 그루의 키 작은 관목들이 모여 있다. 개암나무들이다.

계수기 게이트를 지나면 바로 국사당 건물이 보이고 그 앞에는 상록침엽수 여러 그루가 모여 있으며 전나무이다.

(좌) 국사당 표지; 뒤로 전나무가 여러 그루 서 있다
(우) 전나무; 국사당 앞 전나무 군락. 9월

66. 화백

　우측에는 북한산 밤골공원지킴터 백운대 방향 출입 등산객 숫자 조사 계수기 게이트가 있고 게이트를 지나 안쪽으로 진입하면 바로 좌측으로 사기막골 방향 둘레길이 나오며, 이 둘레길을 따라 20m 정도 진입하면 수피가 붉은색을 띤 측백나무과의 상록 침엽 교목인 화백나무 2그루를 볼 수 있다. 그리고 우측에는 북한산 국립공원 깃대종 오색딱따구리 설명 표지판이 있다.

　화백은 원산지 일본에서는 '사와라', 중국에서는 일본화백(日本花柏)이라 부른다. 편백(일본명 히노키)에 비하여 부드러운 느낌이라고 하여 화(花)를 썼다고 한다. 기후가 온화한 남부지방에 많이 심는 편백(피톤치드인 테르펜 성분을 가장 많이 분비하는 수종)에 비하여 추위에 강한 화백은 중부지방에서 흔히 볼 수 있다. 유사한 품종으로 실화백(잎 가지가 가는 실처럼 늘어짐), 황금실화백, 서리화백(블루버드 삼나무, 비단 삼나무) 등의 다양한 원예품종이 있다. 측백나무, 편백, 화백은 모두 잎이 비늘조각 같은 인편상(鱗片狀)으로 된 상록침엽수로 측백나무는 잎의 앞 뒷면이 모두 녹색으로 차이가 없으며, 편백은 잎 뒷면의 숨구멍이 모여 Y자 모양으로 희게 보이고 화백은 뒷면이 W자로 보이는 것이 세 종류의 나무를 구별하는 방법으로 제시된다. 또한 황금편백은 원예품종으로 개발된 편백 품종으로 잎이 노란색으로 물든다.

　화백은 일본에서는 목재용으로 심어서 궁궐, 사찰, 신사, 목욕탕 등에 사용하고 관의 재료로 사용되나 편백의 목재보다 가치가 떨어진다. 나무는 레몬 향이 나고 밝은색을 띠며 나뭇결이 풍부하고 곧게 자라며 부패에도 강하다. 일본, 서유럽, 북미 일부 지역의 온대 기후 지역에서 공원과 정원에 많이 심는 인기 있는 관상수이다.

　한편, 편백 숲으로는 국립남해편백 자연휴양림뿐만 아니라 독립가 임종국 씨가 조성한 전남 장성의 편백 숲이 아름다운 숲으로 널리 알려져 있다. 편백은 수천 또는 수만 그루가 모여 자라기를 좋아한다. 떼거리로 모여 살다 보면 병충해에 더욱 약해지기 마련이므로 자기방어 물질인 피톤치드를 더 많이 필요로 하기에 편백은 피톤치드를 가장 많이 분비하는 수종이다. 그리고 궁궐을 비롯한 일본의 전통 건축물은 대부분 편백으로 지어졌다. 그들이 섬기는 신사의 대표적 건물인 이세신궁(伊勢神宮)이나 나무 불상의 상당 부분 역시 편백으로 제작하였다. 편백은 삼나무와 함께 일본의 나무 문화를 대표한다.

화백: 측백나무과. 학명(*Chamaecyparis pisifera*), Chamaecyparis는 chamai(작은)와 cyparissos(삼나무류)의 합성어, pisifera는 완두콩(pisam) 모양의 구과에서 유래, 다른 이름; 화백나무, 영어명; Sawara cypress.

일본 원산으로 규슈와 히로시마 사이에 분포하고 우리나라의 중부 이남 지방에서 공원수, 정원수, 생 울타리용으로 많이 심는다. 상록침엽교목으로 가지는 수평으로 퍼지고 수형은 피라미드 모양이다. 수피는 적갈색으로 세로로 길게 벗겨진다. 잎은 난상 피침형이며 측엽은 장타원형으로 뒷면은 W자 백색 기공조선이 있다. 인편상으로 상하좌우로 마주난다. 암수딴그루이며 구화수는 4월에 피고 열매는 9-10월에 갈색으로 성숙하며 지름 6mm 정도이고 구형이다.

계곡과 같은 습지에 잘 자라며 내음성, 내건성, 내한성이 강하다. 목재는 단단하여 건축재, 토목재, 기구재, 선박재 등으로 이용된다. 맹아력이 뛰어나 전정으로 다양한 수형을 만들 수 있어 조림수나 조경수로도 많이 사용되고 생 울타리용으로도 좋다. 습기에 강하여 연못 풍치용으로 이용된다.

밤골공원지킴터 출입 게이트

(좌) 화백; 편백과 달리 중부지방에서도 자랄 수 있는 상록수이다. 7월
(우) 화백; 측백나무과에 속하며 수피는 적갈색으로 세로로 길게 갈라진다

(좌) 화백; 화백나무 잎 뒷면의 확대 모양으로 나비 모양 또는 W자 무늬
참고: (우) 편백; 편백나무 잎 뒷면의 흰색 Y자 무늬가 특징이다

참고: (좌) 측백나무; 잎의 앞면과 뒷면의 모양에 차이가 없이 하나같다. 8월
참고: (우) 실화백; 잎 가지가 실처럼 늘어짐. 한택식물원. 5월 하순

참고: 황금실화백; 잎 가지가 황색으로 실처럼 늘어짐. 한택식물원. 5월 하순

66-1. 북한산 깃대종 오색딱따구리

깃대종(기간종; 旗杆種, flagship species)은 생태계의 여러 종 가운데 사람들이 중요하다고 인식해 보호할 필요가 있다고 생각하는 생물 종을 통틀어 일컫는다. 깃대종이 한 지역의 생태계를 대표하는 상징종이기는 하지만 이 종이 없어진다고 해서 생태계가 파괴되지는 않는다.

북한산국립공원의 깃대종으로 동물은 오색딱따구리며 식물로는 산개나리로 알려져 있다. 오색딱다구리(Dendrocopos major)는 북한산 전역에 고루 서식하는 텃새로 긴 혀를 이용하여 나무줄기 속에 살고 있는 애벌레를 잡아 먹어 '숲속의 의사'라는 별명이 있는 동물이다. 참나무에 둥지 짓기를 좋아하고 잘 발달된 숲에 많이 출현하여 산림의 발달 정도를 판단하기 좋은 지표종이다.

오색딱따구리의 체장은 약 80-130㎝이고 주요 먹이로 여름에는 곤충을, 겨울에는 열매를 먹는다. 서식지는 죽거나 묵은 나무에 특별한 재료 없이 암수가 함께 구멍을 파 둥지를 만들어 서식한다. 주요 특징으로 어깨깃에 뚜렷한 V자형의 흰색 무늬가 있고 '키욧키욧' 하며 높은음의 울음소리를 낸다. 머리 뒷부분이 수컷은 붉은색, 암컷은 검은색이다.

(좌) 밤골탐방지원센터 게이트 지나 바로 우측에 있는 북한산국립공원 깃대종 동물인 오색딱따구리 설명 표지판
(우) 오색딱따구리; 여름에 죽은 나무를 쪼는 소리를 흔하게 듣게 된다

국사당 관련 자료

무속신앙에서 섬기는 여러 신을 모신 당집으로 요란한 굿판을 벌이기 쉽게
인가에서 멀리 떨어진 산속에 세운 굿당(국사당)

이제 국사당 입구 쪽으로 내려가는 길에 좌우로 밤골농원이라는 이름에 어울리게 밤나무 고목을 많이 볼 수 있다. 백송 울타리가 나타나기 바로 전에 우측이 수피가 세로로 갈라진 낙엽수 1그루가 서 있으며 물을 좋아하는 오리나무(앞 64번에서 언급됨)이다.

(좌) 오리나무; 백송 울타리 이전의 우측 오리나무 한 그루
(우) 오리나무; 잎이 어긋나며 장타원형이고 거치가 있다

67. 은행나무

　도로 양쪽에 있는 백송 나무 울타리를 지나면 좌측에 비닐하우스 식당이 있고 그 앞에 은행나무 두 그루(암수 나무)가 서 있다. 은행이라는 이름은 씨앗 껍질이 은(銀)빛이고 열매가 살구(杏)를 닮아서 지어진 이름이다. 은행나무는 고생대 페름기(2억 5천만 년-3억 년 전)에 지구상에 출현하여 중생대에 번성하다가 신생대 3기에 대부분 지역에서 멸종되고, 오늘날에는 극동아시아 지역(중국)에만 자생하고 있다. 따라서 은행나무를 '살아 있는 화석'이라고 부른다. 3억 년 가까이 은행나무가 살아남을 수 있었던 이유는 뛰어난 환경 적응력 때문이다. 고목 줄기 주변에 새싹이 자라며 잎에는 항균성 성분이 포함되어 있어 병충해가 거의 없다. 열매 육질에 심한 악취가 나는 다양한 성분이 포함되어 있어 동물들이 접근할 수 없다. 그래서 씨앗이 멀리 이동할 수 없으나 동물들의 먹이가 되는 것을 피하였다.

　은행나무는 삼국시대에 중국에서 우리나라로 들어온 것으로 추정하고 있다. 은행나무는 오래 사는 나무로 유명하다. 보호수로 지정된 나무가 800여 그루이며 이 중 천연기념물로 지정된 나무도 25그루 정도로 알려져 있다. 수령 1,100년 정도로 추정되는 경기 양평 용문사 은행나무가 가장 크고 오래된 나무이다. 일부 고목에서는 유주(乳柱)라는 혹이 생기며 공기뿌리와 유사한 기능을 한다. 암수가 다른 나무로 수꽃에는 정자(꽃가루)와 같은 편모가 달려 있어서 스스로 움직여서 암나무의 난자를 찾아가는 나무이다. 따라서 열매를 수확하기 위해서 암나무는 반드시 수나무와 인접하게 심어야 한다.

　은행나무는 분류학상 1과, 1속, 1종만으로 구분되며 잎이 넓어 활엽수같이 생겼으나 침엽수에 포함한다. 나무 세포의 종류, 모양, 배열로는 침엽수와 유사하기 때문이다. 가장 합리적인 나무 분류로 침엽수, 활엽수, 은행수(銀杏樹)로 구분하는 것을 제안하는 실정이다.

　이 나무의 다른 이름으로는 잎이 오리발처럼 생겼다고 하여 압각수(鴨脚樹)라고 부르고 나무를 심고서 손자 대가 되어야 열매가 열린다고 하여 공손수(公孫樹)라고 하며 열매의 육질을 벗기면 흰 과실이 드러나기에 백과(白果)라고도 한다. 학명 중 속명인 깅코(Ginkgo)는 식물분류학자 린네가 은행의 일본어 발음 긴난(Ginnan)을 잘못 읽어서 붙인 것으로 알려져 있다.

　은행나무는 일본잎갈나무와 같이 가지가 장지와 단지로 구분된다. 위로 뻗어 가는 가지는 장지는 1년에 50cm 이상 자라며 일반 나무의 가지와 같이 잎이 어긋나게 달린다. 반면에 단지는 손가락 한두 마디 정도의 짧은 가지가 마디가 아주 짧아 마치 번데기처럼 보인다. 단지는 위로 자라는 것이 아니라 옆으로 성장하며 몇 년 동안 2-3cm 정도밖에 자라지 않는다. 따라서 단지 끝에는 잎이 모여서 나는 모양으로 달린다. 잎의 모양에 있어서 장지의 잎은 가운데가 움푹 들어가 두 갈래로 갈라진다. 그러나 단지의 잎은 갈라지지 않고 말단부가 물결처럼 보인다. 단지(短枝)가 비교적 길면 암그루이며, 짧으면 수그루로 본다. 은행나무는 단지에서 열매가 달린다. 기타 단지가 발달하는 나무로는 일본잎갈나무, 매실나무, 사과나무와 같이 단지 끝에 꽃이 빽빽하게 피고 열매가 모여서 달리는 것이 특징이다.

자생지가 중국 안후이성, 저장성 등지로 알려진 화석 식물로서 겉씨식물 가운데 유일하게 부채꼴 잎을 가지고 맥은 2개씩 갈라진다. 벌레가 끼지 않고 대기오염에도 강하여 도시의 가로수로 가장 많이 심어진다. 종자는 식용하며 천식과 기침을 치료하는 약으로 사용한다. 그리고 은행잎에 들어 있는 징코민 성분은 혈액순환을 돕기에 성인병 치료에 효과가 탁월하다. 뿌리와 수피는 관상동맥 경화, 흉통, 심장통, 고혈압 등에 처방한다.

은행잎과 관련된 도종환 시인의 시 '노란 잎' 전문을 옮겨 본다.

노란 잎

도종환

누구나 혼자 가을로 간다
누구나 혼자 조용히 물든다
가을에는 혼자 감당해야 하는 것들이 있다
그대 인생의 가을도 그러하리라
몸을 지나가는 오후의 햇살에도
파르르 떨리는 마음
저녁이 오는 시간을 받아들이는
저 노란 잎의 황홀한 적막을 보라

은행나무도
우리도
가을에는
혼자 감당해야 하는 것들이 있다

 은행나무: 은행나무과. 학명(*Ginkgo biloba*), Ginkgo는 은행(銀杏)의 일본 발음, biloba는 잎이 두 갈래로 갈라져 있다는 의미, 다른 이름; 행자목, 한약명; 백과(白果, 씨), 백과엽(白果葉, 잎), 영어명; Maidenhair tree, Ginkgo.

 중국 저장성 서남부가 원산지이며 우리나라에는 전국적으로 가로수 및 공원수로 많이 식재하고 있다. 낙엽교목으로 수직 뿌리는 심근형이며 고목에는 유주가 생긴다. 수피는 회백색으로 세로로 깊게 갈라진다. 가지는 장지와 단지로 구분되며 잎은 장지에서는 어긋나고 단지에서는 무더기로 난다. 잎몸은 부채꼴 모양으로 가운데가 갈라지는 것이 많다. 꽃(구화수)은 5월에 잎과 동시에 나오며 수구화수는 짧은 이삭 모양, 암구화수는 노출되어 2개로 갈라진다. 열매는 10월에 성숙하며 열매는 작은 살구처럼 생겼으며 내부의 씨앗 껍질은 흰색으로 딱딱하다.

 종자를 심어 번식하나 특수 품종을 얻기 위해서는 삽목과 접목 방법을 이용한다. 목재는 건축재, 가구재, 조각재, 바둑판 등으로 사용되며 열매는 식용으로, 잎은 약용으로 이용된다.

 천연기념물로 지정된 나무는 25그루 정도 되며 대표적으로 수령 1,100년으로 추정되는 최고령의 경기 양평 용문사 은행나무, 강원 원주 문막읍 반계리 은행나무는 수령 1,300년(국립산림과학원에서 스캔 기법으로 조사하여 수령 1,317년으로 밝힘)으로 자태가 아름답기로 유명하다. 경북 안동 용계리 은행나무는 수령 700년으로 추정되며 안동 임하댐 건설로 수몰 위기에 처하여 현재의 자리로 옮겨 심었다.

(좌) 은행나무; 비닐하우스 식당 앞에 암수 은행나무 두 그루가 마주 보고 서 있다. 3월 하순
(우) 은행나무; 암구화수(암꽃). 15년 이상 되어야 은행이 열린다. 5월

(좌) 은행나무 수꽃(수구화수). 수꽃의 정자가 암꽃으로 이동하여 수정. 은행나무는 암나무와 수나무가 반드시 가까이 있어야 은행이 열린다. 5월
(우) 은행나무; 비닐하우스 위에 노랗게 물든 은행잎과 은행 열매. 11월

(좌) 은행나무; 노랗게 물든 은행잎 중에서 가운데가 갈라진 것이 관찰된다
(우) 은행나무; 말단의 가지로 장지(長枝, 잎은 어긋난다)를 보여 주고 있다

(좌) 은행나무; 말단이 아닌 중간 부분의 가지로 단지(短枝, 혹 또는 번데기 모양 주름이 잡힌 가지, 잎, 열매, 수구화가 무더기로 달림)를 보인다
(우) 은행나무; 씨앗(좌측 1, 2열), 씨앗 내부(갈색 속껍질, 3열), 속씨(4열)

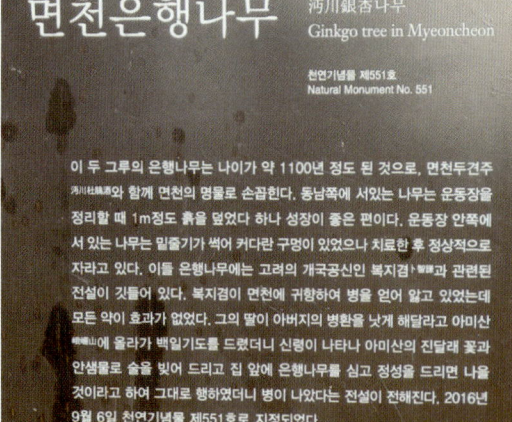 

(좌) 은행나무; 당진시 면천면. 천연기념물. 암수 나무. 가지가 넓게 퍼진 나무가 암나무이며, 진달래꽃으로 빚은 면천 두견주 관련 전설 있음
(우) 은행나무; 추정 수령 1,100년의 당진시 면천 은행나무 두 그루(암수 한 쌍). 천연기념물. 고려 개국공신 복지겸과 연관된 설화 있음. 은행나무 가까이에 면천 관아 문루 풍락루 누각이 있다

은행나무; 보호수. 창덕궁 입구 좌측. 수령 약 480년 추정

은행나무; 용문면 용문사. 천연기념물. 추정 수령 1,100년. 높이 42m. 둘레 15m. 국내 최고령 추정, 세종 때 당상관(정3품) 품계 받음. 마의태자가 망국의 한을 품고 금강산 입산 시에 심었다는 전설 있음

68. 두충

　은행나무 바로 앞 도로 좌측에 키가 큰 낙엽활엽수 1그루가 서 있다. 줄기 수피 중간에 흰 반점 같은 것이 관찰되며 한약재로 주로 사용되는 두충이다. 중국이 원산지로 1과 1속 1종의 나무로 중국에서도 양자강 하류 지역에 자생하는 희귀식물로 거의 소멸되고 있어 재배식물로 남아 있다. 1926년에 일본인 나카이가 도입하여 홍릉수목원에 심었고 실생과 삽목을 통하여 전국적으로 보급되었다. 열매, 잎, 나무껍질에서 끈끈한 실 모양의 점액이 나온다. 껍질을 말린 것을 두충이라는 약재로 강장제, 관절염, 진통제, 진정제 등의 목적으로 사용하며 민간에서는 껍질과 잎을 달여서 차로도 복용한다.

　『본초강목』에 따르면 옛날 두중(杜仲)이라는 사람이 이 나무의 껍질과 잎을 차로 달여 먹고 도를 통했다고 해서 그 사람의 성과 이름을 따 두중(杜仲)이라고 지었다고 한다. 오늘날에도 중국 서민들은 두충나무의 어린잎을 불에 쬐어 말려 두충차를 만들어 마신다. 두(杜)는 팥배나무를 의미하며 두충은 팥배나무의 껍질과 잎이 닮았다. 두충은 고혈압에도 좋은 약재로 알려져 있으며 이 나무의 속명 에우코미아(Eucommia)는 '좋다'라는 의미의 에우(eu)와 '고무'라는 의미의 코미(commi)의 합성어이다. 두충의 껍질과 잎에는 '구타페르카(gutta-percha)'라는 고무질이 함유되어 있다. 잎과 열매를 양쪽으로 살짝 잡아당기면 갈라지는 부분에 흰색 실 모양의 고무 질이 늘어지는 것을 볼 수 있다. 종명인 울모이데스(ulmoides)는 느릅나무와 유사하다는 의미이다. 느릅나무 껍질에도 고무질이 함유되어 있다.

　1987년부터 전국적으로 재배되고 있으며 경남·북 지방에 재배 면적이 넓고 구미, 함양, 진주 등이 주 재배단지이다. 햇볕이 잘 들고 강우량이 많은 습윤한 환경을 좋아한다.

　두충: 두충과. 학명(Eucommia ulmoides), Eucommia는 그리스어 eu(좋다)와 commi(고무)의 합성어로 수피 중에 고무질(구타페르카)이 있다는 의미, ulmoides는 느릅나무속(Ulmus)과 비슷하다는 의미, 한약명; 두중(杜仲, 중국과 일본), 두충(杜沖, 한국), 영어명; Eucommia.

　중국 중서부가 원산지이며 우리나라 전국에 식재하고 있다. 낙엽활엽교목으로 수피는 회갈색 또는 흑회색이며 세로로 불규칙하게 갈라진다. 잎은 어긋나며 타원형 첨두이다. 암수딴그루이며 꽃은 4월에 피며 열매는 10-11월에 성숙하고 장타원형이며 가장자리에 날개가 있다.

　우리나라 대부분 지역에서 재배가 가능하며 수분이 많은 비옥지의 배수가 잘되는 사질토양이 재배 적지이다. 가을 서리가 오기 전에 잎을 수확하여 그늘에서 말린다. 잎은 해열, 진해, 눈을 맑게 하는 데 사용되며 풍열 감기, 유행성 감기로 인한 발열에 사용되며, 껍질은 강장, 강정, 진정, 진통약으로 허리통증 등에 이용한다. 봄철에 수피를 달여 먹으면 관절에 효과적이며 가을철에는 줄기를 달여 먹으면 간에 좋다고 한다. 잎을 설탕 발효시켜서 먹을 수 있다. 두충의 목재는 아름다우면서도 단단해서 고급 목재로 이용된다.

두충; 은행나무 앞에 두충 한 그루(큰 가지 2개로 나누어 짐)가 서 있다. 수피에 흰 무늬가 보인다. 3월 하순

두충; 국립산림과학원. 1926년 중국에서 두충 도입 관련 설명 자료

(좌) 두충; 수피가 세로로 갈라지고 수피에 흰 무늬가 있다. 4월
(우) 두충; 은행나무 옆에 두충 한 그루가 서 있다. 7월

(좌) 두충; 잎은 어긋나며 타원형 첨두이고 예리한 거치가 있다. 9월
(우) 두충; 두충 열매가 성숙하여 갈색으로 변하고 장타원형이며 가장자리에 날개가 있다. 11월

69. 회양목

   회양목은 그 이름에 나타난 바와 같이 북한의 강원도 회양군(금강산 이북의 지역으로 석회암지대가 많음) 지역에 많이 자생하기에 붙여진 이름이라고도 하며, 한자 이름인 황양목(黃楊木)이 변한 이름이라고도 한다. 회양목의 자생지는 강원도 영월, 삼척 지역과 충북 단양, 그리고 북한의 강원도 회양, 평남, 황해도 등 석회암지대의 척박한 경사지이며 석회암지대의 지표식물이다. 이 나무는 열악한 환경뿐만 아니라 아주 느리고 작게 자라는 유전자까지 가지고 있어서 매우 느리게 자란다. 따라서 나무의 재질이 매우 치밀하고 단단하여 목도장을 만드는 '도장 나무'로 알려져 있다. 『본초강목』에서는 속설을 인용하며 회양목은 1년에 1촌(3cm) 자란다고 기록하고 있다.

   회양목은 상록활엽관목으로 잎이 아주 작고 항상 변함없는 모습을 간직하고 있고 이른 봄에 꽃을 피우기에 우리 주변에 가로수, 조경수, 관상수로 많이 심고 있다. 공원이나 도로변의 경계를 표시하는 각지게 가지치기한 울타리, 둥글게 한 그루씩 다듬은 조경수 등 다양한 형태로 가꿀 수 있는 특징이 있다. 우리 주변에서 흔히 보는 회양목은 키가 2-3m이며 줄기 직경 25cm가 되려면 600-700년 정도 걸린다고 한다. 우리나라에서 가장 오래되고 큰 회양목은 경기도 여주의 효종왕릉 재실 옆의 나무로 수령 300년, 키 4.7m, 줄기 둘레가 63cm로 천연기념물 459호로 지정되어 있다.

   회양목은 재질이 우수하여 목재는 다양한 용도로 사용되었다. 인장, 관인, 낙관 등 도장을 새기는 나무로 흔히 사용되었으며 신분을 표시하는 호패로도 사용되었다. 이 나무는 구하기 어렵기에 주로 생원과 진사들의 호패로 사용하였다. 그리고 목판이나 나무 활자를 만드는 데 주로 사용하였으며 불국사의 석가탑에서 나온 '무구정광대다라니경'을 찍은 목판도 회양목으로 만든 것으로 알려져 있다. 서양에서도 상자를 만드는 데 사용하였으며 이 나무의 영어명으로 박스 트리(Box tree)라고 한다.

   회양목은 석회질이 많은 알칼리성 토양에서 잘 자라므로 회양목이 자라는 곳에서는 물을 마시지 말라는 말이 있다. 그리고 회양목은 환경에 큰 영향을 받지 않고 변함없는 모습으로 자라서인지 꽃말이 '극기와 냉정'이다. 잎이 두 겹으로 되어 있어 추운 겨울에도 얼지 않는다. 잎끝을 잘라 보면 가운데에 공기로 채워져 있는 것을 볼 수 있다. 이른 봄 다른 꽃이 피지 않은 상황에서 회양목꽃의 꿀은 벌들의 훌륭한 식량이 된다.

   회양목: 회양목과. 학명(*Buxus koreana*), Buxus는 라틴어이며 puxas(상자)에서 유래함, 이 나

무로 작은 상자를 만들었다고 함, koreana는 한국을 의미, 다른 이름; 회양나무, 도장나무, 고양나무, 도장목, 중국에서는 황양(黃楊) 또는 황양목(黃楊木)이라 부름, 한약명; 유근피(榆根皮, 수피), 영어명; Korean box tree, box tree.

중부 이남의 석회암지대에 자생하며 전국적으로 관상수 또는 정원수로 식재하고 있으며 중국과 일본에도 분포한다. 상록활엽관목 또는 아교목으로 잎은 마주나고 두꺼우며 타원형 또는 도란형으로 길이 12-17mm로 작고 약간 뒤로 젖혀진다. 암수한그루로 꽃은 연한 황색이며 3-4월에 잎겨드랑이에서 모여서 핀다. 열매는 6-7월에 성숙하며 도란형으로 길이 1cm이고 끝부분에 뿔 모양의 돌기가 있다. 즉, 삭과 열매 끝에 암술대가 뿔처럼 남아 있는 상태에서 갈색으로 익는다. 이 삭과가 세 조각으로 갈라지면 마치 부엉이 세 마리가 모여 있는 모습을 보인다. 따라서 이 모양을 흔히 '부엉이 삼형제'라고도 부른다. 종자는 길이 6mm로 장타원형이며 광택이 나는 흑색이다.

석회암지대에 자라 자라며 강한 음수이다. 정원수로 많이 식재한다. 목재는 조각재, 도장 등을 만드는 데 사용되며 머리를 빗는 얼레빗이나 단추 등을 만들어 사용하기도 한다. 잎이 붙은 어린 가지는 약용한다.

경기도 여주시 능서면 영릉(효종대왕릉) 재실에 있는 수령 300년의 회양목(둘레 63cm)은 천연기념물 제459호로 등재되어 있다. 경기도 화성시 송산동 소재 용주사 대웅전 앞의 회양목(수령 약 200년 추정)은 정조가 심은 것으로 천연기념물 제264호로 지정되었다가 완전히 고사하여 2002년 지정이 해제되었으며 현재에는 표지석만 남아 있다. 서울 관악산 계곡부에는 회양목 군락(3,000㎡)이 분포하는 것으로 조사되었다.

(좌) 회양목; 꽃은 연한 황색이며 잎겨드랑이에 모여 달리고 암꽃, 수꽃 모두 꽃잎이 없다. 3월 하순
(우) 회양목; 잎은 크기가 매우 작고 마주나며 상록이고 타원형이다. 4월

회양목; 수피가 검은색이며 여러 그루가 모여 있다.
수령 수십 년 추정

회양목; 도로 우측에 군락을 이루고 자란다. 11월

70. 가죽나무

　국사당 입구인 내리막길 끝 좌측에 키 큰 나무 두 그루가 서 있다. 가죽나무로 길에 인접한 나무는 암나무로 꽃이 핀 다음 여름에 날개 모양의 시과가 열리고 그 옆의 나무는 수나무로 열매가 열리지 않는다. 열매가 멀리 바람을 타고 날아가 주변 빈터에 자연적으로 가죽나무가 자생하게 된다. 참죽나무(우수우상복엽, 소엽은 10-22개)와 달리 어린잎은 식용하지 않으나 지역에 따라서는 식용하는 경우도 있다. 절에서 심어서 잎을 먹는 참죽나무(참중나무)가 있는데 잎 모양은 유사하지만 먹을 수 없다고 하여 가죽나무(가중나무)라고 부른다. 경상도와 전라도 일부 지역에서는 참죽나무를 가죽나무라고 부르고 가죽나무를 개가죽나무라고 부른다.

　가죽나무의 한자 이름은 저수(樗樹)라고 부르며 쓸모없는 나무의 대명사로 알려져 있다. 여기에 참나무역(櫟)자를 붙여 저력지재(樗櫟之材)라고 하면 재주 없고 쓸모없는 인재라는 뜻으로 자신을 낮추어 말할 때 쓴다. 이렇게 가죽나무가 쓸모없는 나무라고 불리게 된 데에는 '장자(莊子)'가 소요유(逍遙遊)에서 이 나무가 줄기가 울퉁불퉁하고 가지는 꼬불꼬불하여 쓸모없는 존재로 묘사한 이래로 중국과 한국에서는 쓸모없는 존재의 대표로 사용하게 되었다.

　가죽나무는 우리나라 토종나무가 아니라 수백 년 전에 중국에서 들어와서 정착한 것으로 추정된다. 수피는 나무가 어릴 때는 회갈색으로 매끈하나 나이를 먹어가면서 흑갈색으로 진해지면서 얕게 세로로 갈라진다. 이 나무의 다른 이름이 호목수(虎目樹) 또는 호안수(虎眼樹)인데 잎이 떨어진 자국이 마치 호랑이 눈과 같아서 붙여진 이름이다. 잎은 겹잎으로 작은 잎에는 큰 거치가 2-3개 있으며 거치 끝에 딱딱한 알맹이가 만져지는데 선점 사마귀로 가죽나무에서 나는 고약한 냄새의 근원지이다. 잎에 샘점이 있고 악취가 나며 나무껍질이 갈라지지 않으면 가죽나무(소태나무과), 잎 가장자리에 거치가 얕게 나 있으며 수피가 갑옷처럼 갈라지면 참죽나무(멀구슬나무과)로 구분할 수 있다. 조선 후기 실학자 서호수가 쓴 『해동농서(海東農書)』에는 저(樗)에는 두 종류가 있으며 나무가 실하고 잎이 향기로운 것을 진저(眞樗, 참죽나무)라고 하며, 나무가 엉성하고 잎에서 냄새가 나는 것을 가저(假樗, 가죽나무)라고 하였다.

　가죽나무 잎은 누에를 먹이는 사료로 사용되었다. 이 잎을 먹은 누에를 저잠(樗蠶)이라 불렀고 다른 나뭇잎을 먹은 누에보다 많은 양의 실을 생산하였다. 그리고 백제시대의 놀이로 가죽나무로 만든 주사위를 이용하던 것을 저포(樗蒲)라고 하였다. 이 저포는 노름이나 도박을 의미한다.

한편, 이 나무는 대기오염이 심한 도시에서 잘 자라므로 환경오염을 나타내는 지표식물로 연구하고 있다. 최근에 이 나무는 유럽과 북미 대륙에서 최악의 생태교란종으로 간주하고 있다. 선점의 지독한 냄새는 곤충들로부터 자기 잎을 보존하기 위함이다.

소태나무와 잎 모양이 유사하나 가죽나무는 잎의 상부에 거치가 없고 하부에 2-4개의 거치가 있는 반면 소태나무는 파상거치가 있고 소엽이 9-15개이다.

도종환 시인의 시 '가죽나무'를 일부 옮겨 본다. 가죽나무는 자신이 별로 쓸모없는 나무라는 것을 알고 있지만 작은 쓰임만 있어도 만족하는 나무임을 강조한다.

가죽나무

도종환

나는 내가 부족한 나무라는 걸 안다
내 딴에는 곧게 자란다 생각했지만
어떤 가지는 구부러졌고
어떤 줄기는 비비 꼬여 있는 걸 안다
그래서 대들보로 쓰일 수도 없고
좋은 재목이 될 수 없다는 걸 안다
다만 보잘것없는 꽃이 피어도
그 꽃 보며 기뻐하는 사람 있으면 나도 기쁘고
내 그늘에 날개를 쉬러 오는 새 한 마리 있으면
편안한 자리를 내주는 것만으로도 족하다
(이하 생략)

가죽나무: 소태나무과. 학명(*Ailanthus altissima*), Ailanthus는 인도네시아 몰루카섬의 방언으로 하늘의 나무라는 뜻, 영어 'tree of heaven'은 이것을 번역한 것임, altissima는 키가 매우 크다는 의

미, 다른 이름; 가중나무, 개가죽나무, 까중나무, 한약명; 저근백피(樗根白皮), 저백피(樗白皮), 영어명; Tree of heaven, Copal tree, Varnish tree.

전국의 인가 주변에 자생하며 중국, 대만이 원산지이다. 낙엽활엽교목으로 잎은 어긋나며 기수우상복엽이다. 소엽은 13-25개로 난상 피침형이며 소엽의 하부에 2-4개의 거치가 있으며, 각 거치의 끝에 선점이 있다. 암수딴그루이며 꽃은 녹백색으로 6-8월에 가지 끝에 원추꽃차례로 나온다. 열매는 9-10월에 황갈색으로 익으며 좁은 타원형이다. 종자는 열매 가운데 위치하며 지름 5mm 정도이고 납작한 삼각상 난형 또는 원형이다.

내한성, 내건성, 내조성이 강하며 해변에서도 잘 자란다. 대기오염에 강하지만 미국흰불나방의 피해가 심하다. 중용수 또는 양성수이며 뿌리 맹아력이 강하다. 녹음수, 가로수로 쓰인다. 목재는 가구재로 쓰인다. 뿌리와 줄기의 속껍질은 이질 등이나 다양한 병을 치료하는 약으로 사용한다.

북한의 평양시 상원군 대동리에 있는 가죽나무(상원 가둑나무)는 상원 떡갈나무라고도 불리며 수령 약 200년으로 북한 천연기념물 제26호로 지정되어 있다.

(좌) 가죽나무; 특이한 겨울 눈. 잎이 떨어진 자국이 호랑이 눈과 비슷하다 하여 호안수(虎眼樹)라 한다. 봄이 되어 새싹이 나오기 시작한다. 4월 초순
(우) 가죽나무; 잎이 완전히 나고 꽃이 피기 시작한다. 6월 초순

(좌) 가죽나무; 봄에 잎이 나기 시작한다. 4월 하순
(우) 가죽나무; 초여름 소엽 15-25개의 복엽이 관찰된다. 6월 초순

(좌) 가죽나무; 열매(시과로 가운데에 씨앗이 있고 가장자리 날개가 있다)가 촘촘하게 모여서 달려 있다. 9월
(우) 가죽나무; 겨울철에 열매가 빽빽하게 모여있는 것이 관찰된다. 11월

(좌) 가죽나무; 잎은 모두 떨어지고 열매만 달려 있다. 11월
(우) 가죽나무 열매 확대; 씨앗이 장타원형 열매의 가운데에 위치함

71. 산수유

　좌측의 가죽나무와 마주 보고 있는 국사당 입구 도로 우측에 수피가 너덜너덜하게 벗겨지는 중간키의 산수유(山茱萸)나무를 볼 수 있다. 산수유는 산에서 자라는 수유(茱萸, 쉬나무의 열매)가 열리는 나무라는 뜻으로 중국 이름을 빌렸으며 신라 48대 경문왕 때 중국에서 도입되어 전남 구례군에 처음 심었다고 한다. 전하는 이야기에 따르면 천년 전 중국 산동성의 처녀가 구례로 시집을 올 때 산수유를 가져와서 심었다고 한다. 구례 산수유의 시초가 된 나무를 산수유 시목으로 지정하여 현재에도 마을 제사 의식을 이곳에서 치르고 있다고 한다.

　산수유는 민가 주변에 심어서 기른 나무로 이른 봄날 잎보다 노란 꽃이 먼저 피어 봄이 왔음을 알린다. 산형꽃차례로 좁쌀 크기의 꽃이 20-30개 모여서 핀다. 산수유꽃과 유사하며 이른 봄에 산에서 자생적으로 피는 꽃이 생강나무꽃이다. 이른 봄 산수유꽃이 피면 지역에서는 산수유꽃 축제가 열리며 전남 구례군 산동면 상위마을, 경북 의성군 사곡면 화전리, 경기 이천군 백사면 산수유마을 등의 산수유꽃 축제가 유명하다. 한때는 이 나무가 세 그루만 있어도 아들을 대학에 보낼 수 있다고 하여 '대학나무'라는 별명이 붙을 만큼 수익성이 좋았다고 한다.

　가을이 되면 여름에 푸른색이어서 잎사귀들에 가려서 보이지 않던 푸른색 열매가 어느 날 빨갛게 모습을 드러낸다. 수천 개의 헤아릴 수 없는 붉은 열매가 온통 나무를 뒤덮어 버린다. 그리고 겨울에도 눈을 맞으며 앙상한 가지에서 파란 하늘을 배경으로 달린 열매를 보면 사람뿐만 아니라 새들은 매혹되지 않을 수 없다. 산수유 열매는 중국 촉나라(현재 쓰촨성)에서 나는 신맛의 대추라고 하여 촉산조(蜀酸棗)라고 불렀다. 명나라 때는 육조(肉棗)라고 불렀다. 서리가 내린 늦가을에 건조된 열매(약간의 단맛과 떫고 강한 신맛)를 수확하여 씨앗을 빼고 말려 약재로 사용하며 『동의보감』에는 산수유는 음(陰)을 왕성하게 하며 신정과 신기를 보하고 성 기능을 높이며 음경을 단단하고 크게 한다고 하여 전형적인 정력 강장제로 기술하고 있다.

　『삼국유사』의 기록에 따르면 이 나무와 관련된 '임금님 귀는 당나귀 귀'라는 설화가 있다. 신라 48대 경문왕과 관련된 것으로 경문왕은 왕위에 오르자 귀가 갑자기 당나귀 귀처럼 길어졌다. 왕비를 비롯한 궁궐 사람들은 이 같은 사실을 모르고 모자를 만드는 장인만 알고 있었다. 그러나 그는 평생 이 사실을 남에게 말하지 못하다가 죽을 즈음 도림사 대나무 숲에서 대나무를 향해 '임금님 귀는 당나귀 귀'라 외쳤다. 그 뒤 바람이 불 때마다 대나무 숲에서 '임금님 귀는 당나귀 귀'라는 소리가 났다. 왕은 그 소리가 듣기 싫어 대나무를 모두 베어 버리고 대신 그 자리에 산수유를 심었다는 이야기이다.

조병화 시인은 우리 주변 산 중턱에 핀 산수유꽃을 보며 문득 세월의 흐름을 인지하고 짧은 시 '산수유'를 썼다. 그 시의 전문을 옮겨 본다.

산수유
조병화

도망치듯이
쫓겨나듯이

세월을 세월하는 이 세월
돌밭길 가다가
문득 발을 멈추면
먼 산 중턱에
분실한 추억처럼 피어 있는
산수유

순간, 나는 그 노란 허공에 말려
나를 잃는다

아, 이 황홀
잃어 가는 세월이여

산수유: 층층나무과. 학명(*Cornus officinalis*), Cornus는 라틴어 cornu(뿔)에서 유래하여 재질이

단단함을 의미함, officinalis는 '약용의', '약효가 있는'의 의미, 다른 이름; 산시유나무, 한약명; 산수유(山茱萸(과육)), 영어명; Japanese cornelian cherry, Japanese cornel.

중부 이남에 주로 식재하며 중국이 원산지이다. 낙엽활엽교목으로 수피는 연한 갈색 또는 회갈색이며 얇은 조각으로 너덜너덜하고 불규칙하게 떨어진다. 잎은 마주나며 타원형 또는 난상 피침형으로 거치가 없다. 6-7쌍의 측맥이 활처럼 굽어져서 잎끝으로 수렴한다. 잎 뒷면 맥 겨드랑이에 갈색 밀모가 있다. 암수한그루이고 꽃은 노란색으로 3-4월에 잎보다 먼저 피고 산형꽃차례로 20-30개가 모여서 달린다. 열매는 10월에 붉은색으로 성숙하고 타원형 핵과이다. 열매는 가을에 수확해서 씨앗을 발라내고 햇빛에 잘 말려서 한약재로 사용한다. 또한 말린 열매로 차를 끓여 마시거나 술을 담가 먹기도 한다.

양수성이며 뿌리는 천근형이다. 토심이 깊고 비옥 적윤한 사질 양토로 배수가 양호한 곳이 좋다. 비옥한 산간 계곡부, 산록부, 논·밭둑의 공한지 등에서 생장이 양호하다. 내한성이 강하고 생장이 빠르다. 종자를 파종하여 발아하는 데 2년이 걸린다. 정원수로 쓰이며 과육은 약용한다.

(좌) 산수유; 국사당 입구 도로 우측에 산수유꽃이 개화하였다. 3월 하순
(우) 산수유; 이른 봄 농촌에서 가장 먼저 피는 노란 산수유꽃. 3월

(좌) 산수유; 꽃자루가 있는 노란 산수유꽃. 관악산. 4월
(우) 산수유; 봄을 알리는 농가 주변의 노란 산수유꽃. 김천시. 3월

(좌) 산수유; 산수유꽃이 집단으로 피어 있다. 3월
(우) 산수유; 수피는 얇은 조각으로 탈락하고 잎은 마주난다. 6월

(좌) 산수유; 자동차 도로로 나가기 전 국사당 입구 우측. 꽃지고 잎이 난다. 4월
(우) 산수유; 장타원형 열매가 열리고 잎 뒷면 잎맥 겨드랑이에 갈색 밀모가 관찰된다. 6월

(좌) 산수유; 산수유 열매가 붉게 익었다. 10월
(우) 산수유; 잎 아래로 붉게 익은 열매가 숨어 있다. 11월 초순

(좌) 산수유; 겨울에 건조된 열매만 남아 있다. 안양 자유공원. 11월 하순
(우) 산수유; 건조된 산수유 열매. 긴 열매 자루. 안양 자유공원. 11월 하순

산수유; 지난해 열린 산수유 열매가 건조되고 새봄에 나온 꽃눈과 공존하는 상태,
안양 자유공원, 2월 하순

내리막길을 내려가면 우측에 '국사당' 이정표가 있고 차도가 나타난다. 횡단보도를 건너 좌측으로 100여 미터 이동하면 효자2통 버스정류장이 있으며 이곳에서 승차하면 서울 은평구나 고양시로 진입하는 버스를 탈 수 있다.

국사당 입구 안내문; 북한산 둘레길 숲 해설 최종 지점, 국사당 입구

V

숲 해설 2
: 솔내음 누리길
(창릉천 변)

효자치안센터 정류장 - 사기막골 정류장 구간

　북한산 둘레길의 효자치안센터에서 사기막골 구간에 해당하는 지역으로 북한산과 4차선 도로를 건너 노고산 아래 개천(창릉천)을 따라 고양시에서 '솔내음누리길'로 지정한 창릉천 주변의 나무와 주변 경관을 따로 해설하고자 한다. 이 구간의 거리는 약 4km로 창릉천에 인접한 둘레길로 주로 물을 좋아하는 나무들이 많이 있고 주변에 식당 등 민가들이 많이 있어 인공적으로 식재한 나무들도 많이 볼 수 있다.

　북한산 둘레길과 다르게 숲길이 아니라 창릉천 하천 변 도로를 따라 걷는 길이기에 숲이 없어서 햇볕을 피하기 어렵기에 봄과 가을 그리고 겨울에 걷기를 하면 좋다. 그리고 주변이 개방되어 있고 가까운 거리에 놓인 북한산의 다양한 바위 봉우리의 빼어난 경관을 감상할 수 있어서 하천의 물과 산을 동시에 관찰할 수 있는 좋은 기회를 제공해 준다.

고양시 솔내음 누리길 입구 표지 및 주변 풍경 소개

　구파발역 1, 2번 출구에서 시내버스 양주 37번(구 34번), 704번 버스를 타고 효자치안센터에서 하차하여 길을 건너 북한산탐방지원센터 방향으로 약간 거슬러 올라가면 '솔내음누리길'이라는 큰 표지 글자를 볼 수 있다.

　여기 공터에서 뒤를 돌아 길 건너편을 보면 장대하게 이어진 북한산의 능선을 관찰할 수 있으며 특히 북한산 의상봉, 노적봉 일부, 원효봉의 거대한 암봉의 빼어난 풍광을 가까이에서 감상할 수 있다.

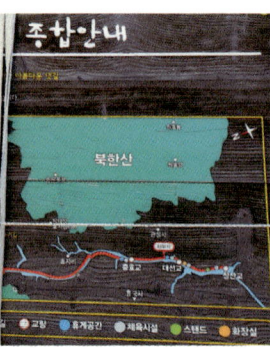

(좌) 솔내음누리길 표지; 창릉천 변 솔내음누리길 시작 지점의 안내문
(우) 창릉천 솔내음누리길 구간 약도와 주변 명소 소개 종합안내판

(좌) 북한산 의상봉; 솔내음누리길 시작 지점에서 자동차 도로 건너편으로 보이는 의상봉과 용출봉, 용혈봉 일부
(우) 북한산 원효봉; 솔내음누리길 시작 지점에서 자동차 도로 건너편으로 보이는 원효봉과 인수봉 일부

북한산 원효봉과 의상봉; 솔내음누리길 시작 지점에서 자동차 도로 건너편으로 보이는 원효봉과 인수봉 일부 그리고 의상봉 풍경. 9월

이제 '솔내음누리길'에 진입하여 창릉천을 거슬러 올라가며 나무와 주변 풍경을 차례로 소개하고자 한다.

72. 회화나무

　우측 주택가에서 만나는 나무가 느티나무이다. 짧은 몇 그루의 느티나무(북한산 둘레길 숲 해설 35번 설명에서 소개됨) 가로수 길이 끝나고 하천 쪽으로 비스듬히 기울어진 은행나무 한 그루를 볼 수 있다. 은행나무는 북한산 둘레길 숲 해설 67번에서 자세하게 소개된 바 있다. 은행나무에서 약 2m 정도 인접하여 가지가 많이 잘려 나간 한 그루의 회화나무를 볼 수 있다.

(좌) 창릉천을 거슬러 오르는 천변 길 솔내음누리길 시작 지점. 느티나무길
(우) 은행나무; 버드나무길이 끝나고 은행나무 한 그루가 나타난다

　회화나무는 일명 학자수(學者樹)로 영어 이름도 같은 의미의 스칼러 트리(scholar tree)로 쓴다. 이 나무는 같은 콩과에 속하는 아까시나무와 아주 유사한 겹잎으로 작은 잎이 10-15개의 소엽이 모여 겹잎을 만든다. 그러나 꽃은 원추꽃차례로 음력 7월에 황백색으로 피고 열매는 염주처럼 작은 콩을 몇 개 이어 놓은 것 같이 달린다. 중국 원산의 나무로 한자로는 홰나무를 뜻하는 괴(槐) 또는 괴수(槐樹)라고 쓴다. 괴의 중국 발음이 회이기에 회화나무가 되었다.

　중국에서는 회화나무를 상서로운 나무로 간주하여 주나라에서는 궁궐에 회화나무 세 그루를 심는 것을 원칙으로 하였다. 한나라의 수도 장안에는 회화나무를 가로수로 심었으며 현재에도 북경을 포함하는 중국의 주요 도시에서도 회화나무 가로수를 볼 수 있다. 궁궐에서는 삼정승의 자리에 회화나무를 심어 각자의 자리를 표시하였으며 조선시대에도 창덕궁 돈화문 안에 세 그루의 회화나무를 심었다. 창덕궁 내에도 여러 그루의 회화나무를 심었고 고위 관직의 품위를 상징하는 데 사용되었다. 유교와 관련된 서원, 향교, 문묘 주위나 양반 가문의 집 주변에도 심었다. 최근 우리나라 여러 도시에서 회화나무를 가로수로 심는 추세이다.

회화나무꽃은 루틴(rutin)이라는 황색 색소를 함유하고 있어서 종이나 천을 황색으로 물들이는 색소로 사용된다. 회화나무꽃이나 열매로 염색한 종이를 괴황지(槐黃紙)라고 부른다. 옛날에는 부적을 쓸 때 반드시 괴황지에 썼으며 매우 영험했다고 한다. 그리고 모세혈관 강화 효과가 있어서 뇌출혈의 예방이나 고혈압 치료제를 만드는 원료로도 사용된다. 『동의보감』에는 회화나무는 열매, 가지, 꽃, 속껍질 그리고 회화나무에서 생기는 버섯(槐耳, 괴이)까지 모두 약으로 사용한다고 하였다. 회화나무 목재는 느티나무와 유사하여 건축물의 기둥이나 가구재 등으로 사용된다. 이러한 두 나무의 공통된 특성 때문에 두 나무 모두 한자로 괴(槐)를 사용하는 것으로 알려졌다.

회화나무꿀은 꿀 중에서 제일 약효가 높다고 한다. 특히 항암효과가 높은 것으로 알려져 있다. 『향약집성방』에는 '신선방'이라 하여 잘 먹으면 신선처럼 되게 한다는 약을 소개하고 있다. 회화나무 열매, 구기자, 운모, 황정, 천문동, 복령, 닥나무 열매, 석창포 등이 있다.

당나라 덕종 때 순우분(淳于棼)이라는 사람이 회화나무 밑에서 낮잠을 자다가 꿈을 꾼 설화에서 괴안몽(槐安夢)이라는 단어가 생겨났으며 이 말은 일장춘몽(一場春夢) 또는 남가일몽(南柯一夢) 등과 같은 의미로 사용된다. 이 이야기에서 오래된 회화나무 썩은 껍질에는 개미들이 살고 있으며, 따라서 괴안국(槐安國)을 개미를 지칭하게 되었다. 충남 서산시 해미읍성 안에는 수령 600년의 회화나무가 있으며 이 나무는 교수목(絞首木)이라고 불리는데 조선 말 병인사옥 때 천주교 신자들을 이 나무에 매달아 죽였기 때문이다.

회화나무를 보면서 아버지에 대한 기억을 회상하며 쓴 양태철 시인의 시 '회화나무 그늘 아래서'를 옮겨 본다.

회화나무 그늘 아래서

양태철

아버지 흰 두루마기 입고 헛기침하며
쉴 곳을 찾았다는 듯이 회화나무 그늘 아래 서 계신다
맑고 큰 눈빛에선 무수한 나뭇잎 맥처럼

불빛이 흔들리고 살점 없이 앙상한 나뭇가지는 지쳐 보인다
회화나무 한 채로는 집이 너무 좁은 것인지
아버지, 낙타처럼 푸르르 잎사귀로 몸을 털 때마다
열매들이 떨어져 내린다

잎사귀마다 멍이 든 상처들을 몸 밖으로 밀어낼 생각으로
회화나무 한 그루 속으로 걸어 들어간 아버지의 생,
도도한 앞 그림자 짙어 갈수록
순례이든 고행이든 내가 따를 수 없는
넉넉한 내 아버지 이름 아래
회화나무는 온데간데 없고
아버지 무덤 앞에 덩그러니 앉아 있다

회화나무: 콩과. 학명(*Styphnolobium japonicum*), Sophora는 린네가 아랍명의 나무 이름을 전용함, japonica는 일본을 의미, 다른 이름; 과나무, 회나무, 화이나무, 괴화나무, 학자목, 한약명; 괴화(槐花, 꽃봉오리), 괴실(槐實, 종자), 괴지(槐枝, 가지), 괴각(槐角, 열매), 영어명; Chinese scholar tree, Japanese pagoda tree.

중국이 원산지이며 전국의 정원수, 가로수 등으로 심는다. 낙엽활엽교목으로 잎은 어긋나며 기수우상복엽으로 소엽은 9-15개이다. 소엽은 난형이며 뒷면은 회색이고 아까시나무와 유사하지만 크기가 좀 더 작다. 꽃은 7-8월에 황백색으로 원추꽃차례로 달린다. 열매는 10-11월에 성숙하며 3-7cm의 염주상 장타원형으로 봄까지 달려있다. 꼬투리 껍질은 육질이며 익어도 벌어지지 않고 꼬투리 속에는 종자가 1-4개 들어 있다. 종자는 길이 7-9mm로 난형이며 황록색이다.

중용수 또는 양성수로 뿌리의 수직 분포는 천근성이다. 정자목, 공원수, 기념수, 가로수로 식재한다. 회화나무는 병충해가 적고 대기오염에도 강해서 가로수나 공원수로 많이 심는다. 목재는 건축재, 가구재 등으로 쓰이고 꽃과 열매는 약용한다. 꽃봉오리는 황색 염료를 만든다.

우리나라의 대표적인 노거수 종류로 느티나무, 소나무, 은행나무, 팽나무, 회화나무 등을 들 수 있다. 회화나무 노거수로는 서울시 종로구 창덕궁 돈화문을 들어서면 바로 8그루의 회화나무를

볼 수 있다. 이 나무들은 수령 약 300-400년으로 추정되고 천연기념물로 지정되어 있다. 수령 600년으로 추정되는 충남 당진시 송산면 삼월리 회화나무는 인조 때 영의정을 지낸 이용제가 낙향하여 심은 것으로 해지며 천연기념물로 지정되었다. 기타 천연기념물 지정 회화나무로 경주 안강읍 육통리 소재 월성 육통리 회화나무는 수령 600년으로 추정된다. 인천 서구 신현동 소재의 신현동 회화나무는 수령 500년으로 추정된다. 그리고 경남 함안군 함안읍 영동리에 위치한 수령 600년의 회화나무도 천연기념물로 지정되어 관리되고 있다. 그리고 청와대 입구 칠궁 앞 도로변과 녹지원 옆에도 오래된 회화나무를 볼 수 있다.

(좌) 회화나무; 키 큰 두충나무 우측 옆에 줄기가 잘린 키 작은 회화나무. 11월
(우) 회화나무; 개화 직전으로 잎은 복엽으로 어긋나며 소엽은 9-15개이다

(좌) 회화나무; 아이보리색 회화나무꽃의 개화. 7월
(우) 회화나무; 회화나무꽃의 개화. 7월

(좌) 회화나무; 콩꼬투리 모양의 열매가 열린다. 9월
(우) 회화나무; 열매는 질긴 콩꼬투리 모양으로 봄까지 달려 있다. 1월

(좌) 회화나무; 질긴 꼬투리에 싸여 있는 콩 모양 열매. 12월
(우) 회화나무; 수령 450년으로 추정되는 회화나무로 대웅전을 압도하고 있으며 큰 가지에 등을 달고 작은 가지에 꼬투리열매가 달려 있다. 서울 조계사 대웅전 옆. 2월

(좌) 회화나무; 수령 450년 추정 회화나무. 서울 조계사 대웅전 옆. 7월
(우) 회화나무; 회갈색 수피는 세로로 가늘게 갈라짐. 조계사 대웅전 옆. 2월

(좌) 회화나무; 청와대 옆 칠궁 인근의 수령 수백 년의 회화나무. 콩 모양의 꼬투리열매가 봄까지 달려 있다. 뒤에 칠궁과 백악산이 보인다. 1월
(우) 회화나무; 창덕궁 입구의 회화나무 군락. 수령 300-400년. 천연기념물

(좌) 회화나무; 겨울 회화나무 풍경. 안동 봉정사. 1월
(우) 회화나무; 청와대 녹지원의 수령 230년의 회화나무. 1월

참고: 황금회화나무; 어린 가지와 잎이 황금색의 회화나무. 서울숲. 10월 하순

    회화나무 바로 옆에 한 그루의 두충나무가 서 있다. 두충나무는 앞의 68번에서 자세하게 설명되어 있다. 그 옆에는 뽕나무 한 그루가 있다. 뽕나무는 앞의 23번 해설에서 자세히 설명하였다. 그리고 주택 건물 뒤편에 키 작은 두릅나무 4그루를 볼 수 있다. 줄기 전체에 가시가 나 있고 거대한 크기의 우상복엽을 관찰할 수 있다.

    직진하여 150m 정도 진행하면 하천 건너편에 전망대가 설치되어 있다. 이 전망대는 하천을 가로지르는 다리와 연결되어 있다. 계단을 통하여 이 전망대에 올라가면 북한산의 인수봉과 백운대를 잘 볼 수 있다. 그리고 그 끝에는 '매미골누리길'에 진입하게 되어 있다.

(좌) 두충나무; 회화나무 옆의 키 큰 두충나무 한 그루. 11월
(우) 뽕나무; 두충나무 옆 가지는 잘려 나가고 줄기만 남은 뽕나무

(좌) 두릅나무; 주택 건물 뒤에 식재된 몇 그루의 두릅나무. 길이 50-100cm에 달하는 거대한 2회 기수 우상복엽형의 잎이 특징이다
(우) 전망대; 창릉천 다리와 연결된 노고산 자락에 자리한 전망대. 9월

(좌) 전망대에서 바라본 북한산의 원효봉과 의상봉 풍경
(우) 전망대에서 바라본 창릉천 하류 방향의 의상봉과 북한산 비봉 능선

전망대에서 바라본 창릉천 상류 방향의 풍경. 멀리 도봉산 봉우리들이 보인다

개천 건너편에서 가장 먼저 보이는 나무가 오리나무(앞 64번에서 언급)이다. 오리나무 옆에는 키 큰 양버즘나무가 한 그루 있고 그 옆으로 오리나무가 다시 5그루 정도 있으며 밤나무 한 그루 그다음에 느티나무가 군락을 이루고 있다. 하천 변 도로를 직진하면 은행나무 10여 그루가 식재되어 있다.

좌로부터 오리나무, 양버즘나무, 오리나무 순서로 분포한다

 조금 더 직진하면 좌측에 화장실이 있고 우측에는 효자치안센터 건물이 있다. 효자치안센터 건물 사이로 우측을 보면 북한산 원효봉, 백운대, 인수봉 봉우리들이 바로 보인다. 매미골로 진입하는 다리를 건너지 않고 직진하면 캐시미어 판매 단독건물이 있고 창릉천 변에 솔내음누리길 주변 명소(창릉천, 북한산, 박태성 효자 정려비, 옛 마차길 등) 안내문이 있고, 직진하면 우측에 식당 뒤에 칠엽수 2그루를 볼 수 있다.

(좌) 매미골 입구 안내문; 좌측 교량을 지나면 매미골로 진입한다
(우) 효자치안센터에서 바라본 가을의 원효봉 풍경

매미골 입구에서 바라본 북한산 원효봉과 인수봉 및 정상 백운대

매미골 입구에서 바라본 북한산 만경대 일부, 인수봉, 백운대 풍경

창릉천 상류 암반 모습; 솔내음누리길 안내문 뒤로 늙은 밤나무 한 그루, 칠엽수, 하천 방향으로 비스듬히 기울어진 밤나무, 그 뒤의 오리나무 등이 보인다. 9월

솔내음누리길 주변 명소 안내문; 창릉천은 고양시 덕양구 효자동에서 발원하여 현천동에서 한강으로 합류하는 지방하천으로 길이 17.6km이다

V. 숲 해설 2: 솔내음 누리길(창릉천 변)

73. 칠엽수

칠엽수는 긴 잎자루에 작은 잎이 손바닥 모양으로 7개 둥글게 모여있어서 커다란 하나의 겹잎을 만든다고 하여 칠엽수라고 한다. 일본 원산의 칠엽수(일본칠엽수)와 유럽 원산의 가시칠엽수(서양칠엽수, 파리 샹젤리제 거리의 마로니에) 그리고 미국 칠엽수(붉은 칠엽수)도 있다. 3종의 칠엽수는 잎이나 나무 모양은 거의 유사하지만 모두 밤 모양의 열매가 달리는데 가시칠엽수는 열매(말밤, horse chestnut)에 거친 가시가 나며 잎에 깊은 주름이 생겨 일명 마로니에(marronnier, 프랑스어)로 많이 알려진 나무이다. 미국 칠엽수는 붉은 칠엽수라고도 부르며 붉은 꽃이 피고 작은 잎의 폭이 좁고 열매가 다른 종에 비하여 크기가 작은 것이 특징이다.

서울 종로구 마로니에 공원에 심어진 칠엽수는 마로니에(가시칠엽수)가 아닌 일본 원산의 칠엽수로 1929년 일본인 교수가 옛 서울대 본관 앞에 심은 7그루의 나무로 고목처럼 자라있다. 현재에는 훗날 심은 작은 크기의 2그루의 가시칠엽수가 주변에 더하여 있다. 우리나라에서 나이 많은 진짜 마로니에는 덕수궁 석조전 뒤 후문 쪽에 있는 나무로 1920년경 네덜란드 공사가 고종에게 선물한 나무라고 한다. 마로니에의 낭만에 대한 노래는 1970-80년대에 인기 있던 대중가요 가수 박건의 노래 '그 사람 이름은 잊었지만(작사 신명순, 작곡은 김희갑)'에는 아래와 같은 1절 가사가 있다.

루루 루루루 루 루루 루루루루루
지금도 마로니에는 피고 있겠지
눈물 속에 봄비가 흘러내리듯
임자 잃은 술잔에 어리는 그 얼굴
아– 청춘도 사랑도 다 마셔 버렸네
그 길의 마로니에 잎이 지던 날
루루 루루루 루 루루 루루루루루
지금도 마로니에는 피고 있겠지

칠엽수는 양버즘나무, 피나무와 함께 세계 3대 가로수로 꼽히고 있으며 과거부터 유럽지역에 많이 심었으나 최근에는 우리 주변에 칠엽수를 흔하게 볼 수 있다. 조경수나 가로수로 많이 심기 때문이다. 칠엽수는 늦봄에서 초여름 사이에 유백색의 커다란 원뿔 모양의 꽃차례가 나오며 꽃대 하나에 100-300개의 작은 꽃이 모여서 핀다. 꽃에서 양질의 꿀이 많이 생산되기 때문에 밀원식물로 주목받고 있다. 여름에는 넓은 잎으로 시원한 그늘을 만든다. 가을에는 아기의 주먹 크기의 열매가 열리고 마치 알밤 같은 씨가 나무에서 떨어지고 단풍이 노랗게 물들어 너무도 아름다운 풍경을 연출한다.

칠엽수 열매는 타닌 성분을 많이 함유하고 있어서 식용할 수 없으나 유럽에서는 치질, 자궁출혈 등의 치료 약으로 사용되었으며 근래에는 동맥경화증, 종창(腫脹) 등의 예방·치료에 사용된다. 열매를 영어로는 'horse chestnut' 다시 말해 '말밤'이라 부른다. 이 나무의 원산지인 페르시아에서 말이 숨이 차서 헐떡일 때 치료 약으로 사용했다는 이야기와 잎자루가 붙었던 흔적이 말발굽 모양이라서 부르게 되었다는 것이다.

칠엽수: 칠엽수과. 학명(*Aesculus turbinata*), Aesculus는 라틴어 aescare(먹다)에서 유래한 것으로 열매를 식용 또는 사료로 한다는 의미에서 유래, turbinata는 꽃 모양이 '원뿔'이라는 의미, 다른 이름; 왜칠엽수, 칠엽나무, 영어명; Japanese horse chestnut, Buckeye, Marronnier.

일본이 원산지이며 전국에 식재하고 있다. 낙엽활엽교목으로 수피는 회갈색이며 세로로 얇게 갈라지고 어린 가지는 적갈색이다. 잎은 마주나며 5-7개의 소엽으로 구성되며 손바닥 모양의 장상복엽(掌狀複葉)이다. 도란형으로 길이 20-30cm이고 점첨두이다. 잎 뒷면에 부드러운 털이 있다. 꽃은 5-6월에 피고 원추꽃차례로 달린다. 열매는 9-11월에 성숙하고 원형에 가깝고 황갈색이다. 지름 5cm로 3개로 갈라져 있고 종자는 적갈색으로 1개씩 들어 있다.

어려서는 음수이지만 자라면서 햇빛을 좋아하며 도시 공해에 약하다. 생장 속도는 어릴 때는 빠르고 직근성이므로 이식이 곤란하다. 가로수, 정원수, 녹음수로 심으며 목재는 가구재, 악기재로 사용되며, 그림을 그릴 때 쓰는 목탄은 이 나무의 숯으로 만든다. 열매는 약용으로 사용하며 타닌을 제거한 후에 식용할 수 있다.

(좌) 칠엽수; 일곱 개의 잎이 모여서 나는 겹잎 칠엽수. 일명 마로니에. 9월

(우) 칠엽수; 원추꽃차례의 연노란색 꽃의 개화. 안양시 평촌동. 5월 하순

(좌) 칠엽수; 5-7개의 잎이 모여서 나는 칠엽수. 일명 마로니에. 9월

(우) 칠엽수; 칠엽수 잎과 열매. 안양 자유공원. 8월

(좌) 칠엽수; 단풍이 든 잎과 알밤 모양의 열매. 안양 자유공원. 11월
(우) 칠엽수; 익은 밤 모양 열매가 호두열매 모양의 껍질에 싸여 있다. 9월

(좌) 칠엽수; 칠엽수 잎의 화려한 노란색 단풍. 홍릉수목원. 11월
참고: (우) 붉은꽃칠엽수; 칠엽수는 연노란색의 꽃이 피지만 진한 분홍색 꽃이 피는 붉은꽃칠엽수는 가시칠엽수와 붉은칠엽수의 교잡종. 한택식물원. 5월 하순

　　칠엽수를 지나면 길가 우측에 기울어진 밤나무 고목을 만나며 그다음으로 오리나무 몇 그루 그리고 다시 큰 밤나무들을 볼 수 있다. 하천 건너편 축대에는 버드나무, 일본목련, 잣나무 등을 볼 수 있다.
　　다시 직진하면 우측에 '포시즌어데이' 식당 정원이 보인다. 우측으로 잣나무, 층층나무, 잣나무 3그루, 단풍나무 3그루, 큰 상수리나무, 오리나무, 밤나무 그리고 식당 정원의 석재 조각물인 쇼나 조각 작품들이 여기저기 관찰된다.

큰 소나무를 지나서 직진하면 하천을 건너는 잠수교를 만나게 된다. 다리 가운데에서 보면 멀리 도봉산의 일부 봉우리들이 보인다.

개천을 건너며 바로 우측에 옛 마차길 조각상이 보이고 정면에는 마차길 유래에 대한 설명 표지판이 보인다. 우측으로 도로를 따라 이동하면 느티나무 2그루, 밤나무, 다시 느티나무가 나타나고 마지막으로 버드나무를 한 그루 볼 수 있다. 조금 더 직진하면 검은 마름모형 무늬가 선명하게 박혀있는 백록회색 수피를 보이는 한 그루의 은사시나무를 볼 수 있다.

(좌) 우측의 기울어진 밤나무, 오리나무 몇 그루, 밤나무, 그리고 창릉천 건너편에 버드나무, 일본목련, 스트로브 잣나무 등을 볼 수 있다
(우) 밤나무; 밤송이가 익어 가고 있다. 9월

(좌) 버드나무; 가지가 처진 버드나무가 창릉천 건너편 주택의 축대 위에 있다. 9월
(중) 일본목련; 창릉천 건너편 주택의 축대 위에 있다. 9월
(우) 스트로브잣나무; 창릉천 건너편 주택의 축대 위에 있다. 9월

오리나무; 이제 몇 그루의 오리나무가 다시 나타난다

(좌) 오리나무; 타원형 오리나무 열매가 익어 가고 있다. 9월
(우) 오리나무; 가지에 붙어 있는 짧은 암꽃눈과 긴 수꽃눈으로 그대로 겨울을 나서 이듬해 가을에 열매를 맺는다

상류 방향 창릉천의 초가을 풍경

(좌) 천변로 우측 식당(포시즌어데이) 정원에 전시된 쇼나 조각 작품(공작); 석조 문명의 나라 아프리카 짐바브웨의 석조 조각. 다양한 석조 조각 작품들이 전시되어 있다. 쇼나 조각은 피카소 등의 입체파 미술가들에게 큰 영향을 준 것으로 알려져 있다
(중) 쇼나 조각 작품; 기도하는 사람
(우) 쇼나 조각 작품; 세대(generation)

(좌) 낮은 높이로 설계된 잠수교 시멘트 다리를 건너면 옛 마차길을 만난다
(우) 잠수교 다리에서 상류 쪽을 보면 도봉산의 일부 봉우리가 멀리 보인다

창릉천에서 물놀이하는 사람들; 옛 마차길에서 하류 방향 찍은 사진

옛 마차길은 서울(구파발)에서 송추(의정부)를 오고 가던 마차길이다. 이 길은 노고산과 북한산 사이의 작은 길로 창릉천을 따라 길게 이어져 있다. 조선시대에는 백자를 굽던 북한산의 사기막골을 비롯해 많은 사람이 좁은 이 길을 사용하였다. 이후 일제강점기에 일본인 재벌 이시카와가 별장을 짓기 위해 건축자재와 조경 수목을 운반할 수 있도록 길을 확장하면서 마차길로 이용되었다.

1960년대 후반 새롭게 북한산 방향으로 신설도로가 만들어지면서 마차길은 점차 역사의 뒤안길로 사라지고 사람들의 기억에서도 잊혀져 갔다. 그러나 이 길에 대한 주민들의 애정과 역사성이 인정되고 주민들의 건의에 따라 2016년 새롭게 길을 정비하고 개방하고 있다.

고양 한북누리길 - 지축동 매미누리길 - 효자동 북한산누리길을 잇는 이 마찻길은 북한산, 창릉천과 어우러져 아름다운 경치를 보여 주는 효자동의 숨은 명소라고 고양시에서는 소개하고 있다.

옛 마차길 상징 조각상; 잠수교를 건너 옛 마차길에 세워져 있다

74. 은사시나무

　은사시나무는 중앙아시아가 원산인 은백양을 우리나라에 들여와 심으면서 수원사시나무와 자연적으로 생긴 잡종으로 1950년 수원에서 처음 발견하였다. 물기 있는 산기슭이나 계곡에서 숲을 이루며 자란다. 잎 모양은 사시나무를 닮았고 뒷면은 은백양처럼 흰빛을 띠어 은사시나무로 부르게 되었다.

　또한 은사시나무는 1960년대에 우리나라의 산림녹화를 위하여 나무 신품종을 연구하던 세계적인 임목육종학자 현신규 박사가 이태리포플러를 대신하여 수분이 적은 산지에서 잘 자라는 나무를 개발하기 위한 연구 결과로 탄생하였다. 유럽 원산인 은백양 암나무에 수원 여기산 부근에서 자생하는 재래종 수원사시나무(白楊) 수나무를 교배하여 만든 신품종이다. 학명도 두 종을 교배하였다는 의미의 *Populus x tomentiglandulosa*로 표기하고 있다. 인공잡종에 의하여 만들어진 은사시나무는 1968년부터 국가 장려품종으로 지정되어 전국적으로 심게 되었으며 현신규 박사의 성을 따서 현사시나무라고도 불린다. 따라서 현재에도 겨울 산에 자작나무가 아니면서 흰색의 수피를 가진 낙엽수가 여기저기서 발견된다. 그리고 상당한 시간이 지난 지금은 이 나무가 빨리 자라기는 하지만 목재의 재질이 좋지 못하여 나무젓가락 제조에 사용될 정도밖에 용처가 없고, 봄철에 이 나무의 씨앗이 깃털처럼 날려 알레르기를 유발하기 때문에 더 이상 심지 않는 나무가 되었다. 따라서 현재에는 숲의 경관을 아름답게 하는 정도로 산자락의 일부 지역에서만 산발적으로 자라고 있다.

　현신규 박사는 일제강점기에 일본 규슈대학에서 한국인 최초로 임학박사 학위를 취득하고 리기테다소나무(추위와 척박한 토양에서 자라며 목재 재질 우수)와 은사시나무(현사시나무) 육종을 통하여 산림녹화의 초석을 다지고 한국 육종학을 세계적 수준으로 높였다. 이러한 40년간의 나무 육종 실적을 근거로 산림청에서 지정한 '숲의 명예의 전당'(국립수목원 내)에 헌정되었다. 참고로 숲의 명예의 전당에 헌정된 다른 5명은 단기간에 산림녹화 정책을 성공적으로 시행한 박정희 대통령, 전국의 나무 종자를 수집하여 수목 연구에 기초를 제공한 나무 할아버지 김이만, 전남 장성 축령산에 160만 평 이상에 편백나무와 삼나무숲을 조성한 임종국, 충남 태안에서 천리포수목원을 세계적 수목원으로 만든 민병갈, 300만 본 이상의 나무를 심어 기업임업의 효시를 이룬 SK 2대 회장 최종현 등이다.

사시나무속(*Populus*)에는 사시나무, 은백양, 은사시나무를 비롯하여 외국에서 도입한 이태리포플러, 양버들 등이 있으며 중부 이북의 산에서 자라는 황철나무 등이 있다.

오월 봄바람에 주름치마 모양으로 주름이 잡힌 까치박달나무 잎과 물고기 모양의 은사시나무 잎이 바람에 흔들리는 모양을 묘사한 나태주 시인의 시 '철부지 오월'을 싣는다.

철부지 오월
나태주

바람 부는 머언 산
까치박달나무
연둣빛 치마를 입고

쟤들이 왜들 저러나?
바람의 허튼 수작에도
깝죡깝죡 치마폭
겁도 없이 들어올린다

햇빛 맑은 차가운 산
은사시나무
연둣빛 날개를 달고

쟤들이 왜들 저러나?
잎새마다 부드러운 지느러미
하늘 바다 헤엄쳐 가고 싶은 물고기
물고기 되어 파들거린다

은사시나무: 버드나무과. 학명(*Populus x tomentiglandulosa*), Populus는 백양나무의 라티어 옛 이름, tomentiglandulosa는 잎 뒷면에 잔 솜털이 밀생하고 엽저에 선이 있다는 의미, 다른 이름; 은수원사시나무, 영어명; Suwon popular.

국내에서 현신규 박사가 개발한 인공교잡종으로 전국 각지의 산과 들에 식재하고 자생한다. 낙엽활엽교목으로 수피는 백록회색이며 마름모 모양의 피목(숨구멍)이 특징이며 잎은 어긋나고 잎자루가 1-5cm로 길고 난상이며 가장자리에 불규칙한 거치가 있다. 표면은 짙은 녹색이고 뒷면은 백색의 털이 밀생하나 점진적으로 없어진다. 암수딴그루이며 꽃은 4월에 잎보다 먼저 피며 길게 꼬리 모양으로 늘어진다. 열매는 5월에 성숙하고 삭과로 털이 없다.

우리나라의 산복부 이하 비옥한 적습지가 조림 적지이다. 목재는 건축재, 펄프재, 성냥개비, 상자재, 가구재 등으로 사용되고 종자의 털은 화약 원료로 사용된다.

(좌) 은사시나무; 옛 마차길 주차장 우측에 한 그루 있다. 7월
(우) 은사시나무; 수피에 마름모 모양의 껍질 눈이 많다

(좌) 은사시나무; 겨울에 낙엽이 진 상태. 11월
(우) 은사시나무; 잎은 가지 끝에 모여 나며 난상이고 잎자루가 길다. 9월

　조금 더 직진하면 리기다소나무가 한 그루 있고 우측으로 다리가 보인다. 다리를 건너지 않고 그대로 직진하면 하천을 낀 조경 농원이 좌측으로 길게 나타난다. 이제 농원 울타리 내의 다양한 나무들을 볼 수 있다. 처음 만나는 나무가 밤나무 고목 2그루, 뒤로 가죽나무 1그루, 하천 변 도로 위에 비스듬하게 기울어진 소나무(금강송) 1그루, 느티나무 몇 그루를 지나 조금 더 직진하면 느릅나무 몇 그루, 그 옆에 밑둥치만 굵게 남고 4-5개 가지로 나누어져 자란 물푸레나무 1그루, 그 옆에 갈참나무 1그루, 붉나무 1그루, 어린 개오동나무 1그루 등이 관찰된다.

75. 느릅나무

느릅나무는 한반도 전역에서 잘 자라는 낙엽활엽교목으로 긴 타원형의 잎으로 느릅나무과의 특징인 잎 아래쪽이 좌우 비대칭으로 한쪽이 일그러져 있어서 다른 과의 나무들과 쉽게 구분할 수 있다. 손톱만 한 납작한 원형의 열매 가운데에 씨가 들어있는데 그 모양이 엽전을 닮았다고 하여 옛날에는 유전(楡錢) 또는 유협전(楡莢錢)이라고 불렀다.

느릅나무는 힘없이 늘어진다는 '느름하다'라는 말에서 유래한다. 이 나무의 딱딱한 겉껍질을 제거하면 수분이 많고 부드러운 속껍질이 나온다. 이 속껍질을 벗겨서 물을 조금 넣고 짓이기면 끈적끈적한 전분이 풍부한 점액질이 된다. 흉년에는 이것을 먹거리로 사용하였다고 한다. 당시에는 소나무 껍질과 느릅나무껍질이 대표적인 구황식물이었다. 『동의보감』에는 느릅나무 뿌리껍질을 유근피(楡根皮)라고 하여 배설을 도와주는 기능이 있어 대소변이 통하지 못하는 병에 주로 사용되었다. 소변을 잘 보게 하고 위장의 열을 없애며 붓기를 가라앉게 하고 불면증을 낫게 한다. 한때 암에 좋다는 소문이 돌아 전국의 느릅나무는 무자비하게 껍질이 벗겨지는 일이 생겨서 민가 주변의 느릅나무는 남아나지 못하였다.

느릅나무는 옛날에 목재로 가치가 매우 높았다. 중국에서는 흉노족을 방어하기 위해 느릅나무로 보루(堡壘)를 만들었다. 중국의 '천하제일관'이라 불리는 산해관(山海館)을 유관(楡館)이라 부르는 이유도 이 객사를 느릅나무로 만들었기 때문이다. 『삼국사기』에는 평강공주와 온달이 만나는 데에 느릅나무가 등장한다. 평강공주가 말찌 수십 개를 걸치고 궁궐을 나와 온달에게 시집가겠다고 온달의 집을 찾았을 때 눈먼 온달의 노모는 온달이 가난하여 가까이할 사람이 아니라며, 온달이 굶주림을 참다못해 느릅나무껍질을 벗기러 산속으로 간 지 오래되었다고 한다. 산에서 내려온 온달도 공주를 만나 주지 않았으나 공주는 사립문 밖에서 노숙하며 하루를 기다렸다가 이튿날 아침에 혼인을 허락받았다고 한다.

북유럽신화에서 천지를 창조한 신 오딘은 풍요의 땅 미드가르드(Midgard)를 걷다가 큰 두 그루의 나무를 발견하고 물푸레나무로는 남자를 만들고 아스크르(Askr)라고 이름 지었으며 느릅나무로 여자를 만들고 엠블라(Embla)라고 이름 지었다. 느릅나무는 영어로 엘름(Elm)으로 부르며 지금도 스웨덴, 러시아, 네덜란드 등 북유럽 국가의 공원이나 산책로에 많이 식재되어 있으며 우리나라의 느티나무만큼 흔하게 볼 수 있는 나무라고 한다.

느릅나무보다 더 흔하게 볼 수 있는 나무는 참느릅나무이다. 느릅나무는 수피가 검고 세로로 길게 갈라지며 잎 가장자리가 복거치(이중톱니)며 꽃은 잎이 나기 전인 4-5월에 핀다. 참느릅나무는 수피가 회갈색이고 두꺼운 비늘처럼 떨어지며 잎의 크기가 느릅나무보다 작고 가장자리가 단거치(단순 톱니)며 꽃은 9-10월에 핀다. 과거의 문헌에서 두 나무를 구분하여 사용하지 않았으나 참느릅나무를 따로 표시할 때 분유(枌楡)라고 기록하였다. 난티나무와 비술나무는 중부 이북의 추운 지방에서 자라며 난티나무 잎끝은 삼지창처럼 세 개로 갈라져 있다. 비술나무는 잎이 장타원형 또는 피침형이고 참느릅나무와 비슷한 크기로 느릅나무보다는 작으며 꽃은 잎보다 먼저 3월에 피며 오래된 줄기에서 세로로 막걸리를 부은 것 같이 기다란 흰 띠가 생기는 것이 특징이다. 시무나무는 잎이 나고 잎겨드랑이에 4-5월에 꽃이 피고 종자의 한쪽에 날개가 있으며 어린 가지에 1.5-10cm의 긴 자갈색 가시가 달리는 것이 특징이다.

느릅나무 뿌리껍질은 종기나 종창을 치료하는 데 가장 좋은 약이다. 등창이나 욕창, 종기 같은 증상에는 느릅나무 뿌리껍질을 날로 찧어서 붙이고 말린 것을 수시로 먹는 것이 효과적이라고 한다.

북한에 두고 온 느릅나무를 통하여 고향에 대한 그리움과 통일에 대한 소망을 노래한 실향민 김규동 시인의 시 '느릅나무에게' 전문을 실어 남북분단의 비극이 하루빨리 해소되기를 기원해 본다.

느릅나무에게

김규동

나무
너 느릅나무
50년 전 나와 작별한 나무
지금도 우물가 그 자리에 서서
늘어진 머리채 흔들고 있느냐
아름드리로 자라
희멀건 하늘 떠받들고 있느냐
8·15 때 소련 병정 녀석이 따발총 안은 채

네 그늘 밑에 누워

낮잠 달게 자던 나무

우리 집 가족사와 고향 소식을

너만큼 잘 알고 있는 존재는

이제 아무 데도 없다

그래 맞아

너의 기억력은 백과사전이지

어린 시절 동무들은 어찌되었나

산목숨보다 죽은 목숨 더 많을

세찬 세월 이야기

하나도 빼지 말고 들려다오

죽기 전에 못 가면

죽어서 날아가마

나무야

옛날처럼

조용조용 지나간 날들의

가슴 울렁이는 이야기를

들려다오

나무, 나의 느릅나무

느릅나무: 느릅나무과. 학명(*Ulmus davidiana*), Ulmus는 켈트어 elm(느릅나무)에서 유래, davidiana는 중국 식물 채집가이며 선교사인 A. David에서 유래, 다른 이름; 혹느릅나무, 반들느릅나무, 빛느릅나무, 떡느릅나무, 뚝나무, 봄느릅나무, 분유, 백유, 한약명; 유백피(楡白皮, 수피, 근피), 영어명; Japanese elm.

전국의 산지 계곡부에 자생하며 중국, 일봉, 러시아 지역에도 분포한다. 낙엽활엽교목으로 수피는 암갈색이고 세로로 갈라지며 어린 가지는 적갈색으로 단모가 있다. 잎은 어긋나며 장타원형이고 끝이 뾰족하고 복거치(이중 톱니)가 있다. 턱잎은 생겼다가 곧 떨어진다. 꽃은 잎이 나기 전인 4-5월에 갈자색으로 피며 작은 7-15개가 모여서 핀다. 열매는 5월 중순에 성숙하며 타원형 시과이다.

주요 조림수종이며 목재는 건축재, 가구재, 차량재, 선박재, 악기, 우산 자루, 휨의자 등을 만드는 데 사용되며 조경수, 공원수, 하천 조림용 등으로 사용된다. 수액은 도자기의 광택을 내는 유액으로 사용된다. 껍질은 이뇨제, 항염증제 등의 약제로 쓰이며 속껍질은 물에 우려내어 소나무 속껍질 가루와 섞어 먹는 구황식물이다. 열매에서 날개와 껍질을 벗겨 낸 씨앗은 볶아서 깨처럼 양념으로 사용하였다고 한다.

1982년 천연기념물로 지정되었던 '삼척 하장면 느릅나무'가 '삼척 갈전리 당숲'으로 변경되면서 느릅나무 천연기념물은 전국에 한 건도 지정된 것이 없다.

(좌) 느릅나무; 솜털 모양 자갈색 꽃이 잎이 나기 전에 먼저 핀다. 4월 초순
(우) 느릅나무; 타원형 시과 열매로 씨앗이 가운데서 약간 치우쳐 있다. 5월

(좌) 느릅나무; 조경 농원 울타리 내에 몇 그루가 모여 있다. 7월
(우) 느릅나무; 수피는 암갈색으로 세로로 균열이 생긴다. 9월

(좌) 느릅나무; 느릅나무 고목에 잎이 나고 있다. 안양 중앙공원. 5월
(우) 느릅나무; 잎은 어긋나며 장타원형이며 거치가 있다. 가을 단풍. 10월

참고: (좌) 난티나무; 수피는 회갈색으로 얕게 갈라진다. 홍릉수목원. 5월
참고: (우) 난티나무; 잎끝에 3개의 결각이 있고 급한 예첨두. 홍릉수목원. 5월

참고: 비술나무; 줄기의 수피에 막걸리를 부은 것처럼
흰색 부분이 있다. 충북 단양 구인사 입구. 1월

76. 붉나무

　붉나무는 전국의 저지대 산야에 많이 분포하는 아교목으로 옻나무과에 속하며 단풍이 붉고 아름다워 붉나무라는 이름이 붙여졌다. 여름철에 원뿔 모양의 꽃차례로 연노랑 꽃이 가지 끝에 곧게 서는 원추꽃차례로 피었다가 가을에 열매가 황갈색으로 익으면 무게로 점점 밑으로 쳐진다. 개옻나무는 열매가 가지 끝에 달리지 않고 다소 아래쪽에 달린다. 잎은 복엽으로 소엽은 7-13개이며 잎의 엽축에 날개가 붙어 있고 열매에는 소금 같은 흰 결정체가 붙어 있으며 겨울철 도로 결빙을 방지하기 위하여 뿌리는 염화칼슘 성분으로 짠맛을 낸다. 소금이 귀했던 옛날 산골 마을에서는 이것을 소금 대신 음식에 넣어 먹거나 두부를 만드는 간수로 사용하였다고 한다. 다른 이름은 염부목(鹽膚木), 목염(木鹽), 오배자(五倍子), 천금목(千金木) 등이다. 빨리 자라는 나무이지만 수명은 수십 년이고 암수딴그루이다.

　천 개의 금처럼 중요한 나무 천금목은 그 이름만큼 용도가 다양하다. 조선 후기 실학자 홍만선이 집필한 농업 및 가정생활서 『산림경제』에서는 '천금목을 깎아 갓끈을 만들거나 구슬을 만들어 찬다', '귀신을 쫓아낸다', '소가 병들면 천금목을 외양간에 둘러치거나 썰어서 먹이기도 한다'라고 기술하였다. 염부목이라 하여 콩만 한 크기의 붉나무 열매에 하얀 소금이 생겨서 소금 대용으로 사용하였다. 오배자는 잎자루 날개에 열매처럼 보이는 주머니모양의 벌레집(蟲癭)으로 그 속에 진딧물인 오배자면충이 기생하여 잎의 진액을 빨아 먹고 그 주변이 부풀어 오른 벌레집이다. 가을에 진딧물이 탈출하기 전에 벌레집을 모아 삶아서 건조한 것이 오배자이다. 여기에는 타닌을 많이 함유하고 있어서 가죽을 처리하는 데 필수적으로 사용하고 검은색 염료를 얻어서 머리 염색의 원료로 사용한다. 『동의보감』에는 오배자를 피부가 헐거나 버짐, 진물이 흐르는 것을 낫게 하고 치질 등에도 유효하다고 하였다.

　최근 국립수목원의 연구 결과에 의하면 붉나무는 독성식물로 분류되나 잎, 가지, 뿌리 등에서 추출한 성분을 적정 농도로 희석하면 항산화 및 미백에 효과가 있어 화장품 원료나 기능성 소재로 산업화할 수 있을 것으로 전망하였다.

　조선시대에는 붉나무를 공터에 많이 심어서 다 자라면 지팡이를 만들었다. 당뇨병 치료에도 사용하였으며 나무즙을 짜서 나오는 황금빛 염료인 황칠(黃漆)을 얻었으며 그 기름으로 약재인 안식향(安息香)을 만들었다.

붉나무 잎은 옻나무나 개옻나무와 유사하지만 엽축에 날래가 날개가 달리는 것이 특징이다. 일반적으로 붉나무는 옻이 오르지 않지만 피부가 예민한 사람은 옻이 오르는 경우도 있어 접촉 시 주의해야 한다.

일본불교에서는 붉나무를 신령하게 여겨서 마귀로부터 보호하는 호마목(護摩木, 일체의 번뇌를 불살라 버리는 나무)이라 하여 승려들이 짚고 다니는 지팡이를 만든다.

붉나무: 옻나무과. 학명(*Rhus chinensis*), Rhus는 붉나무 옛 그리스어에서 유래, chinensis는 원산지가 중국임을 의미, 다른 이름; 굴나무, 불나무, 뿔나무, 오배자나무, 북나무, 한약명; 오배자(五倍子, 나뭇잎에 기생하는 벌레집), 염부목(鹽膚木, 잎과 뿌리), 영어명; Nutgall tree, Chinese sumac, True Rhus.

전국의 저지대 산야에 자생하며 중국, 대만, 캄보디아, 인도네시아, 라오스, 싱가포르, 태국, 베트남 등 동남아시아 국가 및 일본에 분포한다. 낙엽활엽아교목으로 수피는 회갈색이며 수피에 상처를 주면 흰 수액이 나온다. 작은 가지는 황색이며 피목이 많다. 잎은 어긋나며 길이 30-40cm에 달하는 대형 기수우상복엽이다. 엽축 양쪽으로 날개가 있다. 뒷면은 황갈색 털이 밀생한다. 가을에 붉은 단풍이 들며 잎자루는 갈색 털이 밀생한다. 암수딴그루이며 꽃은 황색으로 8-9월에 핀다. 꽃은 가지 끝에서 곧게 서는 원추꽃차례로 길이 15-30cm로 밀모가 있다. 열매는 10월에 황적색으로 익으며 지름 4mm의 핵과이다. 짧은 황갈색 털이 밀생하며 익으면 짠맛과 신맛이 나는 흰 가루로 덮인다.

중용수 또는 양수로 햇볕이 잘 드는 산록부나 계곡에서 잘 자란다. 내공해성은 강하나 내염성은 약하다. 잎에 달리는 진딧물 집을 오배자라고 부르며 약용 및 염료용으로 사용한다. 조경수로도 식재되며 목재는 기구재, 공예재로 사용된다.

(좌) 붉나무; 잎의 엽축 양쪽에 날개가 있는 것이 특징이다. 8월
(우) 붉나무; 잎 뒷면으로 잎은 어긋나며 길이 30-40cm. 소엽은 7-13개. 7월

(좌) 붉나무; 엽축에 날개. 열매에 짠맛이 나는 흰 가루 부착. 관악산. 10월
(우) 붉나무; 가지 끝에 수수 모양으로 달린 열매. 9월

붉나무; 화려한 단풍과 가지 끝에 달린 열매. 11월

77. 개오동

　개오동은 오동나무 잎과 유사하게 잎이 매우 크고 줄기가 빨리 자라지만 꽃과 열매가 완전히 다르며 개오동나무는 능소화과에 속하고 오동나무는 현삼과에 속하는 전혀 다른 나무이다. 북한명은 향오동나무이며 꽃개오동은 능소향오동나무라 한다. 개오동의 목재는 오동나무보다 좀 더 단단하며 아름다운 무늬가 있고 습기에 견디는 성질이 있어 가구나 악기를 만드는 데 사용된다. 중국 원산의 개오동과 유사한 나무로 북미에서 들어온 꽃개오동(미국 오동나무)은 개오동과 유사하나 잎이 갈라지지 않고 꽃이 흰색이며 종 모양의 꽃 내부에 두 개의 황색 선과 자갈색 반점이 있고 열매 꼬투리도 더 길다. 꽃개오동은 철도 침목으로 사용되며 일제강점기에 국내에 도입되었으며 현재 몇 그루가 경복궁 내에 자라고 있다.

　일반적으로 나무 이름에 '개'자가 붙으면 유사한 종류의 나무로 본래의 나무보다 조금 못하다는 의미이다. 예를 들면, 개살구나무, 개박달나무, 개옻나무, 개다래, 개서어나무 등이 있다. 그러나 개오동나무는 능소화과이고 오동나무는 현삼과에 속하는 전혀 다른 나무이다.

　개오동 잎은 긴 잎자루가 있고 10-25cm의 손바닥 모양의 광난형이며 가장자리가 3-5개로 갈라진다. 주름 잡힌 나팔 모양의 연노란색의 꽃 내부에 짙은 보라색 반점이 있다. 열매는 삭과로 길이가 길고 가는 빼빼로 모양으로 생겼으며 이뇨제로 주로 사용된다. 한자 표기는 재(梓)이며 중국 이름은 재수(梓樹)다. 조선시대 백과사전 격인 이익의 『성호사설』에는 재동(梓桐)이라는 나무를 소개하며 열매는 팥과 같고 나무는 썩지 않아 관(棺)을 만들기 알맞고 수령 40-50년이 되면 재목이 된다고 설명하였다. 일반적으로 황실 장례에 사용한 개오동 관을 재궁(梓宮)이라고 하였다. 일반적으로 재(梓)는 가래나무로 알고 있지만 예덕나무, 물푸레나무, 자작나무 등도 표기하는 한자이다.

　개오동은 일본이나 중국에서 천둥 번개를 피할 수 있는 나무로 알려져 있고 뇌신목(雷神木), 뇌전동(雷電桐), 목왕(木王)이라 부르며 큰 건물 옆에 심었다고 한다. 따라서 우리나라에서도 궁궐이나 사찰 같은 큰 건물 주변에 개오동을 심었다. 조선 후기 화가 변상벽의 군묘작작도(群猫鵲雀圖)에는 나무 아래 몇 마리 고양이와 개오동에 앉은 까치와 참새, 그리고 길게 늘어진 개오동 열매가 잘 표현되어 있다.

　개오동나무의 한자어는 가(檟)이다. 『맹자(孟子)』에도 오가(梧檟)가 등장하며 "지금 원예사가 오가(梧檟)를 버리고 멧대추나무(場棘, 장극)를 기른다면 이는 값어치 없는 원예사이다"라고 하였다. 경북 구미시 해평면 일선리 삼가정(三檟亭)이라는 정자가 있는데 조선시대 류봉시라는 사람이 두 아들을 가르쳐 이들이 벼슬을 하자 집 앞에 개오동나무 세 그루를 심고 정자를 이름을 삼가정이라 지었다.

경북 청송군 부남면 홍원리에는 천연기념물 401호로 지정된 우리나라에서 가장 오래된 개오동나무가 있다. 수령 약 400년의 개오동나무 3그루가 마을 앞에 나란히 서 있다.

개오동: 능소화과. 학명(*Catalpa ovata*), Catalpa는 북아메리카 인디언의 토착 나무명, ovata는 난형의 잎 모양을 강조, 다른 이름; 개오동나무, 향오동, 노나무, 노끈나무, 뇌신목, 뇌전동, 한약명; 재백피(梓白皮, 근피와 수피), 카탈파실(열매), 영어명; Chinese catawba, Chinese catalpa.

중국과 일본 원산으로 우리나라에는 전국적으로 식재되고 있다. 낙엽활엽교목으로 잎에는 긴 잎자루가 있고 마주나지만 때로는 3매씩 돌려난다. 길이 10-25cm의 난원형이며 가장자리는 3-5개로 갈라진다. 꽃은 6-7월에 황백색으로 주름 잡힌 나팔 모양으로 가지 끝에 원추꽃차례로 나온다. 안쪽에 황색 선과 자주색 점이 있다. 열매는 10-11월에 성숙하며 삭과로 길이 30cm의 노끈 모양으로 생겼다. 종자의 양 끝에 털이 있다.

중용수로 비옥 적윤한 곳에서 잘 자라지만 습기가 많은 곳에서 더 잘 자란다. 공해에 강하고 해풍에도 잘 견딘다. 풍치수 및 가로수로 심으며 수피와 열매는 약용한다. 빨리 자라지만 재질이 단단하고 뒤틀리지 않으며 습기에 견디는 힘이 강하여 나막신이나 철도 침목 등으로 사용된다.

(좌) 개오동; 봄에 큰 잎과 작은 꽃봉오리가 생겼다. 홍릉수목원. 5월
(우) 개오동: 개오동 꽃봉오리와 꽃이 개화하고 있다. 7월

(좌) 개오동; 열매는 삭과이며 길이 30cm로 길게 아래로 늘어진다. 7월
(우) 개오동; 잎은 잎자루가 길고 마주나며 길이 10-25cm이다. 9월

(좌) 개오동; 열매 길이는 30cm이며 갈색으로 익어 간다. 10월
참고: (우) 오동나무; 종 모양 꽃과 둥근 열매. 용인자연휴양림. 10월

참고: 오동나무; 원추 모양의 오동나무 열매. 11월

창릉천 변 도로 우측에 개천을 건너는 다리를 만나게 된다. 다리 가운데 서면 우측 자동차 도로를 가로질러 건너편에 북한산 정상부의 봉우리(만경대, 백운대 등)를 아주 자세히 볼 수 있다.

(좌) 창릉천 잠수교 다리와 우측 차도 건너편에 북한산 정상부가 보인다
(우) 잠수교 가운데에서 바라본 북한산 정상부(인수봉, 만경대, 백운대)

창릉천 잠수교를 건너면 바로 정면에 축대가 있고 이 언덕에 등(앞 8번에서 언급) 덩굴이 넓고 복잡하게 얽혀서 자라는 것을 볼 수 있다. 등에 대한 설명은 앞의 8번의 '등'을 참조하면 된다.

등; 다리를 건너면 넓게 퍼져있는 등 덩굴을 볼 수 있다. 9월

78. 두릅나무

　등을 지나 하천 변 도로를 직진하면 바로 인접한 우측 축대 위에 잔가시가 수피에 잔뜩 나 있는 두릅나무 군락을 볼 수 있다. 봄에 돋는 새순을 두릅이라 하며 봄나물로 먹는다. 이른 봄철 나물 가운데 가장 으뜸은 두릅나무 새순이다. 뜨거운 물에 살짝 데친 두릅나무 새순을 초고추장에 찍어 먹으면 향긋하고 쌉싸름한 맛이 입안 가득 돌게 된다. 한자로는 목두채(木頭菜)로 '가지 끝에 달리는 채소'라는 의미이다.

　조선 후기 정약용의 둘째 아들 정학유가 지은 '농가월령가'는 각 달에 해야 할 농사일, 세시풍속과 예의범절을 노래한 것으로 월령체 시가이다. 삼월령(三月令)에는 아래와 같은 두릅을 포함한 봄나물 캐는 이야기가 나온다.

농가월령가
정학유

전산에 비가 개니 살찐 향채 캐오리다
삽주 두릅 고사리며 고비도랏 어아리를
일부는 엮어 달고 일부는 또 일부는 무쳐 먹세
낙화를 쓸고 앉아 병술로 즐길 적에
산처의 준비함이 가효가 이뿐이라

　두릅나무 순은 맛이 있어 사람뿐만 아니라 초식동물들도 매우 좋아하는 식물이다. 그래서 두릅나무는 포식자로부터 자신이 새싹을 보호하기 위하여 가지에 촘촘하게 가시를 둘러놓았다. 그러나 우리 인간들은 새싹이 나오자마자 잘라내니 몇 회 계속 자르면 두릅나무는 더 이상 싹을 내밀지 못하고 죽게 된다. 이렇게 죽은 두릅나무(시목; 屍木)가 골짜기마다 즐비하게 되었다.

　두릅나무는 우리나라 어디서는 양지바른 산자락에 흔히 자라는 낙엽활엽관목이다. 이 나무는 가지가 많이 갈라지지 않고 가시가 많은 것이 특징이다. 따라서 한자로는 작부답(鵲不踏)이라고 부르는 것도 가시가 너무 많아 까치도 앉기 어렵다는 의미이다.

두릅나무보다 가시가 적은 것을 애기두릅나무, 작은 잎이 둥근 것을 둥근두릅나무, 가시가 없는 것을 민두릅나무라고 부른다. 최근 산림청에서는 민두릅나무를 개발하여 보급하고 있다. 나무 두릅 이외에도 독활(獨活)이라 하여 초본으로 분류되는 땅두릅이 있다. 이것도 예부터 한약재로 널리 사용되어 왔다. 또한 지리산 이북의 고산지대에서 자라며 가늘고 긴 가시를 가지고 있고 원줄기는 갈라지지 않으며, 단엽이며 5-7개의 열편으로 갈라진 큰 장상엽이 특징인 땃두릅나무(두릅나무과)는 한국 특산식물로 산림청 지정 희귀등급 위기종으로 분류되고 있다.

한방에서는 총목피(悤木皮)라하여 뿌리나 나무껍질을 이용하며 위, 신경계통, 부종, 당뇨병 등에 이용한다. 봄이나 여름에 채취한 총목피는 약효가 전혀 없다고 한다. 두릅나무는 오갈피나무보다 독성은 약하면서도 약효는 더 세고 쓰임새도 더 많으며, 가을이나 겨울에 뿌리와 줄기를 채취하여 약으로 쓴다.

두릅나무는 잎이 어긋나며 한 개의 잎에서 다시 한번 갈라지는 겹잎으로 기수 2(3)회 우상복엽이라고 부르며 하나의 잎의 길이가 거의 1m 가까이 되어 단일 잎으로는 가장 큰 잎이다.

참고로 봄철 산나물로 먹는 나무들로는, 초피나무(어린잎 그늘에 말려서), 다래(어린순 데쳐서), 칡(어린순 데쳐서), 가죽나무(새순을 튀기거나 장아찌), 참죽나무(날로 무쳐), 으름덩굴(어린잎 데쳐서), 팽나무(어린잎 삶아 물에 우려내어), 뽕나무(어린잎 데쳐서), 두릅나무(어린순 데쳐서), 죽순대(삶아서), 생강나무(어린잎 데쳐서), 찔레꽃(어린잎 데쳐서), 옻나무(어린순 데쳐서), 음나무(어린순 데쳐서), 느릅나무(어린잎 데쳐서) 등 다양한 나무들이 있다.

두릅나무: 두릅나무과. 학명(*Aralia elata*), Aralia는 캐나다 퀘벡의 의사인 Sarrasin이 보낸 표본에 프랑스 식물학자 Tournefort가 붙인 지역명, elata는 라틴어로 나뭇가지 끝을 의미하는 말로 두릅나무 순을 의미함, 다른 이름; 드릅나무, 둥근잎두릅, 둥근잎두릅나무, 참드릅, 한약명; 목치(근피), 자노아(刺㑣鴉, 줄기와 근피), 영어명; Korean angelica tree, Japanese angelica tree.

전국의 산지 임연부에 자생하며 일본, 중국에도 분포한다. 낙엽활엽관목으로 어린 가지에는 가늘고 잔털이 있다. 잎은 어긋나며 가지 끝에 모여서 달리며 사방으로 퍼지고 기수 2회 또는 3회 우상복엽으로 50-100cm에 달한다. 소엽은 마주나고 타원형 거치가 있다. 어린나무의 잎에는 직립하는 예리한 가시가 있다. 꽃은 백색이며 6-8월에 피며 복총상꽃차례로 길이가 30-45cm이다. 지름 3mm의 작은 꽃이 모여서 핀다. 열매는 장과상 핵과로 둥글며 9-10월에 검게 익으며 종자 뒷면에는 검은 좁쌀 같은 돌기가 있다.

중용수이나 양지바른 산록이나 계곡부에 자생한다. 토심이 깊고 습윤 조건이 적합한 곳에서 잘 자란다. 뿌리 맹아가 많이 발생하고 생장 속도는 보통이다. 새순은 데쳐서 식용할 수 있고 나무껍질은 총목피라하여 약용한다.

(좌) 두릅나무; 잎이 2회 기수우상복엽으로 길이 50-100cm로 매우 크다. 7월
(우) 두릅나무; 줄기와 가지 수피에 가는 가시가 촘촘하게 나 있다. 9월

두릅나무; 잎이 떨어지면 수피에 촘촘한 가시를 볼 수 있다. 1월

그리고 위로 이동하면 향나무가 있고 수피에 큰 가시가 무섭게 달린 음나무(앞 28번에서 언급됨) 군락을 지나게 된다. 다시 향나무 군락을 지나서 어린 개오동나무 몇 그루를 지나면 늙은 밤나무 1그루, 그리고 하천 건너편에는 크고 긴 잎을 자랑하는 일본목련 나무를 볼 수 있다. 하천의 다리를 건너면 휴게공간이 나타나고 의자와 탁자가 비치되어 있다. 바로 우측으로 어린 참느릅나무 1그루가 하천 축대 위에 자라고 있다.

(좌) 음나무; 가시가 두릅나무보다 굵고 잎은 단엽으로 손바닥 모양이다
(우) 음나무; 잎이 떨어지고 수피에 굵고 짧은 가시가 있다. 1월

(좌) 상류 쪽 100m 정도 올라가면 휴게공간으로 건너는 잠수교를 만난다
(우) 잠수교를 건너면 탁자와 의자가 놓인 휴게공간이 있다

79. 참느릅나무

　참느릅나무는 대부분의 느릅나무과에 속하는 나무들이 3-4월에 꽃이 피는 것(일부는 잎보다 꽃이 먼저 핌)과 달리 초가을인 9-10월에 꽃이 피고 10-11월에 열매가 익는 것이 특징으로 잎의 크기가 가장 작은 편이다. 느릅나무 중에 진짜 느릅나무라는 의미이다. 느릅나무와 비술나무의 수피가 세로로 갈라지는 것과 달리 참느릅나무는 수피가 손톱 모양으로 조각조각 비늘처럼 벗겨진다. 느릅나무과의 느릅나무(속껍질은 구황식물로 사용, 천연 수면제 기능), 비술나무(사막 등 건조 척박한 땅에서 자람), 참느릅나무가 모두 시과(씨앗 가장자리에 날개가 있음) 열매가 특징이며 참느릅나무의 씨앗은 열매의 가운데 위치하고 가을에서 봄까지 열매가 달려있다. 꽃은 참느릅나무는 잡성화(양성화+단성화)인 반면 느릅나무는 양성화이다. 특히 참느릅나무 목재의 단단하고 질겨서 야구방망이, 가구재, 기구재, 차량재 등으로 이용되고 있다. 줄기의 수피를 찧어서 바르면 종기 및 부은 데 효과가 있다.

　경주 김씨의 시조 김알지가 탄생한 경주 계림에는 느릅나무과에 속하는 느릅나무, 느티나무, 팽나무 등이 회화나무와 함께 아름드리로 자라고 있는 것으로 알고 있다. 특히 계림 우물터 옆에 두 그루의 참느릅나무 고목이 김알지의 탄생 설화와 관계된 금궤가 걸린 그 나무가 아닌지 사람들은 의심해 본다.

　참느릅나무: 느릅나무과. 학명(*Ulmus parvifolia*), Ulmus는 켈트어 elm(느릅나무)에서 유래, parvifolia는 잎의 크기가 작다는 의미, 다른 이름; 좀참느릅나무, 둥근참느릅나무, 둥근참느릅, 좀참느릅, 한약명; 유근피(楡根皮, 수피), 영어명; Chinese elm.

　경기 이남의 임연부, 하천, 계곡에 자생하며 중국, 일본, 대만에도 분포한다. 낙엽활엽교목으로 녹회색-회갈색으로 갈색의 작은 피목이 발달하고 오래된 나무는 손톱 모양으로 벗겨진다. 잎은 어긋나고 장타원형으로 길이 3-5cm이다. 좌우 엽면이 비대칭이다. 같은 가지에서 위쪽 잎일수록 크고 단거치가 있다. 꽃은 9-10월에 잎겨드랑이에서 양성화가 3-6개씩 모여서 핀다. 열매는 10-11월에 성숙하고 광타원형 시과로 씨앗은 열매의 가운데에 위치한다.

　중용수이며 계곡이나 하천변, 호숫가 등 습기가 많고 비옥하며 토심이 깊은 곳에서 잘 자란다. 목재의 재질이 단단하고 무거워서 가구재, 기구재, 차량재 등으로 이용되나 목재는 주로 땔감으로 사용된다. 어린잎과 껍질은 식용으로 사용한다. 잎이 두껍고 광택이 있으며 수형이 아름답고 수피가 독특하여 가로수나 공원수로 이용된다.

(좌) 참느릅나무; 휴게공간 축대 위에 줄기가 두 개로 나뉜 참느릅나무가 있다. 5월
(우) 참느릅나무; 잎에 외줄면충 기생으로 생긴 벌레집(충영). 느티나무 잎에도 생긴다. 남양주 용암천. 6월

(좌) 참느릅나무; 외줄면충 감염으로 잎에 생긴 벌레집 충영. 6월
(우) 참느릅나무; 꽃은 느릅나무과의 다른 나무와 달리 9월에 개화한다

(좌) 참느릅나무; 겨울에서 봄까지 엽전 모양의 열매가 달려 있다. 안양 중앙공원. 12월
(우) 참느릅나무; 열매는 시과로 광타원형이며 10월에 성숙한다

(좌) 엽전 모양의 참느릅나무 열매가 낙엽과 함께 있다. 광타원형 시과의 가운데 종자가 있다
(우) 참느릅나무; 가지 끝에 달린 참느릅나무 열매. 1월

　참느릅나무에서 조금 더 직진하면 휴게공간 거의 끝 우측에 산딸나무(앞 19번에서 언급)를 볼 수 있다. 그 좌측 산록부에는 어린 일본목련(앞 59번에서 언급됨)도 관찰된다. 그리고 산 경사지에는 관목의 작살나무가 많이 분포하는 것을 볼 수 있다. 다시 잠수교를 건너오다가 우측을 보면 북한산 정상부의 봉우리들과 정면으로 멀리 도봉산의 바위 봉우리들을 조망할 수 있다.

(좌) 산딸나무; 휴게공간 안쪽 우측의 하천 변 산딸나무. 9월
(우) 작살나무; 휴게공간 산록부에 집단으로 분포하는 작살나무와 열매. 9월

(좌) 휴게공간 잠수교에서 관찰한 북한산 정상부(인수봉, 숨은 벽, 백운대)
(우) 휴게공간 맞은편 공터에서 관찰한 북한산 정상부의 가을 풍경

(좌) 잠수교의 상류로 이동하면 만나는 창릉천 암벽 위 진달래꽃. 4월 초순
(우) 휴게공간 잠수교의 상류로 이동하면 만나는 창릉천 암벽 전경. 6월

창릉천에서 만나는 원앙 암컷(우측) 수컷(좌측) 1쌍. 4월 초순

80. 오갈피나무

　개천을 건너 좌측으로 150m 정도 직진하면 주택들이 위치한 높은 축대들을 볼 수 있다. 이 축대 가운데 하수관이 있는 곳에 오갈피나무 몇 그루를 볼 수 있다. 다시 직진하면 우측 축대 위에 음나무 1그루를 볼 수 있다.

　오갈피나무는 우리나라에서 예로부터 매우 중요한 약용식물로 알려져 있다. 잎이 손바닥을 편 것처럼 다섯 개로 갈라져 있어 오갈피나무라고 한다. 중국 이름 오가(五加)에 껍질을 약에 쓰기에 피(皮)자를 붙여 오가피나무라고 하다가 오갈피나무로 변하였다고 한다. 중국 이름은 오가피(五加皮)이다. 모든 오갈피나무가 잎이 다섯 개가 모여 있는 것은 아니다. 세 개 또는 네 개가 모여 있는 경우도 있지만 다섯 개인 것이 약효가 가장 좋기에 붙여진 이름이다.

　한의서『동의보감』에는 오가피는 힘줄과 뼈를 튼튼히 하고 의지를 굳게 하며 허리와 등골뼈가 아픈 것, 두 다리가 아프고 저린 것, 뼈마디가 조여드는 것, 다리에 힘이 없어져 늘어진 것 등을 낫게 한다고 기록하고 있다. 또『산림경제』에서는 오가피로 술을 만들면 황금보다도 귀중하다고 하였으며, 상품의 영약이라고 하였다. 그리고 술을 만들면 크게 몸을 보하고 차로 끓여 먹어도 효과가 좋다고 하였다. 여름에는 껍질을 채취하고 겨울에는 뿌리를 채취한다고 하였다. 따라서 오늘날에도 뿌리껍질을 넣어 담근 술인 오가피주는 자양강장주로 애용되고 있다. 가지를 채취하여 달여 먹으면 간에 좋다고 한다.

　오갈피나무의 잎은 인삼의 잎과 유사하게 생겼으며 인삼과 같은 두릅나무과에 속하며 '나무 인삼'이라는 별명이 있을 정도로 중요한 약재로 인정받고 있다. 한국, 중국, 일본뿐만 아니라 러시아에서도 약으로 많이 사용하고 있다. 따라서 영어 이름은 시베리아 인삼(Siberian ginseng)이다.

　우리나라에 자생하는 오갈피나무속의 나무는 오갈피나무, 가시오갈피나무(산에서 드물게 자라며 어린 가지에 바늘 같은 가시가 많음), 섬오갈피나무(제주도에서 자라며 잎 뒷면의 잎맥에 털이 있음, 가시 있음, 덩굴성), 지리산오갈피(높은 산지에서 자라며 잔가지에 털과 가시가 없음) 등이 있으며 중국 도입종인 오가나무(섬오갈피와 유사하나 잎에 털이 없음, 가시 있음) 등이 재배되고 있다. 두릅나무과에 속하는 나무로 인삼, 오갈피나무, 음나무 등이 있다.

　오갈피나무는 여러 줄기가 나와 포기를 이루는 경우가 많고 수피에 가시가 나지만 아주 드물어서 눈에 잘 띄지 않는다. 꽃은 다른 나무들과 다르게 8-9월에 여러 개의 작은 꽃들이 모여 탁구공 모양으로 연한 보랏빛으로 핀다. 10월경에 꽃 모양 그대로 열매가 열려 광타원형으로 검게 익는다.

오갈피나무는 가시가 많은 가시오갈피, 가시가 없는 서울오갈피 등이 있으며, 우리나라에는 7종의 오갈피나무가 자라며 모두 약으로 사용되지만 수피에 바늘가시가 촘촘하게 난 가시오갈피나무가 가장 약효가 좋은 것으로 알려져 있다.

오갈피나무: 두릅나무과. 학명(*Eleutherococcus sessiliflorus*), eleuthero는 그리스어 떨어지다의 의미, coccus는 둥근 씨앗의 의미, sessiliflorus는 대가 없는 꽃을 의미, 다른 이름; 오갈피, 서울오갈피나무, 서울오갈피, 영어명; Acanthopanax, Stalkless-flower eleuthero, Siberian ginseng, Chinese magnolia vine.

전국의 산지에 자생하며 중국, 일본에도 분포한다. 낙엽활엽관목으로 수피는 회갈색이며 어린 가지에는 연한 갈색 털이 밀생하다 차츰 떨어져 없어진다. 나중에는 굵은 가시가 드물게 난다.

잎은 어긋나며 장상복엽으로 일반적으로 3개(5개)가 난다. 꽃은 자주색으로 8-9월에 피며 산형꽃차례가 가지 끝에 달리며 탁구공 모양이다. 꽃이 핀 자리에 열매가 열리고 10월에 검은색으로 익으며 광타원형의 장과이다.

적응력이 높은 나무로 어느 땅에서도 잘 자란다. 대량 재배하는 경우에는 일조량이 많고 습기가 많은 곳이 좋다. 내한성과 내공해성이 강하다. 뿌리와 수피를 오갈피 또는 오가피라고 하며 약용으로 쓰인다. 봄에 나오는 새잎은 식용한다.

(좌) 오갈피나무; 축대에 공 모양의 꽃이 여러 개 모여서 피어 있다. 9월
(우) 오갈피나무; 잎은 어긋나며 손바닥 모양으로 5개 작은 잎이 모여 난다. 줄기에 가시가 있다. 홍릉수목원. 4월

(좌) 오갈피나무; 여러 줄기가 포기를 이루고 줄기에 가시가 많이 나 있다. 11월
(우) 오갈피나무; 주택 축대 아래에 꽃이 지고 있다. 9월 초순

(좌) 오갈피나무; 공 모양으로 여러 개 모여 있는 열매가 검게 익어 간다. 줄기에 가시가 있다. 11월
(우) 오갈피나무; 꽃이 지고 진 꽃에서 열매가 커지기 시작한다. 9월 하순

오갈피나무; 삼출엽의 둥근 잎. 한택식물원. 5월 하순

80-1. 분꽃나무(참고자료)

　오갈피나무와 열매가 유사한 분꽃나무는 인동과에 속하는 생활형 낙엽활엽관목으로 꽃에서 분 냄새의 향기가 나는 꽃이라는 이름이다. 잎이 광난형이고 꽃은 백색으로 피며 화관 통부 길이가 1cm 정도로 4-5월에 취산꽃차례(꽃대 끝에 한 개의 꽃이 피고 그 밑의 가지에서 갈라져 나와 꽃이 피는 양식)로 핀다. 잎 뒷면에는 성모가 밀생하고 꽃은 피기 직전에는 도홍색(복숭아꽃 같은 엷은 분홍색)이고 피면 흰색이며 통부는 도홍색이다. 이와 비슷한 산분꽃나무는 심산에 자생하고 잎이 분꽃나무에 비해 장타원형이고 화관 통부가 짧고 꽃이 두상으로 모여서 달린다. 섬분꽃나무는 바닷가 모래사장에 자라며 잎이 좁고 길며 꽃이 소형이다.

　꽃과 열매가 아름다워 공원이나 생태공원에 많이 심으며 전원주택, 사찰, 고택, 고궁 등에도 잘 어울리는 나무이다. 가지가 치밀하게 자라기에 생 울타리용으로 적합하다.

　분꽃나무: 인동과. 학명(*Viburnum carlesii*), Viburnum은 라틴어 가막살나무 또는 관목을 의미함, carlesii는 인천에서 이 식물을 채집한 Carles에서 유래, 다른 이름; 붓꽃나무, 가막살나무, 섬분꽃나무, 영어명; Carlesii viburnum, Fragrant viburnum, Korean spice viburnum.

　우리나라 전국의 산지에 자생하며 일본에도 분포한다. 낙엽활엽관목으로 어린 가지에는 성모가 있다. 오래된 줄기 껍질은 회갈색이고 주름이 많고 돌기 같은 피목이 있다. 잎은 마주나며 광난형으로 길이 3-10cm이다. 잎 표면에 성모가 산재해 있고 뒷면에는 성모가 밀생한다. 꽃은 담녹색 또는 백색으로 4-5월에 핀다. 전년지 끝에 취산꽃차례로 달리고 향기가 강하다. 도홍색 화관 통부의 길이가 1cm 정도이며 끝에 5개 열편으로 갈라진다. 열매는 9-10월에 성숙하며 핵과이고 길이 1cm 정도의 방추형이며 붉은색에서 검은색으로 익는다.

　빛이 잘 드는 산허리 부근에서 다른 관목들과 함께 자란다. 보습성과 배수성이 좋은 비옥한 곳에서 잘 자란다. 내한성과 내염성이 강하여 도시나 해안가에서도 잘 자란다. 도시의 공원수 또는 정원수로도 적당하다.

분꽃나무; 잎에 흰 가루가 쌓여 있고 열매가 맺어졌다. 5월

분꽃나무; 관목으로 잎은 마주나고 앞뒤에 솜털이 있다. 한택식물원. 5월

81. 자귀나무

주택 아래 축대에 한 그루의 자귀나무를 볼 수 있다. 자귀나무는 꽃이 특이하게 생긴 나무로 일반적인 꽃잎과 달리 꽃잎이 퇴화하여 없고 3cm 정도 가느다란 긴 실처럼 생긴 수술과 암술이 장식용 술처럼 모여 있다. 수술은 아래쪽은 흰색이지만 위쪽 끝으로 갈수록 분홍색을 띠게 되며 끝에 황색 꽃가루가 보인다. 암술은 끝에 꽃밥이나 꽃가루가 없고 아래쪽에서 위쪽까지 모두 흰색으로 보인다. 따라서 수술이 암술보다 길이가 길어서 전체적으로 분홍색 술처럼 보인다. 두상꽃차례로 10-20개의 꽃이 모여 원추상으로 달린다. 꽃은 2-3주 이상 오랫동안 피는 것이 특징이다.

자귀나무의 잎은 길이 6-12mm 정도의 쌀알 크기의 작은 잎이 15-30쌍이 마주 보고 달려 있어 우수우상복엽을 만든다. 이 작은 잎들은 정확하게 마주 보고 있어 밤이 되면 잎들이 오므려 서로 겹쳐진다. 이러한 모양이 남녀가 서로 안고 잠자는 모습을 닮아 야합수(夜合樹), 합혼수(合婚樹), 합환수(合歡樹)라고 부르며 부부 금실이 좋은 것을 의미하는 나무이다. 밤에 잎이 접혀진다는 의미의 한자어 좌귀목(佐歸木)이 '자괴나모'를 거쳐 '자귀나무'로 변화한 것이라고 한다. 또한 정이 있는 나무라 하여 유정수(有情樹)라고도 하며 자귀나무 잎들이 달린 푸른 가지가 마치 푸른 치마처럼 보인다고 하여 청상(靑裳)이라고도 한다. 꼬투리열매는 겨울까지 매달려 있어 겨울바람에 부딪혀 나는 소리가 여자들의 수다처럼 들렸던지 여설목(女舌木)이라고도 했다.

자귀나무 잎을 만지면 비단결처럼 부드럽기에 중국 사람들과 서양에서도 이 나무를 비단나무(silk tree)라고 불렀다. 또한 애정목(愛情木)이라 하여 사람들은 영원한 사랑을 기원하면서 집 마당에 자귀나무를 심었다. 그러나 제주도에서는 자귀나무를 '자구낭'(잡귀낭)이라 하여 집안에 심지 않는 금기목(禁忌木) 중의 하나로 여겼다고 한다. 전남 목포 지방에는 작은 잎의 크기가 자귀나무보다 큰 왕자귀나무를 '소쌀나무'또는 '소밥나무'라고 하는데 이것은 '소가 즐겨 먹는 풀' 또는 '소의 양식'이라는 의미이다. 왕자귀나무는 목포 유달산을 포함한 전남 해안가 산지 및 제주도에 자생하는 나무로 산림청 지정 위기종으로 지정되어 있으며 6월에 연노란색의 꽃이 피며 우리나라 원산이다.

자귀나무 열매는 콩과식물의 특징을 그대로 보여 주어 얇고 납작한 콩꼬투리가 다닥다닥 붙어서 달려서 가을에는 갈색으로 익어 봄까지 나무에 매달려 있는 것을 흔히 볼 수 있다. 바람에 이 열매들이 부딪혀 나는 소리를 여자들의 수다에 비유하여 여설수(女舌樹)라고 부르기도 한다.

　중국에서는 자귀나무꽃이나 껍질에 강장, 진통, 진정 효과가 있다고 알려져 약재로 사용되고 있다.『동의보감』에도 자귀나무 수피가 내장을 편안하게 하고 정신을 안정시키며 근심을 없애고 마음을 즐겁게 한다고 하였다. 정조가 집필한『홍재전서(弘齋全書)』에도 "합환은 분(忿)이 나는 것을 없애 준다"라고 하여 신경안정제의 효과가 있다고 하였다. 또한 이 나무의 껍질은 빨래할 때 비누처럼 사용하기도 했다고 한다.

　기다림과 연관하여 밤이면 포개지는 자귀나무의 잎과 명주실 같은 꽃의 특성을 아주 잘 묘사한 시인 이태수의 연작시 '기다림을 위하여 6'를 소개한다.

기다림을 위하여 6

　　　　　　　　　이태수

　　나팔꽃 필 때 부스스 눈 비비며
　　기지개 켜는 자귀나무와 같이,
　　흐린 날에는
　　아침이 온 지 한참 뒤에도
　　잎을 마주 접고 곤하게 잠자는
　　자귀나무의 밤 아닌 밤과도 같이,
　　그런 날들은 간다. 오늘도 내일도
　　꿈속에서 팔을 뻗고 몸을 비트는
　　그런 세월은 간다

　　여름 한낮
　　불볕 뛰어내리고
　　시멘트 숲이 흐느적거리고 있을 때,
　　그 숲속에 허수아비들 이마 부닥치며
　　잠 아닌 잠에 젖고 있을 때, 솨솨솨

뜨락에서 제 혼자 바람을 빚고 있는
자귀나무들. 잔 바람에도
물결을 가르며 그늘을 드리우는……

저녁놀 서녘을 물들이고
새들이 둥지를 찾을 무렵
서로 몸을 마주 접고 입술 비비고
깊이깊이 꿈속으로 헤엄쳐 들어가는
자귀나무의 어김없는 밤과도 같이,
흐린 날에도 새 날개의 깃털 같은 자귀나무 잎들이
"밤이야, 이젠 그만 집으로 돌아가야지."
부드럽게 이르며
마주 끌어안고 잠자듯이,

언제나 성내지 않고 욕망은 눌러앉히고
이 먼지 바람 부는 세상에서
명주실 같은 고운 꽃술로 자귀나무는
옅은 듯 달콤한 향기를 한밤내 풍기며
오직 평화를 부르듯이,
자귀나무 그윽한 마음처럼 때로는
그런 날들을 기다린다. 여름 한낮에는 쏴쏴쏴
불볕을 밀며 바람을 빚어내는,
또는 밤마다 꿈속에서 팔을 뻗고 몸을 비트는
이 가혹한 세월을 위하여

자귀나무와 관련된 국내 천연기념물은 없으나 천연기념물 용어가 처음 생겨난 나무가 자귀나무라는 흥미로운 기록이 있다. 독일의 지리학자 겸 자연과학자인 알렉산더 훔볼트는 1800년 남미 적도 부근을 여행하고 『신대륙 열대지방 기행』이라는 책을 출간하면서 베네수엘라에서 발견한 거대한 자귀나무를 천연기념물(Naturdenkmal)이라고 명명 한데서 유래하였다고 한다. 참고로 우리나라 천연기념물 제1호는 1962년 12월 3일 지정된 대구 달성의 측백수림이다. 대구시 동구 도동 산 180번지 절벽에 자생하고 있는 측백나무 숲은 조선 전기의 관료 서거정이 대구 십경의 하나로 꼽고 '북벽향림'이라 칭송했던 곳이다.

자귀나무: 콩과. 학명(*Albizia julibrissin*), Albizia는 자귀나무를 유럽에 처음 소개한 이탈리안 출신 자연사학자 F. Albizzi를 기념하는 이름, julibrissin은 페르시아어에서 유래한 말로 비단꽃이라는 의미, 한약명; 합환피(合歡皮, 수피), 합환화(合歡花, 꽃), 영어명; Silk tree, Mimosa, Mimosa tree.

전국의 양지바른 곳에 자생하며 중국, 대만, 인도, 네팔, 일본 등에서도 분포한다. 낙엽활엽아교목으로 우수2회우상복엽이고 길이 20-30cm이며 양측에 15-30쌍의 소엽이 마주난다. 소엽은 길이 6-12mm이며 낮에는 펴져 있고 밤에는 서로 합쳐진다. 꽃은 꽃잎이 퇴화하여 없고 6-7월에 10-20개의 실 모양의 암·수술이 홍색 꽃이 술처럼 모여 피는 두상꽃차례가 원추상으로 달린다. 열매는 9-10월에 성숙하고 길이 10cm 정도의 평평한 꼬투리에 5-6개의 종자가 들어 있다.

양수성 수종으로 산록 및 계곡의 토심이 깊고 건조한 곳에서 잘 자란다. 중부 이북 지방에서는 동해를 받는 경우가 있지만 뿌리에서 맹아가 재발생한다. 목재로서 가치는 없으며 농촌에서 잎을 녹비로 사용한다. 관상수로 정원이나 공원에 많이 식재한다. 수피는 신경통 치료제로 사용된다.

(좌) 자귀나무; 축대 위에 한 그루가 있다. 7월
(우) 자귀나무; 분홍색 솜털 모양의 자귀나무꽃이 개화하였다. 6월

(좌) 자귀나무; 자귀나무꽃 개화 후 콩깍지 모양의 열매가 열린다. 7월
(우) 자귀나무; 잎의 마주나기 및 소엽의 정확한 대칭을 이룬다. 10월

자귀나무; 아까시나무 열매 모양의 익은 꼬투리. 용인자연휴양림. 10월

82. 백합나무(튤립나무)

우측 축대 위에 밤나무 몇 그루를 지나면 줄기가 큰 두 그루의 목련과의 백합나무(튤립나무, 목백합나무)를 볼 수 있다. 2년 전에는 자연 그대로의 나무였으나 1년 전에 원줄기만 남기고 지표면에서 4-5m 부위에 줄기와 가지가 모두 잘려 나간 잎이 넓은 백합나무를 볼 수 있다. 이 나무는 잎만 보면 잎이 상당히 큰 양버즘나무처럼 생겼으나 끝부분이 평평하게 잘린 모양이고 수피는 너덜너덜하게 떨어지는 양버즘나무와는 달리 상당히 매끈하게 세로로 얕게 갈라지는 것을 볼 수 있다. 꽃 모양이 백합꽃을 닮았다 하여 '백합나무'라고 부르며 늦은 봄에 피는 꽃이 튤립꽃을 닮았다 하여 '튤립나무'라고도 부른다. 그리고 양버즘나무는 열매가 둥근 공처럼 대롱대롱 매달리는 것과 다르게 백합나무는 봄에 녹황색의 백합 모양의 꽃이 핀 후에 가을과 겨울에는 열매가 큰 컵 모양으로 하늘을 향하여 위로 서 있는 것을 볼 수 있다. 사실은 씨앗이 든 열매 조각은 바람에 날아가고 열매껍질만 남은 모습이다.

백합나무는 우리나라에서 고종 때 신작로라는 넓은 길이 생기면서 가로수로 심기 위해서 북미에서 도입된 나무이다. 당시 도입된 가로수용 나무로 양버즘나무(플라타너스), 양버들, 미루나무 등이며 이러한 나무와 같은 시기에 들어온 나무이다. 이 나무 이름의 학명에서도 '백합꽃이 달리는 나무'라는 의미를 담고 있다. 백합나무는 약 1억 년 전 백악기부터 지구를 지켜온 나무로 알려졌다.

백합나무는 자라는 속도가 매우 빠른 나무로 양버들(포플러)보다도 빨리 자라고 목재는 가볍고 부드러우며 연한 황색을 띠고 있어 옐로우 포플러(Yellow poplar)라고도 부른다. 목재는 주로 가구재, 목공제품, 종이, 상자, 건설재 등으로 사용된다. 또한 밀원수와 탄소흡수원으로도 인기가 높다. 다른 이름으로는 화이트 우드(White wood), 화이트 포플러(White poplar), 블루 포플러(Blue poplar), 미국 목련, 목백합, 노랑 포플러 등 다양하다. 중생대 백악기 시대에 공룡과 함께 살던 오래된 식물이지만, 공해에도 강하고 병충해가 거의 없으며 전국적으로 심을 수 있고 가을에는 노랗게 물든 예쁜 단풍을 볼 수 있다. 자라는 속도가 빠르며 추위에 잘 견디고 줄기가 곧게 자란다. 아메리카 인디언들은 물에 잘 뜨는 이 나무로 통나무배를 만들었다고 한다. 최근에 산림청에서는 이 나무를 경제수(經濟樹)로 지정하여 보급에 적극적으로 나서고 있다.

백합나무: 목련과. 학명(*Liriodendron tulipifera*), Liriodendron은 그리스어 leirion(백합)과

dendron(수목)의 합성어로 꽃 모양이 백합과 유사함을 의미함, tulipifera는 튤립꽃이 달려있다는 의미, 다른 이름; 목백합, 튤립나무, 미국 목련, 노랑 포플러, 영어명; Tulip tree, Tulip poplar, Whitewood, Yellow popular.

 북미(동부 및 중부) 원산의 나무로 우리나라에서는 전국의 가로수 및 공원수로 많이 식재하고 있다. 낙엽활엽교목으로 수피는 회갈색으로 얇게 갈라진다. 잎은 어긋나며 사각상 원형으로 끝부분은 절단된 T자 형태이며 큰 턱잎이 있으며 잎자루는 3-10cm이다. 꽃은 5-6월에 새 가지의 끝에 녹황색 꽃이 한 개씩 피며 지름 약 6cm로 꽃받침과 꽃잎이 각각 3개이다. 열매는 10-11월에 성숙하며 길이 약 6-7cm로 구과상이며 위를 향한다.

 양성수이며 내건성, 내공해성, 내한성은 강하나 염분에는 약하다. 병충해가 거의 없고 수명은 긴 편이다. 뿌리는 수직형 심근성이다. 생장 속도가 매우 빨라 조림용으로 적합하지만 비옥한 토질을 요구한다. 수형이 좋아 공원수, 가로수, 녹음수, 경관수, 기념수 등으로 식재한다. 목재는 주로 가구재, 목공제품, 종이, 상자, 건설재 등으로 사용된다.

(좌) 백합나무; 우측 시멘트 축대 위에 줄기 윗부분이 절단된 4그루의 백합나무가 서 있다. 3월 하순
(우) 백합나무; 시멘트 축대 위에 줄기 윗부분이 절단된 4그루의 백합나무가 서 있다. 많은 가늘어진 가지와 잎이 빽빽하게 나 있다. 11월

(좌) 백합나무; 개화 전의 백합나무꽃 몽우리. 5월 초순
(우) 백합나무; 백합나무꽃의 완전 개화. 5월 초순

(좌) 백합나무; 수피가 매끈하고 넓은 잎이 특징. 용인자연휴양림. 10월
(우) 백합나무; 꽃이 피기 시작한다. 용인 에버랜드. 5월 초순

백합나무; 줄기가 곧게 빨리 자란다. 홍릉수목원. 5월 하순

(좌) 백합나무; 단풍이 든 백합나무 잎. 11월
(우) 백합나무; 겨울철에 남아 있는 튤립나무 열매껍질. 1월

창릉천을 가로지르는 다리 아래로 직진하면 바로 우측에 큰 키의 층층나무, 정면으로 비스듬히 누운 밤나무, 그리고 우측 계단으로 오르면 늙은 참느릅나무 1그루를 볼 수 있다. 그 옆에는 인접한 중국단풍나무들도 있다.

**창릉천을 가로지르는 시멘트 다리. 다리 아래로 사람들이 통행할 수 있다.
다리를 지나면 층층나무, 밤나무, 참느릅나무, 중국단풍나무 등이 있다**

다시 계단을 내려와서 직진하면 좌측에 단풍나무, 우측에 수피가 너덜너덜한 중국단풍 나무 3그루가 큰 키를 자랑하고 있다. 어린 층층나무 몇 그루를 지나면 하천의 큰 바위 옆에 좌측으로 오래된 오리나무 1그루가 있고, 우측에도 오리나무 고목을 볼 수 있다. 다시 밤나무를 지나 오리나무, 그리고 하천 가운데 큰 바위를 지나면 좌측에 우산살을 펼친 것 같은 가지를 가진 층층나무를 볼 수 있다.

(좌) 층층나무; 다리 아래로 지나면 처음 만나는 층층나무. 7월
(우) 밤나무; 층층나무 다음에 하천 쪽으로 기울어진 밤나무. 7월

(좌) 참느릅나무; 우측 계단 위에 서 있는 한 그루의 참느릅나무. 7월
(우) 중국단풍나무; 직진하면 우측에 여러 그루의 중국단풍나무가 있다. 7월

오리나무; 그리고 직진하면 좌우로 여러 그루의 오리나무가 있다. 7월

하천 가운데 큰 바위가 있는 곳을 지나면 층층나무가 있고 밤나무가 많은 목재 데크 길을 만난다

83. 자두나무

　계단을 올라 나무 데크 길 우측에 대추나무 1그루, 그 옆에 자두나무가 1그루 서 있다. 자두나무는 열매가 보라색(紫)이고 모양이 복숭아(桃)를 닮았다고 하여 자도(紫桃)나무라고 부르다가 자두나무가 되었다고 한다. 『삼국사기』에 백제 온조왕 3년(서기 15년) 복숭아와 함께 등장하여 약 2천년 전 삼한시대에 중국에서 들어온 것이다. 자두의 우리말은 '오얏'이며 한자로는 이(李)로 나무 아래에 열매가 달린 것을 나타내고 있다. 자두의 한자 이름은 가경자(嘉慶子), 산리자(山李子) 등이며 모두 다 열매를 강조하고 있다. 우리나라의 동양화에는 봄 풍경에 자두나무 그림들이 많이 등장하고 있다.

　중국이나 우리나라의 옛 시가에는 자두나무 관련 내용은 도리(桃李)라 하여 대부분 복숭아와 쌍을 이루어 사용하였다. 그리고 우리 역사 이야기에서 등장하는 도리는 흔히 이상기후와 많이 연관이 있고 늦가을이나 겨울에 꽃이 피었다는 내용이다. 대표적으로 경북 구미시 해평면 태조산 8부 능선에 자리 잡고 있으며 낙동강이 멀리 수려하게 조망되는 사찰 도리사(도리사)는 신라시대 최초로 세운 사찰이다. 고구려 승려 아도화상이 수행처를 찾다가 겨울인데도 이곳에 복숭아꽃과 오얏꽃이 활짝 핀 것을 보고 좋은 절터임을 알아 절을 짓고 복숭아와 오얏에서 이름을 따서 도리사(桃李寺)라고 하였다. 적멸보궁 도리사에서 1976년 사리탑 보수 공사 중에 발견된 세존 진신 사리함인 '도리사 세존 사리탑 금동 사리기'는 8세기 중엽에 만들어진 것으로 추정되며, 국보 제208호로 지정되어 현재에는 본사인 직지사 성보박물관에 위탁 소장되어 있다.

　조선은 이씨(李氏) 왕조로 자두를 상징하는 성씨나 자두나무와 관련된 상징물을 쓰지 않았다. 그러나 대한제국에서는 왕실의 문장(紋章)을 자두꽃으로 지정하였다. 덕수궁 석조전 용마루, 구한말 우표 등에서는 자두꽃을 사용하였고 현재 전주이씨의 종친회 문양으로 사용하고 있다. 흔히 쓰는 말로 이하부정관(李下不整冠)은 자두나무 밑에서는 갓을 고쳐 쓰지 말라는 뜻으로 우리 생활권에 자두나무는 쉽게 만날 수 있음을 알 수 있다.

　조선 후기 세시풍속지 『동국세시기(東國歲時記)』에는 나무 시집보내기(가수; 嫁樹)라 하여 정월 초하루나 보름에 과일나무 가지에 돌을 끼워 넣었다. 대추나무, 석류, 자두 등의 과일나무에 가수를 하거나 장대로 나무를 두들기기도 하였다. 이렇게 해주면 열매가 많이 열린다는 속설이 있다.

현재 우리가 심는 자두나무는 1920년경부터 수입한 개량종 자두나무로 단맛이 가미되어 재래종 자두나무의 신맛을 없앤 것으로, 과거 오얏나무 열매보다 크기도 많이 커지고 과육도 많다. 지금은 서양자두에 밀려나 재래종 오얏나무는 거의 볼 수 없다.

여름에 일찍 자두 열매를 생산하고 난 자두나무는 가을날에는 다른 나무들과 달리 단풍이 그리 아름답지 않은 것을 느끼며, 서정윤 시인은 가을 자두나무를 보며 온 힘을 다하여 자식을 키워낸 어머니를 떠 올리면서 시 '자두나무는 다 괜찮다고 말한다'를 지었다.

자두나무는 다 괜찮다고 말한다
서정윤

자두나무도 단풍이 있다
예쁘진 않아도 최선을 다한 순수함
겨우내 모은 생명의 힘 밀어 올려
붉고 실한 열매 매달아
'와와' 소리 지르며 보내고 나면
팽개쳐 둔 그냥 나무였다

단풍나무가 새빨간 드레스로 한껏 뽐내는 오후
자두나무는 유행 지난 한복 깨끗이 다려 입고
친척 결혼식에 온 엄마였다
자두 열매 다 보내고 허리 무릎 아파도
참으며 티 안 내려고 "괜찮다 괜찮어"만 말한다

나무들 색이 다 다른 것 보인다
내면의 아름다움 볼 수 있는 눈 이제 생겼는데
가을은 저만큼 지나가 버렸다

자두나무: 장미과. 학명(*Prunus salicina*), Prunus는 plum(자두)의 라틴어 이며 salicina는 버드나무속(Salix)과 비슷하다는 의미, 다른 이름; 자도나무, 오얏나무, 오얏, 이(李), 한약명; 이핵인(李核仁), 영어명; Japanese plum.

전국적으로 식재하고 있으며 재래종 오얏은 거의 없으며 개량종 자두나무이다. 중국 양쯔강 유역이 원산지로, 극동 러시아 등지에도 분포한다. 낙엽활엽아교목으로 수피는 자갈색이며 가로로 피목이 발달하고 오래되면 세로로 갈라진다. 잎은 타원상 장난형이며 복거치가 있다. 꽃은 백색으로 4월에 잎보다 먼저 피고 보통 3개씩 달린다. 열매는 7월에 황색 또는 적자색으로 성숙하며 구형으로 재래종은 지름 약 2cm이지만 재배종은 약 7cm이다. 핵과로 한쪽에 홈이 있다.

양수로 이 나무가 잘 자라는 토질은 화강암계, 현무암계, 화강편마암계, 변성퇴적암계, 경상계, 반암계, 편상화강암계 등이며 대개는 인가 주변의 유휴지나 텃밭에서 잘 자란다. 내한성은 강하나 내건성과 내염성이 약하고, 대기오염에 대한 저항성은 보통이다. 일반적으로 과수로 재배되나 정원에 식재하여 꽃과 과일을 감상할 수 있는 관상수로도 심는다. 열매는 생과일로 먹으나 잼이나 파이 등으로 가공하여 식용할 수 있다.

(좌) 자두나무; 비닐하우스 앞 밭둑에 자두나무 한 그루가 있다. 9월
(우) 자두나무; 자두나무꽃은 작은 꽃들이 여러 개 모여 핀다. 3월

(좌) 자두나무; 흰 자두꽃의 확대 사진. 김천시. 3월
(우) 분홍 살구꽃 뒤편의 연두색 작은 꽃이 모여 있는 것이 자두꽃. 3월

(좌) 자두나무; 자엽자두 열매. 김천시. 6월 중순
(우) 자두나무; 청와대 관저 앞 정원의 전지된 겨울 자두나무. 1월

84. 살구나무

　데크 길을 따라 직진하다가 멀리 우측 밭둑 아래 큰 살구나무 1그루를 볼 수 있다. 살구나무는 중국이 원산지이며 우리나라에는 삼국시대에 들어온 것으로 추정되며 살구는 복숭아, 자두 등과 함께 제사상에 오르던 중요한 과실이다. 살구나무와 유사한 우리나라 재래종 나무가 중부지방 이북에서 자라며 수피에 두꺼운 코르크가 발달한 나무가 개살구나무이다. 이 나무의 열매는 살구보다 작고 떫은맛이 강하여 먹을 수 없는 과실이 열리는 나무라는 의미에 개살구나무라고 부르게 되었다. 옛 속담에 '빛 좋은 개살구'라는 말은 겉으로 보기에는 좋으나 내실이 없는 경우를 비유적으로 이르는 말이다.

　예로부터 살구나무와 관련된 용어는 다양한 의미로 사용되었다. 한자 이름인 행(杏)은 살구를 의미하기도 하지만 은행도 같은 한자를 사용하여 혼선이 생길 수 있다. 공자가 제자들을 가르쳤던 단을 행단(杏壇)이라고 하며 주위에 살구나무를 많이 심었다고 한다. 우리나라 조선시대에는 이것을 은행나무로 해석하여 성균관이나 향교 등에는 은행나무를 주로 심었다.

　중국에서 시가 등에서 술집을 점잖게 부르는 용어로 행화촌(杏花村)을 사용하며, 오나라의 명의 동봉(董奉)은 가난한 환자의 치료비 대신 살구나무를 심게 하여 살구를 내다 팔도록 하여 가난한 사람들을 구제해 주었다. 그 후에 사람들은 진정한 의사를 행림(杏林)이라 불렀다. 당나라 때에는 과거 시험에 합격한 사람들에게 수도인 장안(長安)의 곡강(曲江) 변의 살구나무 행원(杏園)에서 축하연을 베풀어 주었다. 따라서 살구나무꽃을 급제화(及第花)라 불렀다.

　옛날 상민들의 오두막집 주변에는 주로 살구나무를 심었고 양반들은 매화나무를 많이 심었다. 살구(殺拘)라는 이름은 '개를 죽인다'는 의미이며 살구 씨앗인 행인(杏仁)은 독성이 있어서 이것을 먹으면 사람과 개가 죽을 수 있었다. 그런데 이 행인은 한의학에서 중요한 만병통치약으로 사용되었다. 한방에서는 기침과 가래를 삭이는 약재로 사용하였으며 최근에는 화장품이나 비누의 재료로도 사용된다. 『본초강목』에 따르면 개나 이리에 물린 독성을 제거할 때도 사용한다고 한다.

　살구나무와 매화나무는 여러 면에서 비슷한 점이 많다. 꽃받침이 꽃잎과 분리되어 뒤로 완전히 젖혀지며 과실(살구)이 익었을 때 씨와 과육이 쉽게 분리되는 것이 살구나무이다. 꽃이 피었을 때 꽃받침과 꽃이 붙어 있고 과실(매실)이 익었을 때 과육과 씨앗이 잘 분리되지 않는 것이 매화나무이다.

살구꽃을 행화(杏花)라 하며 봄비와 남쪽을 상징하는 단어다. 살구나무의 재질도 매우 치밀하여 갈라짐이 적고 무늬도 아름다워 가구재로도 사용되는 데 특히 스님들이 사용하는 목탁은 대추나무와 살구나무로 만든 것을 최고로 간주한다. 살구나무의 한자 이름인 행(杏)은 유난히 많이 달리는 열매 때문에 붙여진 것으로 '나무(木)'에 '열매(口)'가 주렁주렁 달린 모양을 본떠서 부르게 된 것이다.

봄을 알리는 꽃 가운데 가장 먼저 꽃이 피는 것이 매실나무꽃인 매화이며 매화꽃이 질 때쯤 3월 말에 진달래꽃이 핀다고 한다. 그리고 진달래꽃이 지고 난 후에 벚꽃과 살구꽃이 핀다고 한다. 예전에는 봄이 오면 살구꽃이 피지 않는 집이 없을 정도로 집집마다 살구나무를 심었다.

시인 이호우는 현대시조 '살구꽃 핀 마을'에서 봄철 시골 마을에 살구꽃이 핀 풍경이 고향 같은 친근감을 느끼며, 봄밤에는 가난한 시골집이지만 나그네를 포근하게 맞아 주는 인간미를 느낄 수 있음을 노래하고 있다. 이제는 시골 마을에서도 살구나무를 거의 볼 수 없어 옛날의 추억이 되고 있다.

살구꽃 핀 마을

이호우

살구꽃 핀 마을은 어디나 고향 같다
만나는 사람마다 등이라도 치고지고,
뉘 집을 들어서면은 반겨 아니 맞으리

바람 없는 밤을 꽃 그늘에 달이 오면
술 익는 초당(草堂)마다 정이 더욱 익으리니
나그네 저무는 날에도 마음 아니 바빠라

살구나무: 장미과. 학명(*Prunus armeniaca*), Prunus는 plum(자두)의 라틴어, armeniaca는 흑해 연안에 있는 아르메니아 지역을 의미, 다른 이름; 살구, 개살구나무, 행자, 행목, 한약명; 행인(杏仁, 씨앗), 영어명; Apricot.

전국에 식재하는 나무이며 중국이 원산지이다. 개살구나무와 달리 수피에 코르크질이 발달하지 않는다. 잎은 광난형이고 점첨두이며 불규칙한 단거치가 있다. 꽃은 담홍색으로 4월에 잎보다 먼저 피며 꽃자루가 없고 향기도 거의 없다. 꽃받침은 5개이고 뒤로 젖혀진다. 열매는 7월에 황색 또는 황적색으로 성숙하며 지름 약 3cm이다. 과육이 핵과 잘 분리되지 않는다.

살구나무는 매실나무보다 내한성이 강하여 추운 지역에서도 결실을 잘 맺는다. 정원수, 가로수, 과수로 식재하며 열매는 식용 또는 약용으로 이용한다.

살구나무; 화장실 건물 뒤에 살구나무(우측 나무)에 꽃이 피고 있다. 4월 초순

살구나무; 꽃이 개화하여 꽃받침이 뒤로 젖혀져 있다. 4월 초순

(좌) 살구나무; 나무 데크에서 본 멀리 밭둑 아래의 살구나무. 9월
(우) 살구꽃; 꽃받침이 뒤로 완전히 젖혀져 있는 것이 매화와의 차이점이다. 3월

(좌) 살구나무; 잎은 광난형이고 점첨두이다. 작은 살구가 열려 있다. 5월
(우) 살구나무; 수피는 코르크질이 발달하지 않고 세로로 불규칙하게 갈라진다. 과천교회 주차장 옆. 5월

(좌) 살구나무; 익은 살구 열매를 먹고 있는 직박구리. 7월
(우) 살구나무; 익은 살구 열매를 볼 수 있다. 7월

참고: (좌) 개살구나무; 전국 산지에서 자라는 개살구나무는 수피의 코르크질이 발달하였다. 열매는 떫은맛이 강하다. 홍릉수목원. 4월 하순
참고: (우) 매실나무; 매화꽃. 꽃받침이 꽃잎에 밀착되어 있다. 3월

참고: (좌) 매실나무; 수피는 짙은 회색이며 불규칙하게 갈라진다. 가지에는 긴 가시가 난다. 과천교회 옆. 5월
참고: (우) 매실나무; 잎은 광난형이고 긴 점첨두이다. 어린 가지는 초록색이다. 살구보다 열매가 조기에 6월에 익는다. 과천교회 옆. 5월 초

참고: (좌) 매실나무; 수피는 짙은 회갈색이며 불규칙하게 갈라진다. 어린 가지는 녹색이다. 홍릉수목원. 5월 하순
참고: (우) 매실나무; 물오른 지난해 나온 어린 가지는 녹색이고 수직으로 자란다. 당진시 면천면. 3월 초순

84-1. 직박구리

　직박구리(*Hypsipetes amaurotis*)는 참새목(Passeriformes)의 직박구리과에 속한 조류로 대한민국의 대표적인 텃새 중 하나다. 서울을 포함한 인천, 경기도 중부지방부터 전라도, 울산, 부산 등 남쪽 지역까지 넓게 분포하는 새이다. 전봇대 등지에서 비둘기보다는 작은데, 참새보다 큰 새가 '삐이익'거리는 소리를 낸다면 바로 이 새이다. 여러 자료에 따르면 남한에는 대부분 사는 듯하나, 북한에는 얼마 살지 않는다. 새가 번식할 수 있는 마지막 선인 번식 한계는 평안남도 이남 지역이라고 하나, 최근에는 러시아 연해주에서도 관찰되었다.

　서식 범위는 좁다. 한반도, 일본, 중국 동남부 일부, 대만에서만 서식한다. 대한민국에서 매우 흔한 새로, 서울의 산림, 하천, 도심을 가리지 않고 가장 흔히 볼 수 있는 새이기도 하다. 하지만 직박구리라는 이름이 새 폴더 이름으로 익숙한 것과는 달리, 자주 보면서도 다른 산새와 구별하기 어려울 정도로 평범한 생김새 탓에 직박구리라고 인식하지 못하는 경우가 대부분이다.

　깃털은 뾰족하고 회색빛인데, 날개는 그보다 어둡고 배 부분의 털은 끝이 흰색이라 얼룩무늬처럼 보인다. 부리 옆에 연지곤지를 찍은 듯한 귀깃의 색은 약간 붉은 기를 띠는 색이거나 밤색이다. 사실 멀리서 보면 그마저도 육안으로는 구분하기 어렵다.

　우는소리가 아주 시끄럽다. 확실한 정보가 아니라 속설이긴 하나, '직박구리'라는 명칭의 어원이 '시끄러운 새'라고 할 만큼 소리가 크고 은근히 신경을 긁는다. 평소에 무리 지어 살기 때문에 혼자 우는 편도 아니라, 한 마리가 소리를 내면 다른 한 마리도 말싸움하듯 맞받아쳐서 돌림노래마냥 소리가 따로 놀아 더 시끄럽다. 높은 "삐액!"이나 "삐이이이이이이이이익!" 같은 짧고 높은 목소리의 새가 여러 마리 모여 있다면 백이면 백 이 새다. 육안으로 확인하기 어려울 때 그 소리로 존재감을 과시할 정도로, 어찌 보면 '지저귀거나' '우짖는' 게 아니라 그냥 '짖는' 수준이라고도 할 수 있겠다.

　봄에는 진달래나 벚꽃의 꽃잎, 각종 나뭇잎 등을 먹고, 여름에는 작은 벌레뿐 아니라 말매미나 지네 같은 큰 벌레도 잡아먹고, 식물의 열매나 심지어 풀 이파리까지 먹기도 한다. 심지어는 동백꽃과 벚꽃의 꿀도 모자라 장미꽃잎, 목련 꽃잎이나 배추까지 먹는다는 것을 보면 정말로 웬만한 것을 다 먹는 듯하다. 겨울에는 작은 열매를 먹는데, 특히 최근에 도심지에서 개체수가 크게 늘어난 이유가 이 때문이다. 공원이나 아파트 단지에 이팝나무, 산수유, 피라칸다, 주목, 화살나무, 회화나무 같은 열매가 열리는 나무를 심다 보니 직박구리 입장에서는 먹을 게 널려 있기 때문이다.

장기간 농작물 혹은 과수에 피해를 주는 경우, 유해조류로 분류된다. 환경부에서 웬만한 텃새를 전부 유해조류로 지정했다고 하나 직박구리는 유독 피해가 심한데, 부리가 날카로워 과일을 몇 번만 쪼아먹어도 과일에 상처가 나 상품 가치가 떨어져 버리기 때문이다. 논문에 따르면 큐티클층이 있는 귤보다 사과나 배 같은 봉지 재배하는 과일을 선호한다고 하며, 그중에 배를 가장 선호하는 것 같다고 한다. 과수원에서 직박구리의 피해를 줄이려면 봉지 재배 시 봉지의 찢어짐이나 벗겨짐 등을 미리 확인하고 봉지를 훼손 없이 유지하는 게 중요하다고 한다.

사람을 무서워하지 않는 성격 탓에 아파트나 주택단지에서 기르는 토마토, 블루베리 등의 과일은 물론 상추, 배추, 쑥갓 등의 채소까지 거리낌 없이 쪼아먹는다. 무리 지어 사는 습성 때문에 한두 마리가 먹이를 찾으면 어느새 정보를 습득한 10여 마리가 몰려와서 텃밭을 헤집어놓고 가기까지 한다. 게다가 국내 어느 곳에나 서식하는 탓에 직박구리에게서 작물을 습격당하지 않을 수 있는 곳이 거의 없다. (나무위키 자료)

(좌) 직박구리; 살구꽃을 따먹는 직박구리. 안양 중앙공원. 4월 초순
(중, 우) 직박구리; 안양시 동안구 평촌동 아파트 단지

데크 길을 내려와 직진하면 우측으로 갈대가 군락을 이루고 자라는 것을 볼 수 있다. 더 직진하면 우측에 축대 아래 버드나무(앞 20번에서 언급) 한 그루가 가지들을 길게 늘어뜨리고 외롭게 서 있다. 그리고 좌측으로는 개천을 건너는 징검다리가 있다. 이곳이 이 책에서 소개하는 '솔내음누리길'의 최종 목적지이다. 우측 언덕길을 오르면 차도가 나타나고 좌측으로 가면 효자2통(사기막골) 정류장, 우측으로 가면 국사당 앞 정류소에 도착하게 된다.

(좌) 하천 징검다리가 있는 곳이 이 해설의 마지막 지점이다
(우) 버드나무; 징검다리 우측에 잎이 나기 전 연노랑 꽃이 핀 버드나무. 3월 하순

(좌) 버드나무; 징검다리 우측에 한 그루. 솔내음누리길 숲 해설 최종 나무
(우) 오르막길을 지나 좌측으로 이동하면 사기막골 버스정류장을 만난다

참고문헌

「지질학적으로 본 북한산」, 고의장, 공원문화, 1994

『숲해설 아카데미』, 강영란 외 32명, 국민대학교 출판부, 2018

『숲과 국가』, 김기원, 북스힐, 2021

『나무생태도감』, 윤충원, 지오북, 2021

『우리나무 비교도감』, 박승천, 우즈워커, 2021

『나무해설도감』, 윤주복, 진선출판사, 2020

『어린이가 정말 알아야 할 우리나무백과사전』, 서민환, 이유미, 현암사, 2010

『우리나무의 세계 1, 2, 3』, 박상진, 김영사, 2010

『역사와 문화로 읽는 나무 사전』, 강판권, 글항아리, 2010

『나무 예찬』, 강판권, 지식프레임, 2017

『위대한 치유자, 나무의 일생』, 강판권, 두앤북, 2020

『헤르만 헤세의 나무들』, 헤르만 헤세, 안인희 옮김, 창비, 2021

『숲 생태학 강의』, 차윤정, 전승훈, 지성사, 2009

『신갈나무 투쟁기』, 차윤정, 전승훈, 지성사, 2009

『아하! 교과서 식물도감』, 김완규, 도서출판 지식서관, 2004

『나무의 시-간』, 김민식, 브레드, 2019

『잣나무의 생태와 문화』, 숲과 문화 총서 14, 이천용 편, 도서출판 숲과 문화, 2006

한국민족문화대백과사전. encykorea.aks.ac.kr

위키백과. ko.wikipedia.org

나무위키. namu.wiki

국립수목원 숲 해설 자료